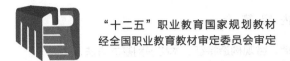

"十二五"职业教育国家规划教材
经全国职业教育教材审定委员会审定

木材识别与检验

Wood Identification and Inspection

朱忠明　主编

中国林业出版社

内 容 简 介

本书主要介绍了木材的宏观构造、微观构造特征、木材识别基本方法、主要木材树种识别、木材标准、原木检验、锯材检验等基础知识和实用技术。内容编排遵循木材识别与检验工作过程认知规律，参照《木材检验师国家职业标准》及最新国家标准要求，并采用"任务驱动"的编写方式，努力使教材内容贴近实际生产，构成以能力为本位的教材内容新体系，达到针对性强、专业性强、学做一体、适用性广的要求。本书符合职业教育对教材提出的新要求，适用于木材加工技术、家具设计与制造等相关专业中、高职教育教学使用，也可作为木材检验技术工种的专业技能鉴定培训教材，为木材加工企业、木材流通行业、木材检验人员提供参考。

图书在版编目（CIP）数据

木材识别与检验/朱忠明主编. —北京：中国林业出版社，2016.1（2024.3重印）
全国林业职业教育教学指导委员会"十二五"规划教材
ISBN 978-7-5038-8202-9

Ⅰ. ①木… Ⅱ. ①朱… Ⅲ. ①木材识别－高等职业教育－教材 ②木材－检验－高等职业教育－教材 Ⅳ. ①S781.1

中国版本图书馆 CIP 数据核字（2015）第 248621 号

中国林业出版社·教育出版分社

策划编辑：杜　娟
责任编辑：张　佳　高红岩　杜　娟
电　　话：(010) 83143561　传真：(010) 83143561
E-mail：jiaocaipublic@163.com

出版发行：中国林业出版社（100009　北京西城区德内大街刘海胡同7号）
　　　　　电话：(010) 83143500
　　　　　http://lycb.forestry.gov.cn
经　销：新华书店
印　刷：北京中科印刷有限公司
版　次：2016年1月第1版
印　次：2024年3月第2次印刷
开　本：787mm×1092mm　1/16
印　张：12.5
字　数：330千字
定　价：39.00元

未经许可，不得以任何方式复制或抄袭本书之部分或全部内容。
版权所有　侵权必究

前言

《制材与木材检验》(第一版)由中国林业出版社于2007年5月出版发行以来,已被全国各高等林业职业院校广泛采用。随着我国高等职业教育改革的不断深入以及制材行业的变化,使得第一版教材的内容、形式和体例等方面难以满足职业岗位对课程教学目标的要求。为此,2013年11月教育部林业职业教育教学指导委员会和中国林业出版社组织有关专家对本教材进行了审定,将此教材名称更改为《木材识别与检验》,以适应行业变化和专业课程调整的需要,特组织相关院校的教师编写了本部教材。

《木材识别与检验》课程是高职高专林业类院校木材加工技术专业的必修专业课程之一,对职业能力培养具有十分重要的作用。本课程的总体定位是"以学生为主体,以职业能力培养为中心,以就业为导向",面向木材加工与木材流通领域,使学生熟练掌握木材树种识别、木材宏观构造与微观构造、原木和锯材检验等内容的知识和技能,同时为后续课程的学习奠定坚实基础。

我们根据技术领域和职业岗位(群)的任职要求,参照相关的职业资格标准,解构和重构课程教学内容。教学内容的取舍和内容排序遵循职业性原则,从职业工作(或项目)出发来选择课程内容并安排教学顺序,融"教、学、做"为一体,既符合课堂与实习地点一体化的行动导向的教学模式,又能突出教学过程的实践性、开放性和职业性。本教材有如下特点:

一是针对性强。本教材编写以就业为导向,以能力为本位,体现职业教育特色,突出实用,做到语言简单易懂,注重学生应用能力的培养,适用于高职高专院校木材加工技术、家具设计与制造等专业学生使用。

二是专业性强。本教材的内容选取具有针对性,依据国家木材识别与检验相关标准和技术规范,以专业能力培养为主线,遵循知识分层次、分技能、分台阶的指导思想,注意基础理论和实践操作的综合应用,使其互相渗透,培养学生的动手能力和创造能力。

三是学做一体。以企业真实工作过程作为项目实施的主线，通过实践教学巩固理论知识，强化操作规范和实践教学技能训练，提高学生分析问题和解决生产实际问题的能力。

四是适用性广。本教材供高等职业院校木材加工技术、家具设计与制造等专业教学使用，亦可作为木材加工与木材流通企业工程技术人员职业培训的参考资料。

本教材由黑龙江林业职业技术学院朱忠明教授任主编，广西生态工程职业技术学院韦春义副教授与黑龙江林业职业技术学院孙丙虎讲师任副主编。绪论与项目1由黑龙江林业职业技术学院朱忠明老师和黑龙江生态职业技术学院张志文老师编写；项目2由黑龙江林业职业技术学院孙丙虎技师与东北林业大学崔永志工程师编写；项目3由广西生态工程职业技术学院韦春义老师和黑龙江林业职业技术学院翟龙江老师编写；项目4由黑龙江林业职业技术学院孙丙虎老师与云南林业职业技术学院吴永梅老师编写。全书由朱忠明、孙丙虎统稿。由于编者水平有限，存在错误和不足之处，恳请读者斧正。

编 者

2015年11月

《制材与木材检验技术》前言

本教材是根据国家林业局 2005 年 12 月颁布的高等职业学校木材加工技术专业《制材与木材检验教学大纲（试行）》和《制材与木材检验实践教学大纲（试行）》而编写的。

本教材结合高等职业教育特点和培养目标的要求，较全面地阐述了原木及锯材的检量与检验方法，制材生产的基本原理和方法，制材生产工艺理论与制材工艺设计等问题。

本教材围绕培养目标定位。本教材密切围绕木材加工技术专业培养目标的要求，以适应木材检验与制材行业的发展及行业体制改革的变化需要，以木材检验与制材生产工艺为主线，以技能培养为本位，从理论和实践结合上着重介绍木材检验与制材生产的新知识、新技术、新工艺和新方法。

本教材突出岗位职业技能。本教材改变了传统教材的编写模式，严格按照《制材与木材检验教学大纲（试行）》和高等职业学校木材加工技术专业教育教学改革方案的要求，突出了岗位职业技能的培养和指导，密切结合生产实际，内容深入浅出，叙述条理清晰，阐述得当。

本教材注重实践、压缩理论。本教材突出了实践性教学环节，压缩了部分理论内容。首先在课时分配上保证实践教学的比重；其次加大了实验与实训指导的力度，对教学大纲要求开设的实验与实训附有指导书、技能要求、考核标准，目的明确、步骤清楚、可操作性强。

本教材格式新颖、内容丰富。本教材尽量体现高等职业教育的特色，内容实用而丰富，并尽量反映本行业的发展动态和趋势，着力介绍本行业应用普遍而成熟的技术与工艺。编排格式上采用了本章学习目标（包括知识目标与技能目标）、课程内容、思考与练习的形式，有利于学生系统掌握本课程体系，使教材更具有实用性。

本教材图文并茂、生动直观、根据课程内容，本教材适当增加了插图和表格的比例，具有较强的可操作性，使本教材更具有生动性和直观性。

本教材由朱忠明任主编，张志文任副主编。朱忠明编写绪论、第1章、第2章、第4章，张志文编写了第3章及第6章的6.1节与6.2节，陈金法编写了第5章，董明光编写了第6章的6.3~6.7节，韦文榜编写了第7章。全书由朱忠明统稿。

本教材由福建农林大学陆继圣教授担任主审，并对本书的编写提出了很好的意见和建议，在此深表谢意。另外本书在编写过程中还得到了黑龙江省林业科学研究院林产工业研究所副所长林利民研究员以及中国标准化委员会秘书处黄晓山主任的热情帮助，在此一并致以衷心的感谢。

由于编者水平有限以及时间仓促，书中难免存在不足之处，诚恳希望读者给予批评指正。

朱忠明
2006年10月

目　录

绪论

项目一　木材宏观构造的识别 ……………………………………………………008
　任务 1　树木整体构造的认知 ………………………………………………008
　任务 2　针叶材宏观构造的识别 ……………………………………………020
　任务 3　阔叶材宏观构造的识别 ……………………………………………027

项目二　木材微观构造的识别 ……………………………………………………039
　任务 4　针叶材微观构造的识别 ……………………………………………039
　任务 5　阔叶材微观构造的识别 ……………………………………………049
　任务 6　木材树种的识别 ……………………………………………………059

项目三　原木标准及检验 …………………………………………………………095
　任务 7　原木缺陷认知与检验 ………………………………………………095
　任务 8　锯切用原木检验 ……………………………………………………116
　任务 9　其他用途原木检验 …………………………………………………141

项目四　锯材标准与检验 …………………………………………………………151
　任务 10　锯材缺陷认知与检验 ……………………………………………151
　任务 11　普通锯材检验 ……………………………………………………165
　任务 12　特种锯材检验 ……………………………………………………181

参考文献 ……………………………………………………………………………191

绪 论

　　木材识别与检验是木材贸易与流通领域内一项十分重要的工作,木材识别对象就是原木和锯材,而木材检验则是对原木和锯材所进行的树种识别、尺寸检量、材质评定、材种区分、材积计算以及标志工作的总称。原木和锯材均来源于树木,树木伐倒后砍除枝丫的树干称为原条,原条要按相关标准及要求横截成一定长度的木段,这就是原木。而原木可经过带锯机或圆锯机等锯解设备加工成一定规格的板方材,就称为锯材。在进入正式项目与任务之前,我们先来了解一下世界和我国森林资源情况、木材的特点及在国民经济中的作用、本课程与其他课程的关系等问题,为更深入学习本门课程做一个铺垫。

　　树木是组成森林的主要部分,而森林又是大自然的重要组成部分,它对整个大自然的物质循环和能量交换起到无可替代的作用,森林与人类息息相关,没有森林就没有人类。森林被认为是维持人类生存和可持续发展的重要因素。森林有助于保持水土,对农业起着重要的支持作用,成为绿色的屏障;有助于改善局部和全球的气候,降低碳含量,缓解气候的急剧变化;有助于美化城市和乡村,满足人类娱乐和游憩的需要;有助于满足人类对粮食、纤维材料以及林特产品的需要,为经济贸易提供重要产品;有助于维持对保持生物多样性有重要意义的森林生态系统。同时,它又能为人类提供最奇特而又极其有用的天然资源——木材。

一、世界森林资源概况

　　世界森林与木材资源情况可以通过以下几个主要数据表现:

　　第一,森林面积。它是指由乔木树种构成,郁闭度 0.2 以上(含 0.2)的林地或冠幅宽度 10m 以上的林带的面积,即有林地面积。郁闭度则是指森林中乔木树冠遮蔽地面的程度,它是反映林分密度的指标。它是以林地树冠垂直投影面积与林地面积之比,以 10 分数表示,完全覆盖地面为 1。简单的说,郁闭度就是指林冠覆盖面积与地表面积的比例。

　　第二,森林蓄积量。它是指一定森林面积上存在着的林木树干部分的总材积。它是反映一个国家或地区森林资源总规模和水平的基本指标之一,也是反映森林资源的丰富程度、衡量森林生态环境优劣的重要依据。

　　第三,森林覆盖率。它是指一个国家或地区森林面积占土地面积的百分比,是反映一个国家或地区森林面积占有情况或森林资源丰富程度及实现绿化程度的指标,又是确定森林经营和开发利用方针的重要依据之一。

首先，从世界森林总面积来看，根据《2010年全球森林资源报告》显示，世界森林总面积仅略超过 $40×10^8hm^2$，占全球总面积的 27%，人均 $0.6hm^2$ 左右。全球森林资源的分布很不均匀，其中俄罗斯、美国、加拿大和巴西等国的森林面积占了全球 1/2 以上。

其次，再从森林蓄积量来看，全球总量大约为 $3864×10^8m^3$，其中欧洲（含俄罗斯）和南美洲各占 1/3；按人均占有量来比较，大洋洲第一，人均 $360m^3$，南美洲第二，人均 $325m^3$，北美洲和中美洲排行第三，约为 $140m^3$。从国家占有量来比较，前几名为俄罗斯、巴西、澳大利亚、新西兰、巴布亚新几内亚以及加拿大和美国等。世界人均拥有森林蓄积量为 $71.8m^3$。

再次，从世界各国森林覆盖率来看，目前世界森林覆盖率平均约为 31.7%。其中：圭亚那最高，达到 97%；其他国家依次为日本 67%，韩国 64%，挪威 60% 左右，瑞典 54%，巴西 50%~60%，加拿大 44%，美国 33%，德国 30%，法国 27%，印度 23%，中国 21.63%。全球森林主要集中在南美、俄罗斯、中非和东南亚。这 4 个地区占有全世界 60% 的森林，其中尤以俄罗斯、巴西、印尼和民主刚果为最，4 国拥有全球 40% 的森林。

另外，从原木及制品的出口情况来看：

欧洲（含俄罗斯）原木产量大、出口多。近些年来，对世界工业原木产量及出口量贡献最大的国家当属俄罗斯。我国很多地板企业的原材料来源正是俄罗斯。除俄罗斯外，欧洲还有一些木材生产与出口的重要国家，如瑞典，是世界上第二大锯材出口国，出口量达 $1100×10^4$~$1200×10^4m^3$。瑞典森林蓄积量在 $30×10^8m^3$ 左右。此外，该国纸制品出口量也很大，世界排名第四。欧洲的奥地利、德国、芬兰等国也都是锯材出口的佼佼者。这几个国家每年锯材出口的合计总量约占全球锯材出口总量的 1/5，而且这些国家的树种都很优秀，像德国的橡木、奥地利的榉木、芬兰的云杉、葡萄牙的软木等出口历史悠久、颇负盛名，而且资源保护措施也十分周全。

美洲木材资源颇丰、持续发展后劲足——在北美地区，美国和加拿大均属目前世界上名副其实的木材资源出口大国。前者是原木年出口总量排行第二的国家（年出口原木为 $1100×10^4m^3$ 左右）；后者则是锯材和人造板出口总量位居榜首的国家（锯材出口为 $4000×10^4m^3$，人造板出口约为 $1250×10^4m^3$）。美国的针叶树种主要是北美黄杉，其次是美国阔叶硬木。美产阔叶硬木有五大特点：一是其蓄积量大，约为 $32×10^8m^3$；二是产量大，年采伐量这几年均保持在 $3000×10^4m^3$ 左右，占世界阔叶硬木总产量的 25%，居第 1 位，而且属于可持续发展的资源；三是质量、等级、价格、检尺等制度严密、合理、公平；四是品种多元化，受国际市场欢迎与青睐的树种有红橡木、白橡木、黑胡桃木、樱桃木、白蜡木、山核桃木、赤桦木、鹅掌楸木等；五是美国阔叶硬木外观出众，其清晰的纹理、鲜明的色泽、风格独特的自然特征，受到全球消费者的交口称赞。美国阔叶硬木的主要材种有：锯材、规格材、木皮、装饰型条等。

二、我国森林资源概况

从最新的我国第八次全国森林资源清查情况来看，我国现有的森林面积 $2.08×10^8hm^2$，森林覆盖率 21.63%。活立木总蓄积 $164.33×10^8m^3$，森林蓄积 $151.37×10^8m^3$。天然林面积 $1.22×10^8hm^2$，蓄积 $122.96×10^8m^3$；人工林面积 $0.69×10^8hm^2$，蓄积 $24.83×10^8m^3$。森林面积和森林蓄积分别位居世界第 5 位和第 6 位，人工林面积仍居世界首位。

中国森林面积居世界第 5 位。中国土地面积占世界 7.68%，森林面积 $2.08×10^8hm^2$，占世界 4.16%，森林覆盖率 21.63%。中国人均森林面积居世界第 134 位。世界人均占有森林面积 $0.6hm^2$，发展中国家人均占有 0.5hm², 发达国家人均占有 1.07hm²。

中国森林总蓄积量占世界第 6 位。中国森林总蓄积量 151.37×10⁸m³，占世界森林总蓄积量 3864×10⁸m³ 的 3.92%。

中国森林平均公顷蓄积量水平低于世界平均水平。中国森林每公顷平均蓄积量为 96m³，世界森林平均每公顷蓄积量为 114m³。

中国人均森林蓄积量是世界最低的国家之一。世界人均拥有森林蓄积量为 71.8m³，中国人均森林蓄积量仅为 8.6m³。

中国人工林面积为世界的第一位，占世界发展中国家人工林面积总量的 50% 左右。发展中国家年均消失天然林 1628.2×10⁴hm²，中国年均消失 40×10⁴hm²。

中国森林每公顷生物量高于世界平均水平。中国森林每公顷生物量平均为 157t，而世界平均 131t。中国森林总生物量达 160.09×10⁸t，占世界的 3.63%。

我国横跨热、亚热、温带三大区域，树种资源十分丰富，约有 7000 种，其中可作为木材使用者约 1000 种，常见乔木树种 300 种，林木从培育到成熟利用一般需要 10~50 年的时间。由此可见，我国的木材资源极为贫乏，特别是由原始森林所提供的大径级优质材将越来越少，而由人工林或速生丰产林提供的幼龄林、小径木将越来越多，造成森林资源结构的明显变化，致使木材的某些缺陷也越来越突出地表现出来。因此，克服木材缺陷，改良木材性质，实现劣材优用，小材大用，合理利用现有木材资源，提高木材使用价值是摆在我们面前的重要任务。

三、木材的优缺点

人类社会已经进入了与自然和谐发展的阶段，材料、环境和自然资源保护利用已成为国际社会最为关心和最迫切需要解决的问题。任何材料，要想得到充分有效的利用，提高其功能和价值，就必须了解其性能。木材是一种天然高分子复合材料，具有一些独特的性质，与钢材、水泥、塑料等材料有着显著的差异。它既有许多优点，也有不少缺点。随着科学技术和材料科学的发展，木材的应用范围日益广泛，木材的这些特点是由其本身的结构和化学性质所决定的，在使用过程中我们要发扬其长处，克服不足，真正达到木材的使用价值。

1. 木材的优点

（1）易于加工。木材加工是最古老的行业，一般来说用简单工具就可以加工，通过榫、钉子、螺钉、胶黏剂等将木材组合在一起，木材通过锯、铣、刨、钻等工序就可以使其加工成各种轮廓外型的零部件，木材可以进行蒸煮、弯曲与压缩，加工成各种形状的用于家具的部件。对于小径材、劣质材可以锯割成各种规格，胶拼结合成较大规格尺寸的板材、方材。木材还可以通过旋切和刨切制成薄的单板，用于胶合板及层积塑料制造，其强度高于钢材。此外，木材还可以通过改性，使木材尺寸稳定，防腐、防蛀和阻燃，延长其使用寿命，提高其安全性能。

（2）某些木材的强重比值比较高，即木材质轻而强度高。强重比是以强度与密度的比值来表示的数值，某种材料的强重比高时表示该种材料质轻而强度大，它是材料学和工程力学的重要指标之一，木材的强重比要比其他的材料高。例如，鱼鳞云杉顺纹理的抗拉强度为 133MPa，其基本密度为 0.378g/cm³，因此，其强度与密度的比值约为 351.8；而钢材的抗拉强度为 1960MPa，钢材的密度等于 7.8g/cm³，因此其强重比与密度的比值等于 251.3，由此可见，鱼鳞云杉顺纹抗拉强重比值比钢材高。胶合板的强重比值比钢和铝高得多，适用于洲际导弹的前锥体。飞机的内部装饰、汽车外壳等利用胶合板等都是因为木质轻，强度大的特点。

（3）气干木材为热和电的良绝缘材料。木材结构决定了内部为中空的管状材料，其干燥后状态水分含量低，能自由移动的电子很少，导电和导热能力极差，是热和电的良绝缘材料，也就是不良导体，木材的这种性能使其广泛应用于建筑材料、家具材料、绝缘材料等方面。经实验表明：砖、玻璃窗、砂石混凝土、钢和铝等材料的散热量分别是木材的6倍、8倍、15倍、390倍和1700倍，在寒冷的冬季，木材可以隔绝冷空气，降低建筑物的热传导，并使水蒸汽凝结至最小限度；而热天又可以隔绝热空气，木结构房屋冬暖夏凉的原因就在于此。需要隔热的器皿一般均可以利用木材做隔热材料，如各种木制隔热手柄。另外，木材采用的高频胶合等技术利用的便是木材的电绝缘性。

（4）木材吸收能量大，耐冲击。同学们坐在椅子上，椅子面就要产生下陷变形，而当你离开后，椅子并未因你坐了而产生凹痕，其原因就是木材将吸收的能量随着同学的离开释放出来的缘故。另外，人们在乘坐火车时都有这种感觉，即乘坐木枕上行驶的火车比水泥枕的舒适，道理也在于此。各种精密机床、精密仪器要用木材做底架垫着，是利用木材吸收能量减少震动的特性。乐器都是利用木材管状细胞吸音、回音、共振性能，奏出美妙的音乐。木材的特殊耐冲击赋予较大的力学和经济上的效益，适于抗地震结构。木质材料的航空母舰甲板耐冲击是钢材的九倍；与钢材不同的是木材具有优良的振动衰减特性，这种特性对于桥梁及其倍受动力载荷的结构更为重要。

（5）木材是弹性和塑性复合体，使用过程具有安全感。在外力作用未超过木材弹性限度时，木材发生的变形可以完全恢复，这就是木材的弹性；而当外力作用超过木材的弹性限度时，木材会产生永久性变形，这就是塑性，超过其塑性极限时木材就会被破坏。木材是生物复合材料，其细胞壁是由纤维素、半纤维素及木素等高分子化合物构成，因此具有弹性与塑性，在破坏前往往有一定的预兆信号，不会发生突然破坏，使用时有一定的安全感，如矿井的支柱破坏前会发出喀嚓声音，其外形也有裂纹迹象的发生，能给人以破坏先兆预警，从而具有一定的安全感。

（6）木材具有天然美丽的花纹、光泽和颜色，能起到特殊的装饰作用（视觉特性）。木材的各个切面均能呈现不同的颜色、花纹和光泽。木材的环境学特性研究表明，木材的颜色近于橙黄色，能引起人的温暖感和舒适感；木材纹理自然多变，并符合人的生理变化节律，常能带给人自然喜爱的感觉；木材的光泽不如金属和玻璃制品那么强，呈漫反射和吸收反射，因而能产生丝绢般的柔和光泽，具有非常舒适的装饰效果。利用这个特性，人们在日常生活、建筑、航运和海运的室内装饰上已大面积普及木质装饰装修。

（7）木材对紫外线具有吸收作用而对红外线具有反射作用。木材给人视觉上和谐感，是因为木材可以吸收阳光中的紫外线（波长在380mm以下），减少紫外线对人体的危害；同时，木材又能反射红外线（波长在780mm以上）。紫外线和红外线都是肉眼看不见的，但对人体的影响是不容忽视的。强紫外线刺激人眼会产生雪盲病，人体皮肤对紫外线的敏感程度高于眼睛。木材中的木素可以吸收阳光中的紫外线，减轻紫外线对人体的伤害；木材反射红外线是人产生温馨感的直接原因之一。

（8）木材具有隔音性能。声波作用于木材表面时，一部分被反射，一部分被木材本身的振动吸收，被反射的占90%，主要是柔和的中低频率声波；而被吸收的则是刺耳的高频率声波，因此生活空间中，适当应用木材可令我们的听觉有和谐的感受。木材具有良好的隔音特性，声学质量要求高的大厅，音乐厅和录音室首选木材装修就是为了调剂、调节以达到最佳的听觉效果。

（9）木材具有调湿性能。当周围环境温度发生变化时，木材自身为获得平衡含水率，能吸收和放出水分，直接缓和室内空间湿度的变化。研究结果显示，人类居住环境湿度保持在45%~60%为适宜。

适宜的湿度既可以令人体有舒适感，也可以使空气中的浮游细菌的生存时间缩至最短，也就是说一间木屋相当于一个杀菌箱。

（10）木材是可再生资源。产生木材的树木，可以进行人工栽培，不断繁殖生长，通过人工进行植树，十几年或几十年后，就可以成材，要是速生丰产树种成熟得就更快，这样我们就可以采伐树木，再对树木进行截断，再用锯机进行纵向锯割，就可以加工成锯材，供人们使用，取之不尽，用之不竭。

2. 木材的缺点

（1）干缩、湿胀、变形、翘曲。随着空气相对湿度的变化，木材尺寸和形状改变导致板材的开裂、翘曲，影响到板材的使用。而且木材的尺寸变化是具有各向异性的，其中存在着弦向＞径向＞纵向的特点。为了避免变形翘曲，应将板材自然干燥或者进行人工干燥。

（2）容易腐朽和虫蛀。木材是生物高分子材料，其组成是高分子碳水化合物，内部含有淀粉、矿物质等，又因水湿条件适应菌类、昆虫生存，木材生长、贮存及使用的环境往往适应于某些虫菌的生存，木材本身又可为虫菌提供必要的营养物质，从而使木材遭到破坏，降低使用价值。

（3）易于燃烧。由于木材是有机物质，可以在常温下燃烧，一般是木材的体积越小越易燃烧。使用木材阻燃剂处理木材，就可以防止木材起火燃烧。不过尺寸较大的原木、板材并不容易燃烧，主要是表面碳化、隔绝空气、阻隔燃烧。森林火灾发生后的过火木，多是表面碳化，内部都是正常木材，不过这种木材的含水率很高，应及时伐倒、运出、锯解，否则容易导致虫害的发生。

（4）本身的变异性大，绝对强度小。木材是生物质材料，不同树种的木材其性质差异很悬殊。即使是同树种，生长条件不同，性能也不同；即使同一树木，不同位置的木材的性能也是不同的。例如，蚬木的密度约为 1.20，而轻木的密度只有 0.12；相同树种木材的变异性也相当大，如年轮宽度、晚材率、密度等；与钢材等金属比较，木材的绝对强度较低。日常生活和生产中，应考虑木材特性，充分利用木材的优良性能，发挥其最大经济价值。

（5）具有天然缺陷。由于木材是一种天然材料，在生长过程中，有许多不可避免的天然缺陷，如节子、弯曲、尖削等。这种天然缺陷降低了木材使用性，加工中可以想办法剔除，如裁切、分等级等，以达到使用要求。不同文化层次的人群对于节子和斜纹这类缺陷认识有着明显偏差，多数国人不喜欢这种缺陷，而西方人认为这是自然美感的体现，因此对于这种缺陷加以搭配组合也能达到很好的装饰效果。

总之，木材作为一种天然高分子复合物，其所独有的一些性质，使它有别于钢材、水泥、塑料等其他材料。树木在生长过程中，会受到其自身遗传因素和自然环境因素的影响，生长缓慢，有的树木需要几十年，甚至上百年方可成材。而且我国的森林大部分分布在边远省份的山区，采伐、运输都比较困难，加之我国森林资源逐渐减少，所以在开发、利用木材时，要充分利用木材的优点和它的潜在使用价值，做到材尽其用。

四、木材在国民经济中的作用

木材是国民经济建设和人们日常生活中不可缺少的重要资源之一，在当今世界四大材料（钢铁、水泥、木材、塑料）中，木材是唯一可再生的资源，是对环境不产生负面影响，又可循环再利用的材料。木材具有质量轻、强度高、弹性好、色调丰富、纹理美观、保温隔热、加工容易等诸多优点，在国民经济的各个领域应用十分广泛，如建筑工业（门窗、地板）；家具制造业（各类桌、椅、柜、床等）；铁路运输业（枕木、车厢板、地板）；汽车制造业（纵梁、横梁、底板等）；船舶制造业（舱内装饰板、地板）；乐器制造（各种共鸣箱板）；军工生产（军工箱、枪托、手榴弹柄等）。据统计，每修建 1 km 的铁路，需消耗枕木用材 200m³；建筑 10000m² 的房屋则需要木材 800~1000m³。它们在能源结构（主要是在发展中国家）和工业原材料（主要是建筑、家具、人造板和纸浆造纸等）等方面占有及其重要的位置，世界上以木材为原料的产品已高达 10 万多种，目前我国每年消耗木材总量大约为 $2.68\times10^8m^3$。其中：家具用材 $3000\times10^4m^3$；建筑工程房屋装饰 $6000\times10^4m^3$；造纸用材 $7500\times10^4m^3$，农业用材 $6000\times10^4m^3$；采掘工业、包装、铁路、航空、车辆、军工、纺织行业用材 $3700\times10^4m^3$；此外，我国的广大农村地区要利用木材为能源，每年消耗森林资源超过 $6000\times10^4m^3$，随着改革开放的深入和国民经济以及科学技术的不断发展，木材的用途也日益广泛，木材在国民经济中越来越发挥着不可替代的重要作用。

五、木材识别与检验内涵与意义

木材识别：是指利用肉眼和扩大镜识别木材树种的方法。其前提是要了解和掌握木材的宏观与微观构造特征，因此学习与掌握木材的构造特征是识别木材、合理利用木材的理论基础，只有对木材的构造有一个基本认识，才能够研究木材的性质，进而达到充分合理利用木材的目的。

木材检验：是在学习和掌握木材构造特征基础上的对木材产品进行树种识别、尺寸检量、材积计算、材质评定（或质量指标测定）、品种鉴定（产品验收）、检验标志等工作的总称。

木材检验技术是研究木材产品的质量、尺寸及数量问题的科学，是木材检验对象、检验工具和检验方法的有机结合。它强调如何运用检验工具，依据木材标准，快速而又正确地进行木材材质评定、尺寸检量与材积计算。它还研究木材检验基本技巧、检验工具及检验手段的发展问题。实际上，目前的木材检验完全是按照国家木材标准规定的产品技术要求和检验规则进行的，所以木材检验过程也是贯彻执行木材标准的过程。

木材检验是木材生产、调运及使用等企业部门实现木材经营管理必不可少的重要环节，是联结木材产、运、销三个环节的重要纽带，也是国家加强木材产品质量监督的重要手段。企业生产计划、材种计划和利润计划指标的完成，产品数量统计，质量的鉴定，产值和成本的核算，企业管理，信息反馈等，都必须通过木材检验工作才能正确地反映出来。木材检验对生产和经营效果起着重要作用，没有木材检验，企业的生产计划、成本核算等将无据可查，也可能造成生产和使用上的混乱。由此可见，木材检验工作对企业经营管理好坏有着直接的关系。

木材检验的重要意义在于以下几个方面：

（1）木材检验是贯彻执行国家木材标准技术政策的具体表现。在木材生产、调运、购销、流通、使用等各个环节，都贯穿着贯彻执行木材标准技术，体现实施监督检验的过程，只有按照标准组织生产、指导生产和经营，才能取得最佳的经济效果。

（2）木材检验是计算产品生产数量的基础。不论是木材产品生产部门还是木材调运和使用部门，都必须通过木材检验工作，才能将产品的准确数量统计出来，该数量是掌握生产情况和完成各项计划分析的依据。

（3）木材检验是保证产品质量的重要一环。同其他工业产品一样，木材产品必须经过检验才能得出它的合格程度。否则对生产的产品质量是无法掌握的，而产品质量的好坏直接关系到产值、成本和企业经营管理水平。

（4）木材检验是产品品种区分的重要工作内容之一。木材品种区分是指在木材生产过程中，根据木材构造特征来区分木材树种，按国家木材标准的规定区别材种及品种，以便及时掌握树木材种、品种计划的完成情况。否则，会造成木材管理和木材经营工作的混乱，不能保证国家木材计划的完成。

（5）木材检验是木材产品产值和成本核算依据。一个企业管理好坏的标志主要是经济指标，即产值和成本的高低。产值和成本是按生产产品的数量、质量及其在生产过程中消耗原料的多少确定的。因此，产品的数量和质量是计算产值和成本的重要依据，而木材检验是确定产品数量和质量的关键环节。

六、本课程与其他课程之间的关系

本课程是一门理论知识严谨的、实践性突出的专业基础课程，学习的目的在于正确掌握木材的宏观构造特征、其他宏观特征以及微观构造特征；掌握北方常见树种、南方常见树种及常见进口树种的构造特征与识别方法，为进一步进行检验作好理论基础。在此基础上掌握常见树种加工用原木及其他原木的缺陷、分类、尺寸及公差、材质标准，掌握常见树种加工用原木的检验；掌握普通锯材与特种锯材的缺陷、分类、尺寸及公差、材质标准，掌握常见树种普通锯材的检验，为适应将来木材检验员任职资格及胜任本职工作奠定基础。

本课程与其他课程之间的关系在于：它不仅是木材加工技术专业、人造板专业、家具设计与制造专业、木材流通类专业和某些林业类专业等专业的重要基础课程，而且也是一门涵盖面极广的具有林业特色的专业基础课程。对进一步学习专业课程奠定牢固的基础，是木材干燥技术、家具材料辨识与选用、木工机床操作与维护、人造板制造以及家具生产工艺、家具表面装饰工程施工与管理等课程具有不可替代的指导作用。通过本课程的学习，林学类专业要掌握生态木材学、工艺木材学的基础知识和实践技能，为常见木材树种的识别、速生丰产优质原料林的定向培育、正确合理选择造林树种、选育新品种及鉴定等方面提供基本知识与技能。木材加工、家具设计与制造类专业学生重点掌握木材的构造与特性，为进一步进行木材的加工、改性处理、木材的保管与合理利用奠定基础。

项目一
木材宏观构造的识别

知识目标

1. 理解植物的分类、植物和木材命名方法。
2. 理解树木的组成及木材的来源，掌握树皮和髓心的结构特征识别方法，了解树木生长过程。
3. 掌握木材三切面特征及识别方法，了解木材各宏观构造特征在三切面的形态表现。
4. 理解木材宏观构造特征，掌握针、阔叶树木材树种宏观构造特征识别要点。
5. 掌握木材树种宏观识别方法。

技能目标

1. 能根据植物和木材命名标准对木材进行命名。
2. 能根据树木生长基本原理说明木材的来源、结构特征及功能。
3. 能识别并绘制木材三切面特征，能说明木材宏观特征在三切面的表现形式。
4. 能根据木材宏观构造特征识别要点对针、阔叶树进行宏观构造特征识别。
5. 能根据木材实物表现的三切面宏观构造特征识别并区分针、阔叶树木材。

任务 1　树木整体构造的认知

一、任务目标

木材作为一种天然的、可再生的、具有各向异性的高分子有机材料，具有广泛的用途，全面了解木材的构造，对快速准确识别木材树种、确定用途、进行木材检验和完善我国重要商品材结构特征数据库具有重要意义。通过对本任务学习，使学生对木材整体构造有一定了解：明确树木和木材的分类及命名原则；能熟练说明树木的组成及作用，描述树干的构造特征及特点；了解树木的生长原理和木材的来源，为学好后续针、阔叶材宏观和微观构造特征识别奠定理论基础。

二、任务描述

树木整体构造的认知对指导木材宏观和微观构造特征的识别具有重要意义。本任务通过给定相关图片资料、木材实物标本及学生搜集相关材料等方式，学习树木和木材的命名原则，并能结合图片描述树木的组成及作用，树干的结构及特征要点；掌握通过树皮及髓心进行木材树种初步识别的方法，每人完成此任务报告单。

三、工作情景

教师以林场树木、木材标本为例，学生以小组为单位担任木材树种识别人员。根据相关资料及图片对树木整体构造进行认知，记录树木与木材的命名原则并举例说明木材的标准名、商品名和俗名；描述树木生长过程及木材来源，绘制树木及树干组成图并说明其功能；能结合树皮及髓心进行木材树种的初步识别工作，完成报告后进行小组汇报。教师针对学生的工作过程及成果进行评价与总结，按教师要求学生进行修订并最终上交报告单。

四、知识准备

（一）植物的分类与命名

树木是组成森林的主要部分，而森林是大自然的组成部分，与人类生活、生产有着十分密切的关系。树木实际上也是乔木、灌木和木质藤木的总称，供人们使用的木材主要来源于乔木，这些木材在木材加工和商品流通领域中必然要涉及它们的名称，而由于不同树种的木材结构差异较大，用途也不尽相同，这就要求对树木有一个科学的分类。

1. 植物的分类

植物的分类是植物分类学原理根据自然界植物有机体的形状分门别类，按照一定的分类等级和分类原则，从而建立一个合乎逻辑的、能反映各类植物亲缘关系的、合乎自然规律的植物分类系统。分类过程包括植物的命名、分类等级的确定、分类形状的选择以及植物标本鉴定等。

分类单位就是进行分类工作的统一标准。植物分类的基本单位是"种"，最高单位是"界"，而介于其间的划分为：门、纲、目、科、属。现以刺槐为例说明如下：

界——植物界 Plantae
　门——种子植物门 Spermatophyta
　　亚门——被子植物亚门 Angiospermae
　　　纲——双子叶植物纲 Dicotyledones
　　　　目——豆目 Leguminosae
　　　　　科——蝶形花科 Papilionaceae
　　　　　　属——刺槐属 *Robinia*
　　　　　　　种——刺槐 *R. pseudoacacia* L.

由于上述现代植物分类学中所采用的分类单位比较复杂，其中与我们木材工作者关系重要的是：科、属、种。

① 科　生物（动物与植物）常用的一种分类级别，由若干亲缘关系相近的属集合而成。同科各属的某些相同的形态特征，即为科的分类特征，可以区别相邻近的科。

② 属　生物分类学中常用而且很重要的一种级别，由若干亲缘关系特征相近的种集合而成，其位置在科与种之间。

③ 种　具有一定形态、生理和自然分布等方面的共性的生物群体。同种间雌雄个体交配一般后代

具有生殖能力，每一个"种"都具备特有的基本特性，可以同其他的"种"相区别，因为种在自然界中的客观存在，因而可作为科学分类的基本单位。

所谓"树种"一般是指乔木或主要是指乔木也同时包括灌木的种，以示与草本和低等植物相区别。

2. 植物的命名

命名是植物分类工作一项重要的组成部分，它涉及整个植物的分类系统。目前，各国对植物的科学命名均采用国际通用的双名法，即每一个学名都是由属名和种加词所构成，最后附以命名人的姓氏或姓名，其中属名第一字母大写，其他字母小写，种名字母均小写，命名人通常用省略词，第一字母大写。学名是1753年瑞典植物学家林奈正式提出的，目前为国际通用命名形式。它采用双名法为植物命名，学名是用拉丁文拼写。格式为"属名＋种加词＋变种名"，也称三段命名法，它适用于命名至变种，对于非变种树种，第三段自然空缺，这样就可以准确地区分和命名包括变种在内的所有树种。

（二）木材名称、来源和分类

1. 木材名称

正确的木材名称，就是上面讲到的世界各国遵循的国际植物命名法规所规定的命名法，也就是植物（树木）分类系统名称，即拉丁学名，这种名称非常科学，不会产生木材种类上的混淆，有利于学术交流和木材贸易的开展。

木材名称除了采用上述的拉丁学名外，各国都还有一般的俗名（通俗名）。我国幅员辽阔，树木种类繁多，加之长期习惯，一种木材在某地叫这样的名称，而在另一个地方则又叫别的名称，甚至同一树种在同一地区也有几个名称，这种现象屡见不鲜。多数情况下一种树种只能有一个通用的名称，但为了照顾各地习惯，各地的地方名称仍可使用，又称地方名或别名。这种俗名植物，即可同物异名，又可同名异物。如红松又名果松、海松、五针松、五叶松、朝鲜松，即为同物异名；再如油松和黑松它们是同属不同种，但在华北地区统称黑松，可为同名异物的例证。由此可见，俗名变化太多，极易混淆，又难求准确。因此，需要了解木材名称，以便更好地进行木材识别。

2. 木材来源

用植物学观点来看，木材是来自种子植物即树木，在种子植物中又分为裸子植物和被子植物，而树木主要是大部分的裸子植物和被子植物中双子叶植物当中一部分，即木本植物。一般来说，木材不包括灌木、藤木和竹材。例如，玫瑰花的茎和枝在植物学中虽然也和松、杉、槐、桦等同样都属于木本的茎，但由于它一般不能作为用材使用，因此通常不视为木材。

木材是植物有机体中木质化的组织，即树木干部和大枝的次生木质部。树木在自然界中是大量存在的，且能迅速生长和繁殖，因此木材是取之不尽，用之不竭的珍贵资源。由于木材是植物有机体，因而能遭受虫、菌的浸染、寄生而出现损坏。

木本植物的一般特点是具有多年生的根和茎，输导组织发达，并能由形成层（侧向分生组织）形成次生木质部和次生韧皮部。经过木质化的次生木质部细胞组织，在根、茎的生长和增粗过程中占的比例很大，因此许多高大的木本植物是木材的来源。根据植物的生活习性，习惯上把木本植物分为乔木、灌木和藤木三种类型，如图1-1所示。

① 乔木　具有单一的主干，树高在7m以上的木本植物。

② 灌木　不具有单一的主干，而是多干的，常在干和根的交界处分枝而形成为几条主干，高度常在7m以下。

(a)　　　　　　　　　(b)　　　　　　　　　(c)

图 1-1　乔木、灌木与藤木
(a) 乔木　(b) 灌木　(c) 藤木

③ 藤木　茎不能直立，攀缘于其他物体上的缠绕木本植物，常见于热带森林中。

乔木和灌木均可称为木本植物，藤木则包括草本的攀缘植物（如豌豆），木本植物中的藤本植物通常称为木质藤木（如紫藤）。

由此可见，木材产自植物，但并非所有的植物都具有木质茎干，同时也不是所有具有木质茎干的植物都能产生可供利用的木材。木材只产自大部分裸子植物和一小部分被子植物的双子叶植物，而且主要来自乔木的树干部分。

我国的木本植物有 7500 余种，属于乔木的约占 1/3 以上，但作为工业用材而供应市场的只不过 1000 种，常见的约有 300 种以上。

3. 针叶材与阔叶材

按植物分类系统，种子植物可分为裸子植物亚门和被子植物亚门。

裸子植物中的木本植物只有银杏、松、杉、柏类属于乔木，由于该类树木通常叶形小，呈针状，习惯上称为针叶树。来自针叶树的木材即所谓的针叶材，因其木材不具导管（即横切面不具管孔），故也称为无孔材；由于针叶材一般材质较轻软，又称软材。值得注意的是，并非所有的针叶材都轻软。

被子植物的双子叶植物中的木本植物，因树木叶形宽大，多呈片状，习惯上称为阔叶树。来自阔叶树的木材就称为阔叶材，由于阔叶材一般材质较硬重，又称为硬材，同样也有非常轻软的阔叶材。由于阔叶材种类繁多，枝丫粗大，实际应用中亦有杂木之称。

综上所述，木材是指针叶材和阔叶材，即木材来源于裸子植物和被子植物中双子叶乔木植物。

4. 木材商品材类别的划分

商品材类别的划分包括划类级数和级差两方面。根据对全国多省区的调查，统一确定将划类级数定为五类，将商品材种的中心价格放在第三类，形成价格浮动的分布。

划类依据定为：保护珍贵树种，扩大速生树种和代用树种，达到节约木材的目的；材质优良、具有重要或特殊用途的木材，其类别应当划高一些，达到良材优用，对珍贵树种，价格可适当提高；有发展前途的速生树种，其类别适当高一些；树种分布广、资源蓄积量大的树种，其类别不宜太高；与人们日常生活密切相关的树种，其类别可稍低一些。

根据上述依据，龚耀乾等将常用商品材划分为五类，其中，一类材 42 种，二类材 40 种，三类材 70 种，四类材 45 种，五类材 41 种，共包括 200 余个商品材树种，供各地参考。

① 一类材　红松、扁柏、柏木、圆柏、侧柏、陆均松、穗花杉、白豆杉、红豆杉、香樟、楠木、檫木、苏木、格木、硬黄檀、香红木、花榈木、小叶红豆、黄杨、红锥、红青冈、红棡、山核桃、核桃

木、榉木、黄桑、砚木、蝴蝶树、龙脑香、坡垒、青皮、铁力木、金丝木、铁刀木、玫瑰木、鸡尖、子京、红棱、山榄、香椿、水曲柳、梓木。

② 二类材 银杉、黄杉、杉木、落羽杉、福建柏、罗汉松、竹柏、三尖杉、榧木、鹅掌楸、木兰、木莲、含笑、黄樟、乌心木姜、石楠、野樱、梨木、润楠、香槐、马蹄荷、白锥、槠木、白青冈、水青冈、白桐、麻栎、高山栎、黄杞、椰榆、桑木、蒙子树、枣木、黄波罗、苦木、红椿、黄连木、白蜡木、黄棉木、山黄皮。

③ 三类材 冷杉、雪松、油杉、落叶松、红杉、云杉、白皮松、金钱松、铁杉、鸡毛松、领春木、连香树、琼楠、桂樟、厚壳桂、钓樟、木姜子、枇杷、山丁子、杏木、花楸、紫荆、皂荚、肥皂荚、相思木、软合欢、硬合欢、软黄檀、马鞍树、红豆木、槐树、刺槐、山茱萸、四照花、八角枫、珙桐、阿丁枫、蚊母树、红苞木、悬铃木、杨梅、桦木、栗木、槲栎、马尾树、化香、白颜树、刺榆、榆木、杜仲、天料木、椴木、重阳木、杨桐、山茶木、木荷、厚皮香、五列木、山竹子、蒲桃、杜鹃、卫矛、青皮木、拐枣、栾树、山枣、漆木、槭木、女贞、木犀。

④ 四类材 南洋杉、柳杉、水松、水杉、台湾杉、八角、银钟花、山茉莉、白辛树、木瓜红、野茉莉、山矾、紫树、蜡瓣花、枫香、交让木、桤木、鹅耳枥、榛子、青钱柳、木麻黄、糙叶树、朴树、青檀、嘉赐树、银桦、山龙眼、杜英、算盘子、红桉、白桉、白千层、山柳、乌饭树、铜钱树、臭椿、泡花树、南华木、七叶树、密花树、雪柳、香果树、紫薇、泡桐。

⑤ 五类材 凤凰木、拟赤杨、喜树、槐木、树参、五加、幌伞枫、刺楸、鸭脚木、水青树、杨木、柳木、枫杨、山黄麻、波罗蜜、构木、榕树、山桐子、伊桐、猴欢喜、梧桐、翻白叶、梭罗树、苹婆、木棉、轻木、油桐、黄桐、野桐、乌桕、冬青、柿木、吴茱萸、花椒、无患子、盐肤木、野鸦椿、银鹊树、灯架树、厚壳树、灯笼树。

（三）树木的组成与生长

1. 树木的组成

树木是生命的有机体，是由种子（或萌条、插条）萌发，经过幼苗期，长成枝叶繁茂、根系发达的高大乔木。自上而下观察全树，它是由树根、树干和树冠三个部分所构成，如图1-2所示。

① 树根 树木的地下部分，通常向地下生长，占立木（能够加工成为用材的树木，多指乔木）总体积的 5%~25%，是主根、侧根和毛根的总称。主根的功能是支持树体，将强大的树冠和树干牢固地稳定于土壤中，保证树木的正常生长；侧根和毛根的主要功能是吸收土壤中的水分和矿物质营养，供树冠中的叶片进行光合作用，它们是树木生长并赖以生存的基础。

② 树冠 树木上部生长着枝丫、树叶、侧芽和顶芽等部分的总称。从树冠下部第一个活枝丫算起，

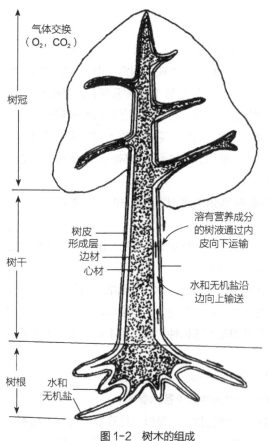

图1-2 树木的组成

其约占立木总体积的5%~25%。其主要功能是：通过树叶的叶绿素吸收空气中的二氧化碳，在太阳光下，与树根部吸收的水分和矿物质进行光合作用制成供树木生长所需要的碳水化合物，供树木生长，树冠中的枝丫可用于削制木片，为人造板生产提供原料。

③ 树干　根到树冠之间的直立部分，是树木的主体，也是木材的主要来源，占立木总体积的50%~90%。在活树中树干具有输导、贮存和支撑三项基本功能。其一是木质部的边材（由活细胞组成）把树根从土壤中吸收的水分和矿物质营养上行输导到树冠；其二是把树冠制造的养料通过树皮的韧皮部下行输导到树木的各个部分，并贮存在树干内；其三是与树根一起共同支撑整株树木。

2. 树木的生长

树木的生长是指树木在同化外界物质的过程中，通过细胞分裂和扩大，使树木的体积和质量产生不可逆的增加。树木是多年生的植物，一生要经历幼年期、青年期、成年期，直至衰老死亡。树木的生长是初生长（顶端生长、高生长）与次生长（径生长）共同作用的结果。

① 初生长（顶端生长）　又称高生长。树木的高生长包括茎干的不断加高、侧枝的不断延伸和根的不断延长。其生长过程是依赖其顶梢、枝梢和根尖部位具有无限分生能力的组织进行的。首先是在树木的芽上开始，由具有强烈分生能力的顶端分生组织开始分裂，使其产生的新细胞逐渐增加与伸长。随着生长点细胞的进一步分裂，初生分生组织也开始发生变化，细胞的形状和大小产生明显的差别。再经过一段时间，初生分生组织转变为初生永久组织继续分裂，这部分组织包括表皮、维管束和基本组织，初生韧皮部、初生形成层和初生木质部，初生皮层和中柱等。原形成层进行分裂，向外形成初生韧皮部，把芽和叶制造的有机物和激素等向下输送，向内形成初生木质部，把根吸收的含有养分的水分向上输送，在中间仍保留一列有分生能力的细胞组成薄的初生形成层，在整个树木的生长中始终保持着分裂的能力，从而使树木不断增高。

② 次生长（直径生长）　又称粗生长。树木的直径生长是木质部和韧皮部新细胞不断增加的结果，它是由形成层原始细胞进行弦向平周分裂来完成的。形成层原始细胞向内形成初生木质部；向外形成初生韧皮部。由于向髓心方向增加的细胞远较向外增加的细胞多得多，久而久之，树木的直径便不断增大，形成层也随之外移。植物学上，形成层被称为侧生分生组织，形成层原始细胞被称为次生分生组织，由它分生出来的组织叫作次生组织。次生组织包括由形成层所形成的次生木质部和次生韧皮部以及由木栓形成层所形成的周皮，从而使树木的直径不断增大。

（四）树干的组成及构造特征

从树木的径向剖面自外向内观察，可分为树皮、形成层、木质部和髓心，如图1-3所示。

1. 树皮

一般人们习惯把包裹在树木的干、枝、根次生木质部圆柱体外侧的全部组织统称树皮，通常占树干总体积的6%~25%。有时专指树干部分的，而对根部的则另称为根皮。从树木的形成过程及解剖学观点来看，树皮就是在形成层外侧的所有组织，包括外皮和内皮。

外皮是树皮最外层干枯的部分，是非生活组织，又称死皮。由表皮、皮层和初生韧皮部组成，树皮的表皮细胞极厚，而且富有角质，不仅可以防止树干内部水分蒸发，还可保护外部不受伤害。外皮组织起保护和通气作用，但容易剥落。内皮则是靠近外皮里面的一层，是生活组织，又称活皮，由次生韧皮部组成。内皮组织主

图1-3　树干的构造

要担负着营养物质的输导和转化功能，是树木生活必不可少的重要组织。

树皮的颜色、形状、气味、质地和滋味等随树种不同而不同，是识别树种的重要外部特征，也是区分树种的重要部位，通过对原条和原木树皮的判断来识别树种，这在现场和实际工作中有着非常重要的意义。对于树种的识别，要掌握其基本的特征，树皮的特征包括外皮颜色、外皮形态、树皮质地、皮孔形态、断面结构、皮底情况、剥落类型、内皮断面花纹以及气味、滋味等。

① 树皮颜色　一般指的是大树的老树皮颜色，因老树皮与嫩树皮在颜色上常有差异，如针叶材红松幼树皮为黑色不开裂，而成熟后为红棕色鳞片状开裂；阔叶材樟树幼皮呈绿色，而成熟后为黄褐色。在识别中要注意某些树种树干上下部位的不同颜色，如樟子松、山杨等。

a. 灰白色　柠檬桉、大青杨、臭冷杉、红毛柳、银杏、光皮桦。

b. 灰绿色　悬铃木、山杨、新疆杨。

c. 黑灰色　蒙古栎、核桃木、柳木、糠椴、家榆、枫香。

d. 棕色（红褐色）　红松、红桦、杉木、檫木、马尾松、云杉等针叶材。

e. 青绿色　青榨槭、青皮树、樟木（幼树时）、青楷槭。

f. 白色　白桦木。

g. 白褐相间　白皮松。

h. 黄褐色　水曲柳、色木槭、樟木、黄檀等。

② 外皮形态　树木生长过程中，树干不断加粗，多数外皮出现拉开的裂沟，随着树龄的增加，裂沟逐渐加深、加宽，树种的不同出现不同的沟痕。根据外皮皮沟开裂程度，可分为不开裂型和开裂型两类。

A. 不开裂型　分平滑状、粗糙状、皱褶状和刺凸状四种，如图1-4所示。

a. 平滑状　外皮几乎没有皮沟，树皮表面较光滑，如柠檬桉、臭椿、油茶、梧桐、冬青(幼树时)、毛赤杨等。

b. 粗糙状　树皮平而不光滑，表面粗糙者，如朴树、青冈、冬青等。

c. 皱褶状　树皮上表面不平整，呈皱褶状，如油柿等。

d. 刺凸状　树皮上有尖刺，如皂角木、刺槐、木棉、刺楸、刺桐等。

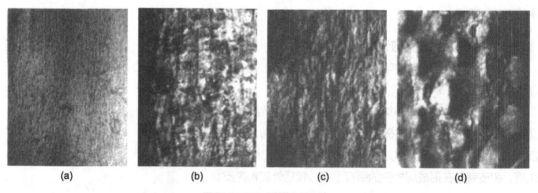

图1-4　不开裂树皮的形态
（a）平滑状　（b）粗糙状　（c）皱褶状　（d）刺凸状

B. 开裂型　分为纵裂、横裂、纵横裂和鳞片状裂四类，如图1-5所示。

a. 纵裂　指树皮裂沟走向与树干轴向平行或呈网状交叉的开裂。又细分为以下五种：

浅纵裂　外皮裂沟突棱较浅，如赤杨、色木槭、杉木等。

深纵裂　外皮裂沟突棱较深，如檫木、核桃楸、蒙古栎、黄波罗等。

平行纵裂　外皮裂沟突棱相互平行，如大青杨、酸枣、红椿等。

交叉纵裂　外皮裂沟突棱相互交叉，如白蜡树、核桃木、刺槐、水曲柳等。

网状纵裂　外皮裂沟突棱呈纵裂菱形，并形成网孔状，如刺槐、核桃木等。

b. 横裂　树皮表面呈横向开裂，如白桦、红桦、山桃等。

c. 纵横裂　也称为块状开裂，如柿树、泡桐、重齿槭、红皮云杉等。

d. 鳞片状裂　也称为龟裂，外皮开裂似鳞片状，如细齿稠李、鱼鳞松、马尾松等针叶材。

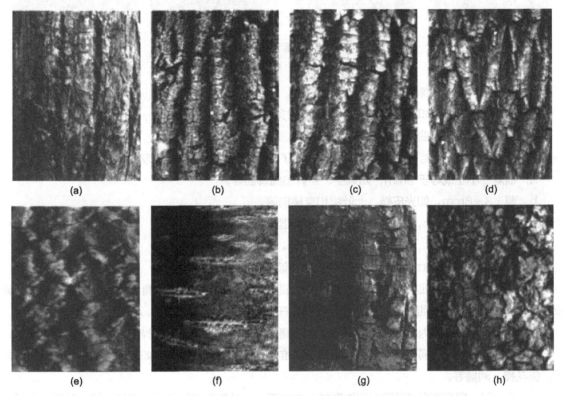

图 1-5　开裂型树皮的形态

（a）浅纵裂　（b）深纵裂　（c）平行纵裂　（d）交叉纵裂　（e）网状纵裂　（f）横裂　（g）纵横裂　（h）鳞片状裂

C. 脱落型　树皮在立木生长中，外树皮的先开裂后脱落的过程叫剥落。

通常针叶材外树皮的自然剥落较为普遍，阔叶材外树皮的自然剥落较不如针叶材明显。对于外树皮剥落可分为竖条形、环形、块形、叠片形和不规则形五种基本类型，图 1-6 所示。

a. 竖条形　树皮裂片为不规则狭长形状，如柏木、落叶松、红毛柳等。

b. 环形　树皮裂片为横向环绕树干卷曲状脱落，如香桦、山桃、红桦等。

c. 块形　树皮裂片的宽窄相近，一般呈单片脱落，如鱼鳞松、金钱松、细齿稠李、领春木等。

d. 叠片形　树皮裂片内外相互重叠，呈多层片状脱落，如黑桦、苦槠等。

e. 不规则形　树皮裂片无一定方向，如悬铃木等。

③ 树皮的质地　指外皮的硬、松软、脆和柔韧的情况。

a. 硬　树皮刚性较大，不易弯曲，如糠椴、麻栎、蒙古栎等。

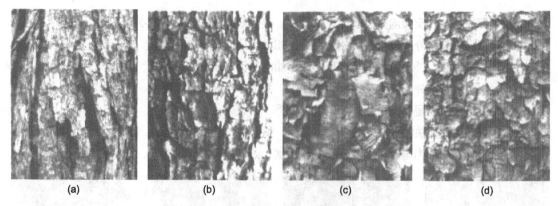

图 1-6 脱落型树皮的形态
（a）竖条形　（b）块形　（c）叠片形　（d）不规则形

b. 松软　树皮具有弹性，易弯曲，如厚壳树、栓皮栎、黄波罗等。

c. 脆　外皮易折，如红皮云杉、落叶松和紫杉等。

d. 柔韧　树皮易弯曲而不易破碎，如光皮桦、白桦、红桦、山桃等。

④ 树皮的厚度　指老树的下部树皮厚度，为了识别方便将各种树皮的厚度区分为以下5级：

a. 很薄　小于或等于3mm，如紫茎、冬青和鹅耳枥等。

b. 薄　3~6mm，如光皮桦、七叶树和臭椿树等。

c. 中等　7~12mm，如枫杨、枫树、板栗和野核桃等。

d. 厚　13~16mm，如枫桃、甜槠和麻栎等。

e. 很厚　大于16mm，如栓皮栎、刺槐和黄波罗等。

⑤ 内皮石细胞　石细胞和韧皮纤维都是厚壁细胞，它们是构成树皮的骨架组织。通常石细胞与韧皮纤维混合在一起，石细胞大小不等，根据石细胞在横切面的排列，常分为以下三种类型：

a. 颗粒状　石细胞为圆形或近似圆形，大小略等，如香花木、冬青、桦木、木荷、鸭脚木等。

b. 环状　颗粒状或横条状石细胞，与韧皮纤维互相间隔呈环状排列，如紫树、白蜡树、香樟、黄樟、刨花樟、润楠等。

c. 混合型　指石细胞或厚壁细胞的形状、大小不一，并与韧皮纤维混合排列，如小叶栎、青冈、柯木等。

⑥ 内皮断面花纹　指韧皮射线与韧皮纤维组合成的各种图形，常见于韧皮纤维发达的树种，它有助于原木的识别。

a. 兰花状　形状似兰花或"佛手状"图案，如苦木、木棉、黄连木等。

b. 锯齿状　形状似锯齿或三角形。齿尖向外，多呈等腰三角形的横切齿状，如大花卫矛、广东钓樟、山龙眼、刺毒木等。

c. 火焰状　花纹的基部小，图案形式似火焰，如朴树、泡花树、密花树、大花五桠果等。

⑦ 树皮的气味和味道　有些树木在被伐倒后，其新鲜的树皮具有特征性的气味，如松树皮具有松脂气味；樟木具有樟脑气味。原木树皮经过长时间存放，其气味是会减少或消失的。

还有些树木的树皮具有各种味道，如苦木、黄连木、黄波罗和粉枝柳的内皮具有显著的苦味；肉桂的树皮具有肉桂香味；八角的树皮有八角香味等。

2. 形成层

形成层是木材的直接起源,是树皮和木质部之间一层很薄的分生组织,位于次生韧皮部和次生木质部之间,由一层具有无限分生能力的原始细胞所组成,这些原始细胞又称形成层母细胞。形成层原始细胞是一种侧向分生组织,向内可以分生次生木质部细胞,向外可以分生次生韧皮部细胞。那么,形成层原始细胞是怎样分生的?

① 形成层原始细胞的类型 形成层原始细胞可分为两种,即纺锤形原始细胞和射线原始细胞。

a. 纺锤形原始细胞 形状似纺锤形,长度比宽度大许多倍,其长轴与树轴方向一致,木质部及韧皮部中所有轴向排列的细胞均由它分生而来。是树木轴向系统的来源。

b. 射线原始细胞 似一束由无数条射线组成的,近似等径的细胞,其长轴与树轴方向近于垂直,向内分生木质部射线(木射线),向外分生韧皮部射线(韧皮射线),是树木径向系统的来源。

② 形成层原始细胞的排列方式 形成层原始细胞的排列方式有叠生排列和非叠生排列两种形式。

a. 叠生排列 在弦面上水平排列成层,同层内细胞水平高度相等。此种排列仅横向扩张,不纵向延长。常见于少数进化程度较高的阔叶材,如花榈木、柿树、刺桐等的形成层原始细胞排列。

b. 非叠生排列 排列多不整齐,细胞的两端大都上下交错,不在同一高度上。此种排列先横向扩张,后纵向滑动延长。常见于针叶材和大部分阔叶材的形成层原始细胞排列。

③ 形成层原始细胞的分裂方式 形成层的细胞分裂有两种形式:即切向的纵分裂和径向的纵分裂。

a. 切向的纵分裂 原始细胞分裂成为韧皮部母细胞及木质部母细胞的主要形式,呈现横向分裂,分裂后的两个细胞的搭接面稍呈S型,新生细胞长度延伸并超过原始细胞的长度,枝干径向不断增长。

b. 径向的纵分裂 有助于形成层向环绕茎的周围扩展,使木质部和韧皮部的衍生细胞径向水平排列。长度较短而一致,细胞长度不延伸,仅弦向直径增大。

形成层原始细胞要形成木质母细胞或韧皮母细胞时,需连续进行一分为二的反复弦向分裂。由原始细胞分裂成内、外两侧的两个母细胞,内侧的成为木质部母细胞;外侧的成为韧皮部母细胞。内外两侧的母细胞继续上一次的分裂方式,分裂后的母细胞随即失去其分生能力,成为永久性细胞而逐渐达到其成熟阶段,依次类推。

3. 木质部

木质部位于形成层与髓之间,由形成层向内分生而来,是树干主要部分,也是木材主要来源,占整棵树木体积的85%~95%,是木材识别与利用的主要部分。根据其起源,可分为初生木质部和次生木质部。

初生木质部:起源于树木的顶芽的顶端分生组织(生长点)。占树干材积极少量,围绕在髓心周围,发育不完全,在木材利用上价值不大。

次生木质部:由形成层原始细胞向内分生而产生。占树干材积极大部分,位于初生木质部之外,形成层以里,是木质部的主体部分,为木材利用最主要的部分。

4. 髓

髓俗称树心,位于树干(横切面)的中央,也有偏离中央的,这样的木材称偏心材,是一种木材缺陷。颜色较深或浅,质地松软。它和第一年生的木材构成髓心。由于它是轴向薄壁组织构成,因此髓心部分木材的力学性质低,又易于开裂和腐朽,在航空、造船及特殊用材中需除去。

① 髓的大小 针叶材的髓较小而且不明显,直径3~5mm;阔叶材的髓较大,有的可达10mm以上,如泡桐、紫薇等,有的直径相对较小,为3~4mm,如青榨槭、柳木、榆木等。

② 髓的颜色　许多树种的髓为褐色或浅褐色，少数树种也有其他的颜色，如梧桐、七叶树、鹅掌楸、野雅椿为白色；黑壳楠、虎皮楠呈黑色；红色的如血桐、细叶香桂等。

③ 髓的形状　多数是圆形的，也有其他形状的。大体可分为以下八种类型：
a. 圆形　如榆木、核桃等树种。
b. 卵形或柳圆形　如槭木、椴木等。
c. 星形　如水青冈、椴木等。
d. 三角形　如水青冈、桤木、鼠李等。
e. 四角或方形　如白蜡等。
f. 长方形　如华南樟、桉树等。
g. 五角形　如白杨等。
h. 八角形　如杜鹃等。

④ 髓的结构　从木材的纵切面观察，大致可以分为三种类型：
a. 实心髓　指髓腔内充满柔软的薄壁细胞，大多数树种属此种类型，如杉木、梧桐、柳树等。
b. 分隔髓　指髓腔内被许多膜质层分隔，如枫杨、核桃、交让木、朴树等。
c. 空心髓　指髓腔为空心的，如泡桐、山柳子等。

五、任务实施

树木整体构造认知对针、阔叶材宏观与微观构造识别具有重要意义，虽此任务不是一个完整的工作过程，但通过此任务学习能够使学生对树木和木材在整体上有一定的认识，实施过程主要包括以下几个方面。

1. 植物与木材的命名

植物分类基本单位是界、门、纲、目、科、属、种，木材的命名常依据科、属、种来进行。木材来源于树木，所以树木的命名与木材是等同的，命名方法也是一致的。但由于一种树木会出现多个名字，这样比较混乱，会给木材识别、利用及木材的流通带来诸多不便，因此统一规范木材名称非常必要。

① 学名　按《国际植物命名法规》命名并被国际采用的树木名称，由拉丁文书写又称拉丁名，采用"双命名法"，由属名、种名和命名人姓名（可省略）组成。

② 标准名　是通过标准化形式所规定的名称。我国已公布了三个与木材名称相关的国家标准，包括：GB/T 16734—1997《中国主要木材名称》、GB/T 18513—2001《中国主要进口木材名称》和GB/T 18107—2000《红木》。

③ 商品名（商用名）　指木材在生产、贸易等领域较广泛使用的商品材名称。商品材分类主要依据木材构造特征和材质异同进行归类和命名。通常将宏观构造相似，木材材质差异不大和现场难以区别的商品材树种归类，并以属名的树种标准名称作为木材的商品名。我国将1000多种市场供应的工业用材进行归类，共有241个商品材名称。

④ 俗名（别名）　为非正式名称，是木材种类的通俗叫法，具有地方性，又称地方名。

木材名称的不统一造成木材研究、生产及贸易流通的困难，故要了解与木材命名相关的标准，对照学名与俗名，为木材的使用带来便利。学生可参照《中国主要木材名称》《中国主要进口木材名称》和《红木》国家标准及查阅资料了解木材的拉丁名、标准名、商品名和俗名及其所属的科、属、种，完成表1-1。

表 1-1　植物和木材命名报告单

木材名称	树 种 名 称				科、属、种别
	中文名	拉丁名	别　名	商品名	

2. 树木的组成

绘制树木简图,并在简图上标出树木的三大组成部分,简述各部分的主要功能和特点,完成表 1-2。

表 1-2　树木的组成报告单

树木部位	特　　点	功　　能	简　　图

3. 树干的构成

根据带有树皮的原木实物或标本,通过观察不同树种树干的横切面,绘制树干简图,并在简图上标出树干的构成部分,简述各部分的主要功能与特点,并观察记载树皮和髓心的构造特征,完成表 1-3。

表 1-3　树干的组成报告单

树干部位	特　点	功　能	树皮构造特征	髓心构造特征	简　图

六、总结评价

本任务通过学习植物与木材的命名原则、树木的组成及生长、树干的构成及髓心和树皮结构特征的识别,使学生对树木有了初步的整体认识,了解了如何通过木材名称相关标准对植物和木材进行命名,熟悉了木材的来源和生长机理,掌握了树木和树干的基本结构及利用髓心和树皮进行树种初步识别的方法,明确了木材构造对木材识别的重要作用,也为后续进行木材树种识别奠定了理论基础。"树木整体构造的认知"任务考核评价表可参照表 1-4,考核报告单包括以上三部分内容。

表 1-4　"树木整体构造的认知"考核评价表

评价类型	任务	评价项目	组内自评	小组互评	教师点评
过程考核(70%)	树木整体构造的认知	植物和木材命名(15%)			
		树木的组成(20%)			

（续）

评价类型	任务	评价项目	组内自评	小组互评	教师点评
过程考核（70%）	树木整体构造的认知	树干的构成（25%）			
		工作态度与团队合作（10%）			
终结考核（30%）	完成报告单	报告单的完成性（10%）			
		报告单的准确性（10%）			
		报告单的规范性（10%）			
评语	班级：	姓名：	第　组	总评分：	
	教师评语：				

七、思考与练习

1. 树木分类单位有几级？木材最常用的分类单位是哪几级？
2. 树木的学名由哪几部分组成？
3. 树木和树干分别由哪几部分组成？并简述每一部分的功能。
4. 如何进行树皮构造特征的识别？
5. 简述木材来源和生长过程。
6. 写出红松和苦楝所属的科、属、种别。
7. 写出图1-7（a）~（c）所示的树皮形态特征。

(a)

(b)

(c)

图1-7　树皮形态

任务2　针叶材宏观构造的识别

一、任务目标

木材构造作为木材识别的前提，主要是指通过肉眼、放大镜及显微镜所观察到的木材构造特征。只有对木材构造特征基本认识后才能进行木材树种识别。通过对本任务的学习，使学生熟练掌握木材三切面识别方法及所能观察到的宏观构造特征在三切面上的形态表现，明确针叶材宏观构造特征识别要点并能准确描述其宏观构造特征及规律，熟悉针叶材常见的次要宏观构造特征。

二、任务描述

本任务是在对木材整体了解基础上所进行的,通过提供的不同树种针叶材三切面标本并结合木材宏观构造特征识别理论,在三切面上认真分析针叶材的生长轮(年轮)、早晚材、心边材、木射线、树脂道以及材色、光泽、气味与滋味、纹理与结构、质量与硬度等木材的主要宏观构造特征和次要宏观构造特征,并总结出针叶材宏观构造特征识别规律,每人完成针叶材宏观构造特征识别实验报告。

三、工作情景

教师以不同树种的针叶材三切面标本为例,学生以小组为单位担任木材树种识别人员,根据木材宏观构造特征识别方法并与标本相结合,在三切面上观察针叶材宏观构造特征要点,将从木材标本上能描述到的构造特征填入特征记载表,并将针叶材的年轮(生长轮)、早晚材、心边材、木射线在三个切面上的形态绘制到木材三切面立体图上,完成报告后进行小组汇报,教师针对学生的工作过程及成果进行评价与总结,按教师要求学生进行修订并最终上交实验报告。

四、知识准备

木材的宏观构造是指在肉眼或借助 10 倍放大镜所能观察到的木材构造特征,木材的宏观特征分为主要宏观特征和辅助宏观特征。主要宏观特征包括生长轮或年轮、早晚材、心边材、管孔、木射线、树脂道和轴向薄壁组织等;而木材的颜色、光泽、气味、滋味、纹理、花纹、结构、轻重和软硬等特征是木材的辅助宏观构造特征。

(一)木材三切面

木材的构造从不同的角度观察表现出不同的构造特征,那么木材的三切面是符合各种特征的重要载体。木材是一种由无数形状、大小、排列方式各异的细胞所组成的复杂形体,从不同的方向锯切的切面,显现出的构造各有特征。因此,要正确识别木材,全面了解木材构造,必须先从木材的三个切面进行观察,见图 1-8。

1. 横切面

横切面,垂直于树干主轴或木纹方向的切面。在这个切面上可以见到木材的生长轮(年轮)、心边材、早晚材、木射线、树脂道、树胶道等,是木材识别的重要切面。年轮呈同心圆圈,木射线被切成辐射线状。

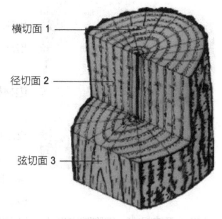

图 1-8 木材三切面

2. 径切面

径切面,通过髓心,与木射线平行,并垂直于生长轮的切面。在这个切面上,可看到相互平行的生长轮或生长轮线,即年轮被切成纵向相互平行的线条,而木射线呈横向平行线(片)状,显示其长度和高度。

3. 弦切面

弦切面,垂直于木射线,与生长轮相切的切面。径切面和弦切面都是顺着树干方向的切面,故又称纵切面。在这个切面上,生长轮呈抛物线状,木射线呈纺锤形,能显露其高度及宽度。

(二)边材与心材

1. 边材和心材的内涵

① 边材 在木质部中,靠近树皮,通常颜色较浅的外围部分。

在成熟树干的任意高度上,处于树干横切面的边缘靠近树皮一侧的木质部分,在生成后最初的数年内,薄壁细胞是有生机的,即是生活的,除了起机械支持作用外,同时还起着参与水分的传导、矿物质与营养物质的运输与储藏等作用。属于边材的宏观结构差异不大。

② 心材 在木质部中,指髓心与边材之间,通常颜色较深的内层组织。

边材含有适于虫、菌生活的养料,故易招致腐朽和虫蛀。而心材含有对菌类有毒的物质,不易腐朽和虫蛀。

2. 心材的形成

边材的薄壁细胞在枯死之前有一个非常旺盛的活动期,淀粉被消耗,在管孔内生成侵填体,单宁增加,其结果是薄壁细胞在枯死的同时单宁成分扩散,木材着色变为心材。形成心材的过程是一个非常复杂的生物化学过程。在这个过程中,活细胞死亡,细胞腔出现单宁、色素、树胶、树脂以及碳酸钙等沉积物,水分输导系统阻塞,材质变硬,密度增大,渗透性降低,耐久性提高。

心材形成早的树种,其直径就大,边材就窄,如黄波罗、刺槐、桑树等;有的树种心材形成的较晚,这样的树种心材直径就较小,而边材较宽,如马尾松、银杏、落叶松、柿树等,一般树种需要 10~30 年以上才能形成心材。所以,树种不同,心材直径和边材宽度也是不同的。

3. 心材树种、边材树种与熟材树种

在实际的木材识别与检验工作中,通常根据树种的边、心材的颜色、立木中心和木材的含水率,将木材分为以下三类:

图1-9 心材树种

① 心材树种(显心材) 心材颜色明显较边材颜色深的木材,也称显心材。具有显心材特点的树种,称为心材树种,如松属、落叶松属、红豆杉属、柏木属、紫杉属等。如图1-9所示。

② 边材树种 心、边材颜色和含水率无明显区别的树种,称为边材树种,如云杉、冷杉等。

③ 熟材树种(隐心材树种) 心、边材颜色无明显区别,但在立木中心材含水率较低的树种,如云杉属、冷杉属等。

边材是由形成层分生的次生木质部形成,心材则是由边材转变而来,其过程是一个复杂的生物化学变化。树木在幼龄时期全部由边材构成,经过一段时间,早期形成的边材中的生活细胞逐渐缺氧而死亡,水分输导系统阻塞,细胞腔内形成一些沉积物致使心材形成各种颜色。

(三)年轮与生长轮

1. 生长轮

生长轮在木材横切面上,由一个生长周期所形成的次生木质部,在横切面上呈现围绕在髓心的完整轮状结构。生长轮的形成是缘于外界环境变化造成木质部的不均匀生长现象。可以表示树木在某段时间内的生长情况,但不一定能代表树木的年龄(树龄),木材中能准确代表树龄的构造是年轮。

2. 年轮

年轮指在温、寒带气候环境下生长的树木，一年仅生长一个周期，形成一个生长轮称年轮。在热带地区，一年间气候变化很少，树木几乎无间断地生长，一年间可形成几个生长轮，就不能称之为年轮。

3. 假年轮

树木在生长季节内，因菌害、虫害、霜雹、火灾、干旱等影响，使生长中断，经过一段时间后，又重新开始生长，致使一个生长周期内形成两个生长轮，这种生长轮称假年轮。假年轮的界限不像正常年轮那样明显，如杉木、柏木等常出现假年轮。

4. 年轮在三切面上的形态

年轮在不同的切面上呈现不同的形态。在横切面上为同心圆状；径切面上为明显的竖条状；弦切面上为抛物线形或呈"V"字形。

5. 树龄的计算方法

在树干靠近根部的横切面上的年轮数目，可以代表树木的年龄，但必须加上幼苗的年龄，这种方法也仅可作为一个近似值。在具体计算过程中，有许多年轮的宽窄不均，不易分辨，若想准确地得出树龄，还需参考树木的经历史，如生长环境史、自然灾害史、病虫危害史等。

（四）早材与晚材

在木材横切面上观察，每一年轮均由内、外两部分构成，即早材和晚材构成。

1. 早材

温带和寒带树木在一年的早期或热带的雨季所形成的木材，即指年轮内部靠近髓心的部分胞壁薄，颜色较浅，结构疏松的木材，称为早材。

特点是：水分足，细胞分裂快、结构松弛、细胞形体大而且细胞壁薄。

2. 晚材

温带和寒带树木在一年的秋季或热带的旱季所形成的木材，即指年轮内部远离髓心的部分胞壁厚，颜色较深，结构致密的木材，称为晚材。

特点是：水分少，细胞分裂慢、结构紧密、细胞形体小而且细胞壁厚。

在一个生长季节内由早材和晚材共同组成的一轮同心生长层，即为生长轮或年轮。由于早、晚材的结构和颜色不同，在它们的交界处形成明显或不明显的分界线。某一年晚材与翌年早材之间的分界线称为轮界线。它的明显与否，称为生长轮明显度。明显度可分为不见、可见、明显三种。而在两个轮界线之间，早材至晚材的转变和过渡则有急有缓，树种间差异很大。急骤变化者是早材至晚材过渡为急变，如马尾松、樟子松；反之，平缓变化者是早材至晚材过渡为缓变，如华山松、红松等。

3. 晚材率

晚材在一个生长轮中所占的比率称为晚材率。其计算公式为：

$$P = \frac{a}{b} \times 100\% \tag{1-1}$$

式中　P——为晚材率，%；

a——为相邻两个轮界线之间晚材的宽度，cm；

b——为相邻两个轮界线之间的宽度，cm。

晚材率大小可作为衡量木材强度大小的标志。树干横切面上的晚材率，自髓心向外逐渐增加，但达到最大限度后便开始降低。在树干高度上，晚材率自下向上逐渐降低，但到达树冠区域便停止下降。

（五）木射线

在木材横切面上有一些颜色较浅的，从髓心向树皮呈辐射状排列，或明或暗的线条，称为髓射线。髓射线在木质部内的称为木射线；在韧皮部内的称为韧皮射线。由于针叶材木射线不发达，肉眼下不明显，不能作为针叶材识别的主要特征，而在阔叶材中，木射线发达，并可作为阔叶材的主要构造识别特征，将在下一个任务中详述。

（六）树脂道

胞间道指由分泌细胞围绕而成的长形细胞间隙，储藏树脂的胞间道叫作树脂道，存在于部分针叶材中；储藏树胶的胞间道叫作树胶道，存在于部分阔叶材中将在下个任务中介绍。

在某些针叶材的木材横切面上呈浅色的小点，氧化后转为深色，这就是轴向树脂道，如图1-10所示。它在木材横切面上常呈散分布于早晚材交界处或晚材带中，沟道中常充满树脂，其排列情况各个生长轮互不相同，偶尔有断续切线状分布的，如云杉。在纵切面上，树脂道呈各种不同长度的深色小沟槽。径向树脂道如图1-11所示，存在于纺锤状木射线中，非常细小。

具有正常树脂道的针叶材主要有松属、云杉属、落叶松属、黄杉属、银杉属及油杉属。在这六属中，前五属具有轴向树脂道和径向树脂道两种类型，而油杉属中只有轴向树脂道一种类型。

一般松属的树脂道体积较大，数量多；落叶松属的树脂道虽然大但稀少；云杉属与黄杉属的树脂道小而少；油杉属无横向树脂道，而且轴向树脂道极稀少。轴向树脂道和横向树脂道通常互相沟通，在木材中形成树脂道网。

根据有无正常树脂道和树脂香气的大小，常把针叶材分为三类：

① **脂道材** 具有天然树脂道的木材，如松属、云杉属、落叶松属、黄杉属、银杉属及油杉属等。

② **有脂材** 无正常树脂道而具有树脂香气，初伐时常有树脂流出的木材，如铁杉、杉木、柏木等。

③ **无脂材** 无树脂道又无树脂香气的木材，如银杏，鸡毛松，竹柏等。

创伤树脂道，指生活的树木因受气候、损伤或生物侵袭等刺激而形成的非正常树脂道，图1-12为落叶松横切面上的受伤树脂道。

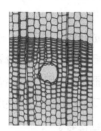 

图1-10 轴向树脂道（云杉横切面）　　图1-11 径向树脂道（云杉弦切面）　　图1-12 受伤树脂道（落叶松横切面）

（七）次要宏观构造特征

木材除具有上述的宏观特征外，还有一些其他特征，如木材的颜色、气味、纹理、光泽、重量和硬度等，这些特征也可以帮助识别木材。

1. 材色

木材的颜色是由于细胞腔内含有各种色素、树脂、单宁及其他氧化物，或这些物质渗透到细胞壁中而使木材呈各种颜色。树种不同，木材所显示的颜色也有所区别，如云杉为白色，红松、臭松、杉木为黄色至黄褐色。

2. 光泽

光泽是指木材对光线反射与吸收的程度。某些木材光泽很好，如云杉；有的木材则不具光泽，如冷杉。光泽会因木材放置的时间而减退，甚至会消失。木材的光泽可以作为识别木材的辅助特征之一。

3. 气味与滋味

木材本无气味，但因细胞腔内含有各种挥发性物质以及树脂、鞣料、芳香油等物质，使木材散发出各种不同的气味。不同的树木，因其细胞腔内所含物质的不同而散发出不同的气味，如松树含树脂，故有松香气味。一般新伐木材气味较浓，存放一段时间以后，气味逐渐减退。

木材中的滋味是由于木材中渗透物质被溶解所致。木材的滋味可作为识别木材的辅助特征，同时在利用上也有一定的意义。

4. 纹理

纹理是指木材纵向组织的排列方向的表面情况，可分为：

① 直纹理　木材纵向细胞的排列方向与树轴平行。
② 斜纹理　木材纵向细胞的排列方向不与树轴平行，而成一定的角度。
③ 波浪纹理　木材纵向细胞沿径切面，按一定规律向弦切面左右卷曲，呈波浪起伏之势。
④ 皱状纹理　基本同波浪纹理，只是波幅较小，形如皱绸等。

5. 结构

结构是指构成木材细胞的大小和差异的程度，在针叶材中，是以管胞的弦向平均直径、早晚材变化的缓急、晚材带大小、空隙率大小来表示。其分级如下：

① 很细　晚材带小，早材至晚材渐变，射线细而不见，材质致密，如柏木、红豆杉等。
② 细　晚材带小，早材至晚材渐变，射线细而可见，材质较松，如杉木、红杉、竹柏等。
③ 中　晚材带小，早材至晚材渐变或突变，射线细而可见，材质疏松，如铁杉、黄山松等。
④ 粗　晚材带小，早材至晚材突变，树脂道直径小，如广东松、落叶松等。
⑤ 很粗　晚材带大，早材至晚材突变，树脂道直径大，如湿地松、火炬松等。

6. 重量与硬度

木材重量与硬度是木材重要的物理、力学性质的体现，也是协助我们识别木材的重要依据，通常木材根据其软硬和轻重可分为三大类：

① 轻—软木材　密度小于 $0.5g/cm^3$，端面硬度小于 5000N 的木材，如鸡毛松、红松等。
② 中等木材　密度在 $0.5\sim0.8g/cm^3$ 之间，端面硬度介于 $5001\sim10000N$ 之间，如落叶松等。
③ 重—硬木材　密度大于 $0.8g/cm^3$，端面硬度大于 10000N 的木材，针叶材没有此类树种。

五、任务实施

任务实施过程可按照《木材学实验指导书》步骤进行，具体如下：

1. 实验材料与设备

① 实验设备　小刀、10 倍放大镜、盛水器皿、软毛刷等。
② 实验材料　银杏科、松科、柏科、杉科等科中所包含的针叶材的木材三切面标本，可结合本地实际情况自行选择树种。

2. 实验方法与步骤

① 将放大镜用试镜纸擦去镜面的灰尘，待用。

② 拿出木材标本，并用小刀将横切面削光滑。

③ 左手持木材标本，将要观察的切面对向光线较强的方向；右手持放大镜，对向标本要观察面，并逐渐调整镜与物及人眼之间的距离，直至能够完全看清楚木材特征为止。

④ 描述的顺序，首先观察横切面，再为径切面，最后为弦切面；也可按特征记载表所列的特征顺序逐条认真观察标本并描述构造特征，将观察到的结果做好记录，直至所有指定观察的标本全部观察完毕为止。

⑤ 整理好实验记录和实验仪器、材料。

⑥ 根据观察的木材构造特征，按要求书写出实验报告。

3. 实验内容

① 生长轮（年轮）　横切面上观察年轮形状、明显度、年轮宽窄与均匀度，有无假年轮。针叶材的生长轮多数圆而明显，不明显较少。在横切面上一般为同心圆状；径切面为竖条状；弦切面为抛物线状或呈"V"字形。

② 早材和晚材　树木在一个生长轮内，靠近髓心一侧，颜色较浅，结构疏松的部分称为早材；位于早材外侧，颜色较深，结构密实的部分称为晚材。主要描述晚材带的宽窄以及早材过渡到晚材的变化是缓变还是急变。

③ 心材和边材　在木材横切面上，靠近髓心，颜色较深，含水率低的部分称为心材；位于心材外侧靠近树皮的，颜色较浅，含水率高的部分称为边材。主要描述心材的大小、颜色来确定心材树种、边材树种和熟材树种。

④ 木射线　横切面上呈辐射状；径切面呈横行于纹理间的带条状；弦切面上呈断断续续的小短线或纺锤线束状。针叶材的木射线一般较细，肉眼下不见至略可见。

⑤ 树脂道　针叶材横切面上，看不到明显的孔隙的针叶材称为无孔材。分正常树脂道和受伤树脂道。正常树脂道是在某些针叶材的横切面上，用肉眼或扩大镜可看到许多乳白色的小点或油状小点，一般单个分布于早材带或晚材带中；受伤树脂道通常成串弦列，它还通常出现在无正常树脂道的木材中，且针叶材根据有无正常树脂道把针叶材分为脂道材、有脂材和无脂材。

⑥ 树皮　观察针叶材的外皮特征。

⑦ 结构　针叶材的结构可分粗细两类。

⑧ 纹理　针叶材的纹理一般较直。

4. 实验报告要求

① 将木材标本上能描述的针叶材宏观构造特征填入表1-5，描述的木材标本数量应不少于5个树种。

表1-5　针叶材宏观构造特征记载表

材料编号	树种名称	外皮形态	生长轮		早材至晚材		树脂道				心边材			木射线	纹理	结构
			明显	不明显	渐变	急变	正常	受伤	大小	分布	心材		边材			
											大小	颜色	颜色			

② 绘制木材三切面立体图,要求绘图描述三切面上的生长轮、早晚材、心边材、木射线等在三个切面上的形态(树种从观察标本中选一种)。
③ 结合本实验观察的内容,讨论与总结针叶材宏观构造特征识别要点与规律。
④ 实验报告包括以上三个方面内容。

六、总结评价

本任务通过用肉眼或放大镜识别木材的三个切面,使学生掌握了识别三切面的方法;并将木材宏观构造特征识别理论与针叶材的木材三切面标本相结合,记录了针叶材的年轮与生长轮、早晚材、心边材、木射线、树脂道及其在三个切面上的形态,也观察到针叶材的纹理,结构,材色,轻重等特征,使学生熟悉了针叶材的宏观构造特征识别要点,这些对认识针叶材宏观构造特征,巩固课堂理论知识及掌握针叶材树种木材识别具有重要作用。本任务考核评价表可参照表 1-6。

表 1-6 "针叶材宏观构造的识别"考核评价表

评价类型	任务	评价项目	组内自评	小组互评	教师点评
过程考核(70%)	针叶材宏观构造的识别	特征记录(25%)			
		立体图绘制(25%)			
		要点与规律(10%)			
		工作态度与团队合作(10%)			
终结考核(30%)		实验报告的完成性(10%)			
		实验报告的准确性(10%)			
		实验报告的规范性(10%)			
评语	班级:	姓名:	第 组	总评分:	
	教师评语:				

七、思考与练习

1. 木材包括哪几个切面?如何对切面进行识别?
2. 什么是木材的心边材?心材、边材和熟材树种各有什么特点?
3. 什么是生长轮?什么是年轮?如何对二者进行区分?
4. 早、晚材构造、性质有什么区别?
5. 什么是木材的树脂道?如何进行分类?哪几个属的针叶材具有天然树脂道?
6. 针叶材的主要宏观构造特征和次要宏观特征有哪些?如何进行识别?

任务 3 阔叶材宏观构造的识别

一、任务目标

通过对本任务学习,使学生巩固木材宏观构造特征识别的方法,强化其在木材三切面的表现形态的认识;明确阔叶材宏观构造特征识别要点并能准确描述其宏观构造特征;熟悉阔叶材的常见的次要宏观构造特征;并能了解针、阔叶材宏观构造特征的区别。

二、任务描述

本任务是在对针叶材进行宏观构造特征识别的基础上所进行的,通过提供的不同树种阔叶材三切面标本并结合木材宏观构造特征识别理论,在三切面上认真分析阔叶材的管孔、轴向薄壁细胞、树胶道、生长轮(年轮)、早晚材、心边材、木射线以及材色、光泽、气味与滋味、纹理与结构、质量与硬度等木材的主要宏观构造特征以及次要宏观构造特征,并总结出阔叶材宏观构造特征识别规律,每人完成阔叶材宏观构造特征识别实验报告。

三、工作情景

教师以不同树种的阔叶材三切面标本为例,学生以小组为单位担任木材树种识别人员。根据木材宏观构造特征识别方法并与实验材料相结合,在三切面上观察阔叶材宏观构造特要点,将从木材标本上能描述到的构造特征填入特征记载表;将阔叶材的年轮(生长轮)、早晚材、心边材、木射线、导管及轴向薄壁组织等特征在三个切面上的形态绘制到木材三切面立体图上,完成报告后进行小组汇报,教师针对学生的工作过程及成果进行评价与总结,按教师要求学生进行修订并最终上交实验报告。

四、知识准备

(一)管孔

管孔是绝大多数阔叶材所具有的中空状轴向输导组织,在横切面上可以看到许多大小不等的孔眼,称为管孔。在纵切面上导管呈沟槽状,叫作导管线。导管的直径大于其他细胞,可以凭肉眼或放大镜在横切面上观察到管孔,管孔是圆形的,圆孔之间有间隙,所以具有导管的阔叶材称为有孔材。作为例外,我国西南地区的水青树科水青树属和台湾地区的昆栏树科昆栏树属,在宏观条件下是看不到管孔的。

管孔的有无是区别阔叶材和针叶材的重要依据。管孔的组合、分布、排列、大小、数目和内含物是识别阔叶材的重要依据。

1. 管孔的组合

管孔的组合是指相邻管孔的连接形式,常见的管孔组合有以下 4 种形式:

① 单管孔 指一个管孔周围完全被其他细胞(轴向薄壁细胞或木纤维)所包围,各个管孔单独存在,和其他管孔互不连接,如黄檀、槭木等(图 1-13)。

② 径列复管孔 指 2 个或 2 个以上管孔相连成径向排列,除了在两端的管孔仍为圆形外,在中间部分的管孔则为扁平状,如枫杨、毛白杨、红楠、椴木、黑桦等(图 1-14)。

③ 管孔链 指一串相邻的单管孔,呈径向排列,管孔仍保持原来的形状,如冬青、油桐等(图 1-15)。

④ 管孔团 指多数管孔聚集在一起,组合不规则,在晚材内呈团状,如榆木属、臭椿等(图 1-16)。

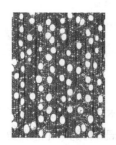 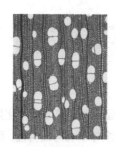 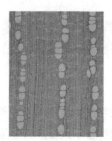 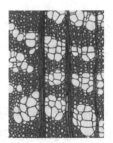

图 1-13 单管孔(齿叶枇杷)　图 1-14 径列复管孔(枫桦)　图 1-15 管孔链(山榄)　图 1-16 管孔团(黄榆)

2. 管孔的分布与排列

根据管孔在阔叶材一个生长轮中的分布与排列情况，有孔材可分为以下 3 种类型：

① 环孔材　指在一个生长轮内，早材管孔明显地比晚材管孔稍大，并沿生长轮呈环状排列成一至数列，如刺楸、麻栎、刺槐、山槐、檫树、栗属、栎属、榆属等，根据管孔的排列方式又分为以下 5 种基本类型：

a. 星散状：晚材管孔多数单独或呈聚合，均匀或比较均匀地分布在年轮中，如水曲柳、香椿木、梧桐等（图 1-17）。

b. 弦列状：晚材管孔在晚材带呈短切线状排列，又称切线状，如榆木等（图 1-18）。

c. 径列状：晚材管孔一至数列沿树干半径方向排列，呈辐射状，如麻栎、蒙古栎等（图 1-19）。

d. 斜列状：晚材管孔的排列与树干半径方向构成一定的倾斜角度，如刺槐、梓树等（图 1-20）。

e. 不规则状：晚材管孔的排列无一定方向，为不规则的径列或弦列组合而成，呈"Y"或"X"形排列，如构木、栲树等（图 1-21）。

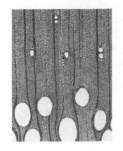  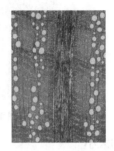

图 1-17　水曲柳（星散状）　　图 1-18　春榆（弦列状）　　图 1-19　灰背栎（径列状）

 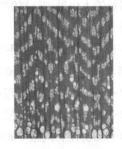

图 1-20　刺楸（斜列状）　　图 1-21　黄连木（不规则状）

② 散孔材　指在一个生长轮内，早、晚材管孔的大小无明显区别，且多数管孔在年轮内均匀或较均匀分布，如椴木、槭木、桦木、枫香、水青冈、山龙眼、鼠李、杜鹃、木兰、木莲、连香木、荷木、银桦等。根据管孔在一个生长轮内的排列方式，散孔材可分为 4 种类型：

a. 分散状　晚材管孔基本上是单独分散或少数为 2 个连接呈均匀或比较均匀地分散排列。如散孔材中的红桦、旱柳、椴木、悬铃木和泡花树、八果木等（图 1-22）。

b. 溪流状　晚材管孔在晚材带呈切线状排列，如拟赤杨、榆木等（图 1-23）。

c. 花彩状　晚材管孔一至数列沿树干半径方向排列，呈辐射状，如麻栎、蒙古栎、山龙眼等（图 1-24）。

d. 树枝状　晚材管孔的排列与树干半径方向构成一定的倾斜角度，如鼠李、刺槐、梓树等（图 1-25）。

③ 半散孔材（半环孔材）　指在一个生长轮内，早、晚材管孔的大小没有明显区别，分布也较为均匀，轮内的管孔分布与排列状态，介于散孔材与环孔材之间，从早材到晚材管孔逐渐变小，如水青冈、

香樟、核桃楸、枫杨、乌桕等（图1-26）。

　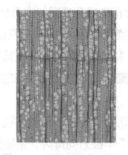　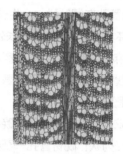

图 1-22　八果木（分散状）　　图 1-23　拟赤杨（溪流状）　　图 1-24　山龙眼（花彩状）

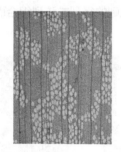　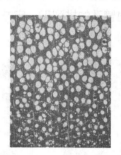

图 1-25　鼠李（树枝状）　　图 1-26　水青冈（半散孔材）

3. 管孔的大小

在横切面内，绝大多数导管的形状为椭圆形，椭圆形的直径径向大于弦向，并且在树干内不同部位其形状和直径有所变化。导管的大小是阔叶材的重要特征，是阔叶材宏观识别的特征之一。管孔大小以弦向直径为准，分为以下5级：

① 极小　弦向直径小于100μm，肉眼下不见至略可见，放大镜下不明显至略明显，木材结构甚细，如木荷、卫矛、黄杨、山杨、樟木、桦木、桉树等。

② 小　弦向直径100～200μm，肉眼下可见，放大镜下明晰，木材结构细，如楠木。

③ 中　弦向直径200～300μm，肉眼下易见至略明晰，结构中等，如核桃、黄杞木。

④ 大　弦向直径300～400μm，肉眼下明晰，木材结构粗，如檫木、大叶桉。

⑤ 极大　弦向直径大于400μm，肉眼下很明显，木材结构甚粗，如泡桐、麻栎等。

导管在纵切面上形成导管槽，大的沟槽深，小的沟槽浅，构成木材花纹，如水曲柳、檫树等，但管孔大小相差悬殊者，单板干燥时容易开裂，木材力学强度不均匀，管孔大的部分力学强度低。

4. 管孔的数目

对于散孔材，在横切面上单位面积内管孔的数目，对木材识别也有一定帮助。可分为以下等级：

① 甚少　每 $1mm^2$ 内少于 5 个，如榕树。

② 少　每 $1mm^2$ 内有 5～10 个，如黄檀。

③ 略少　每 $1mm^2$ 内有 10～30 个，如核桃。

④ 略多　每 $1mm^2$ 内有 30～60 个，如穗子榆。

⑤ 多　每 $1mm^2$ 内有 60～120 个，如桦木、拟赤杨、毛赤杨。

⑥ 甚多　每 $1mm^2$ 内多于 120 个，如黄杨木。

5. 管孔内含物

管孔内含物是指在管孔内的侵填体、树胶或其他无定形沉积物（矿物质或有机沉积物）。

① 侵填体　在某些阔叶材的心材导管中，常含有一种泡沫状的填充物，称为侵填体（图1-27）。在纵切面上，管孔内的侵填体常呈现亮晶晶的光泽。具有侵填体的树种很多，但只有少数树种比较发达，如刺槐、山槐、槐树、檫树、麻栎、石梓等。侵填体的有无或多少，可帮助识别木材。如麻栎和栓皮栎木材之间难以区别，但栓皮栎心材略含或不含侵填体，而麻栎心材含有较多的侵填体，可利用该特征对两树种加以区分和识别。侵填体多的木材，因管孔被堵塞，降低了气体和液体在木材中的渗透性，木材的天然耐久性提高，但同时也难以进行浸渍处理和药剂蒸煮处理。

② 树胶和其他沉积物　树胶与侵填体的区别是树胶不像侵填体那样有光泽，而是呈不定形的褐色或红褐色的胶块（图1-28），如楝科、豆科、蔷薇科。皂荚心材导管中有丰富的淡红色沉积物，而肥皂荚导管中则没有，这也有助于识别木材。

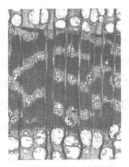
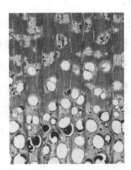

图1-27　侵填体（刺槐）　　　图1-28　树胶（苦楝）

矿物质或有机沉积物，为某些树种所特有，如在柚木、桃花心木、胭脂木的导管中常有白垩质的沉积物，在柚木中有磷酸钙沉积物。木材加工时，这些物质容易磨损刀具，但它的优点是可以提高木材的天然耐久性。

（二）边材与心材

和针叶材一样，阔叶材也有边心材之分。从木材外表颜色来看，横切面和径切面上木材颜色有深有浅，有些树种材的颜色深浅是均匀一致。一些树种树干的外围部位，水分较多，细胞仍然生活，颜色较浅的木材称为边材。而一些树种的树干中心部位，水分较少，细胞已死亡，颜色比较深的木材称为心材。一部分树种，如水青冈等，树干中心部分与外围部分的材色无区别，但含水量不同，中心水分较少的部分，称为熟材。

树干的中心和外围既无材色差别，含水量没有明显差异的，这样的树种称为边材树种。边材树种大都是阔叶树，如杨树、桦木、桤木、鹅耳枥和椴木等。心材和边材区别明显的树种，如黄波罗、核桃楸、水曲柳、紫檀等，这样的树种称为心材树种。具有熟材的树种（隐心材树种），如椴木、山杨和水青冈等，这样的树种称为熟材树种。

心材树种和边材树种是有规律地反映着树种间的差别，因此可以作为识别木材种类的依据之一。无心材的树种中，由于外界影响如菌害的侵蚀，出现了类似心材的颜色，叫作假心材（不是正常的心材），如桦木、山杨、桃树和杏树等老树。假心材的特点是不论其在树干的横切面或纵切面上，都表现为不规则的分布和不均匀的色调。还有少数的心材树种，也由于菌害侵蚀，偶尔出现材色较浅的环带（在心材的外围有一圈边材），叫作内含边材。

心材的树种中，有些树种木材心、边材界限很明显，如紫杉、黄连木和银桦等；有些树种是心、边材界限不明晰，如核桃木和山龙眼等。为了观察与识别方便，心、边材的明晰度分为下列4种：

① 区别明显　如红豆杉、黄连木、楝木、蚬木、花榈木、刺槐和银桦等。
② 区别明晰　如香椿和黄檗等。
③ 区别略明晰　如香樟、黄樟、香叶树和白椿木等。
④ 区别不明晰　如香榧、三尖杉、刺楸、青冈栎、鹅耳枥、红桦、光皮桦、枫香、黄檀、楠木、悬铃木和荷木等。

（三）年轮与生长轮、早晚材

阔叶材中的年轮与生长轮、早晚材是和针叶材一样的。所谓年轮是指温带或寒带地区树木在一年内形成层分生的次生木质部。

每一年轮是由两部分木材组成。其中树干中靠近髓心一侧，树木每年生长季节早期形成一部分木材称为早材；而靠近树皮一侧，树木每年生长后期形成的一部分木材称为晚材。对于温带、寒带和亚热带生长的树木来说，每年春季雨水较多，气温高，水分、养分较充足，形成层细胞分裂速度快，细胞壁薄，形体较大，材质较疏松，颜色较浅，这就是早材材性的特征。而在温带、寒带的秋季和亚热带的秋季，雨水少，树木营养物质流动缓慢，形成层细胞的活动逐渐减弱，细胞分裂速度缓慢，而后逐渐停止，形成的细胞腔小而壁厚，木材组织致密，材质硬，材色深，这就是晚材材性的特征，二者材性有着很显著的区别。

由于早、晚材结构和颜色的不同，在它们的交界处形成明显或不明显的分界线，这种界限称为年轮界限。有些树种年轮界限清晰可见，有的不清晰，人们常把这种情况叫作年轮或生长轮的明显度。年轮界限可分为明显（如杉木等）、略明显（如银杏、女贞等）和不明显（如枫香、杨梅等）3种类型，对木材识别有一定的作用。阔叶材环孔材早材管孔比晚材管孔大，它的年轮界限明显。寒带、温带的散孔材年轮界限明显，但热带的散孔材年轮界限均不明显。

了解木材年轮内早晚材变化情况，对木材识别与合理利用是有意义的。早晚材变化类型是识别针叶材的重要依据之一。晚材率是判断针叶材、阔叶树环孔材强度的指标。针叶材年轮均匀者强度高，因针叶树晚材宽度多为固定，年轮增加晚材率降低，强度下降；而阔叶树中环孔材早材宽度固定，年轮增宽增加的是晚材宽度，晚材率增大，木材强度增大。

（四）轴向薄壁组织

轴向薄壁组织是指由形成层纺锤状原始细胞分裂所形成的薄壁细胞群，即由沿树轴方向排列的薄壁细胞所构成的组织。薄壁组织是边材贮存养分的生活细胞，随着边材向心材的转化，生活功能逐渐衰退，最终死亡。在木材的横切面上，薄壁组织的颜色比其他组织的颜色浅，用水润湿后更加明显。

薄壁组织在针叶材中不发达或根本没有，仅在杉木及柏木等少数树种存在，但在肉眼和扩大镜下通常不易辨别。而在阔叶材中，薄壁组织却十分发达，因此它是阔叶材的重要特征之一，是我们识别阔叶树种的主要依据。

1. 轴向薄壁组织的类型

通常根据在横切面上轴向薄壁组织与导管连生情况，将其分为离管型轴向薄壁组织和傍管型轴向薄壁组织两大类型。其形状特点将在木材的微观构造中详细介绍。

① **离管型轴向薄壁组织** 指轴向薄壁组织不依附于导管周围，有以下几种排列方式：

a. **星散状** 在横切面上，轴向薄壁组织于木射线之间聚集成短的弦线，如大多数壳斗科树种、木麻黄属、核桃木、桦木等。

b. **切线状** 轴向薄壁组织细胞数量较多，呈弦向排列的短切线、长切线或连成网线状，肉眼下略明晰，如核桃木、枫杨和栎木等。

c. **带状** 轴向薄壁组织与年轮相平行，组成较宽的带状线，在肉眼下略明晰至明晰，如黄檀、红豆树（花榈木）等。

d. **轮界状** 在生长轮交界处，轴向薄壁组织沿生长轮分布，单独或形成不同宽度的浅色的细线。根据轴向薄壁组织存在的部位不同，又分为轮始型和轮末型轴向薄壁组织。轮始状存在于生长轮起点，如枫杨、柚木。轮末状存在于生长轮终点，如木兰科树种、杨属。

② **傍管型轴向薄壁组织** 多数环绕于管孔周围，与管孔连生呈浅色环状。根据其在横切面上不同的分布形式分为下列 5 种：

a. **稀疏环管型** 指轴向薄壁组织星散环绕于管孔周围或依附于导管侧傍，在肉眼下不显，如拟赤杨、枫杨、核桃、七叶树等。

b. **环管束型** 指轴向薄壁组织呈鞘状围绕在管孔的周围，圆形或略呈卵圆形，如香樟、楠木、檫木和白蜡木等。

c. **翼型** 指轴向薄壁组织围绕在管孔的周围并向两侧延伸，其形状似鸟翼或眼状，如泡桐、檫木、臭椿和合欢等。

d. **聚翼型** 指翼型轴向薄壁组织互相弦向连接在一起而成不规则形状，如刺槐、泡桐、皂荚木和无患子等。

e. **傍管带状** 指由许多轴向薄壁组织聚集成与年轮平行的宽带或窄带，如榕树、铁刀木、黄檀和沉香等。

应当说明的是：阔叶材的轴向薄壁组织，有些树种只有一种类型，也有些树种具有两种或两种以上的类型，但在每一种树种中的分布情况是有规律的，如麻栎具有离管切线型和环管束型。

2. 轴向薄壁组织的显明度

通常根据轴向薄壁组织的发达程度，可以将其分为以下 3 类：

① **不发达** 在放大镜下看不见或不明显，如木荷、枫香、母生、冬青等。

② **发达** 在放大镜下可见或明显，如香樟、黄桐、枫杨、柿树等。

③ **很发达** 在肉眼下可见或明显，如麻栎、泡桐、梧桐、铁刀木等。

轴向薄壁组织是储藏养分的细胞，所以轴向薄壁组织发达的木材不耐用，易被虫蛀或导致木材的开裂和强度的降低。可它在纵切面上常构成美丽的花纹，提高了使用价值。

（五）木射线

木材横切面上可以看到一些颜色较浅或略带有光泽的线条，它们沿着半径方向呈辐射状穿过年轮，这些线条称为木射线。木射线可从任一年轮处发生，一旦发生，它随着直径的增大而延长，直到形成层止。木射线是木材中唯一呈线状的横向排列的组织，它在立木中主要起横向输导和储藏养分的作用。横向排列的木射线与其他纵向排列的组织（如导管、管胞和木纤维等）极易区别。

木射线在木材三个不同切面上，表现出不同的形状。横切面上木射线呈辐射条状，显示出其宽度和长度；径切面上，木射线呈短的线状或带状，显示其长度和高度；弦切面上木射线呈竖的短线或纺锤形，显示其宽度和高度。有必要从不同角度上观察它的形状，掌握三个切面上的不同特征。

1. 木射线的宽度

肉眼下，按射线宽度分为5种类型：

① 极细木射线　宽度在0.05mm以下，肉眼下不见，木材结构非常细，如杨木、桦木和柳木等，以及松属、柏属的针叶材。

② 细木射线　宽度在0.05~0.10mm之间，肉眼下可见，木材结构细，如杉木、樟木等。

③ 中等木射线　宽度在0.10~0.20mm之间，肉眼下比较明晰，能从横、径切面上观察到的射线，如榆木、椴木和槭木等。

④ 宽木射线　宽度在0.20~0.40mm之间，肉眼下明晰，木材结构粗，在三个切面都能看到的射线，如山龙眼、梧桐和水青冈等。

⑤ 极宽木射线　宽度在0.40mm以上，射线很宽，肉眼下非常明晰，木材结构甚粗，在三个切面看得很清晰的射线，如栎木、稠木等。

阔叶材的木射线，不同树种之间有明显的区别，如杨木、桦木、柳木和七叶树等少数木材为细木射线，多数的阔叶材为中等宽度射线或宽木射线。有的树种有2种木射线。木射线的宽度、高度和数量等是识别阔叶材的重要特征。

2. 木射线的高度

① 矮木射线　高度小于2mm的木射线，在木材的径切面或弦切面上进行量取，如黄杨、桦木等。

② 中等木射线　高度2~10mm之间，在木材的径切面或弦切面上进行量取，如悬铃木、柯楠树等。

③ 高木射线（极窄木射线）　高度大于10mm，仍可在木材的径切面或弦切面上进行量取，如桤木和麻栎等。

3. 木射线的数量

在木材横切面上计数每5mm距离的射线数目，对木材识别也有一定意义。方法是在横切面上覆盖透明胶尺（或其他工具），与木射线直角相交，沿生长轮方向计算5mm内的木射线数量，取其平均值。

① 很少　每5mm内的木射线数目少于25条，如刺槐、悬铃木和鸭脚木等。

② 少　每5mm内有25~50条木射线，如桦木、核桃和樟木等。

③ 多　每5mm内有50~80条木射线，如柿木、杨木、柳木和冬青等。

④ 很多　每5mm内的木射线数目多于80条，如梨木、七叶树和杜英等。

木射线对木材利用有着重要的影响。木射线均为薄壁细胞构成，是木材较脆弱而强度较低的地方，物理力学性质差，特别是在木射线发达的树种中，木材干燥时常沿木射线方向开裂，降低了木材的使用价值，从而影响到木材的利用，如栎类木材常开裂。木射线横向排列，防腐溶剂易于渗透，利于防腐、油漆。木射线宽窄因树种而异，有助于识别木材。某些具有宽木射线的木材，其径切面呈现出美丽的银光纹理，增加成品的美观，适于做家具及细木工，如栎木、水青冈、大叶榉、悬铃木等。

（六）树胶道

所谓的胞间道是指由分泌细胞所组成的长形细胞间隙，在阔叶树中储藏树胶的胞间道就称为树胶道。树胶道存在于部分阔叶树中，也分为轴向树胶道和径向树胶道，如图1-29和图1-30所示，在同一树种中很少两者兼有，个别树种，如龙脑科的黄柳桉同时具有轴向树胶道和径向树胶道。

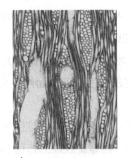

图 1-29　轴向树胶道（娑罗双木横切面）　　　图 1-30　径向树胶道（黄连木弦切面）

　　油楠、青皮、柳桉等阔叶材具有正常的轴向树胶道，多数呈弦向排列，少数为单独分布，不像针叶材中的树脂道容易判别，而且还容易与管孔混淆。

　　漆树科的野漆、黄连木、南酸枣，五加科的鸭脚木，橄榄科的嘉榄木具有正常的径向树胶道，但在肉眼和扩大镜下通常看不见。

　　创伤树胶道的形成与创伤树脂道相似。阔叶材中通常只有轴向创伤树胶道，在木材横切面上呈弦线状排列，肉眼下可见，如枫香、山桃仁、木棉等。

（七）次要宏观构造特征

1. 材色

木材的颜色是由于细胞腔内含有各种色素、树胶、单宁及其他氧化物，或这些物质渗透到细胞壁中而使木材呈各种颜色。树种不同，木材所显示的颜色也有所区别。

① 白色至黄白色树种　山杨、青杨、白杨、枫杨等。

② 黄色至黄褐色树种　水曲柳、刺槐、桑树、黄檀、黄波罗、黄连木、冬青等。

③ 红色至红褐色树种　香椿、红椿、毛红椿、厚皮香、红柳、西南桦、水青冈、大叶桉等。

④ 褐色树种　黑桦、香樟、合欢、齿叶琵琶等。

⑤ 紫红褐色至紫褐色树种　紫檀、红木等。

⑥ 黄绿色至灰绿色树种　漆树心材、木兰科（心材）、火力楠等。

⑦ 黑色树种　乌木、铁刀木等。

2. 光泽

光泽是指木材对光线反射与吸收的程度。某些木材光泽很好，有的木材则不具光泽，如冷杉。光泽会因木材放置的时间而减退，甚至会消失。木材的光泽可以作为识别木材的辅助特征之一。

3. 气味与滋味

木材本无气味，但因细胞腔内含有树胶、单宁以及各种挥发性物质，不同的树种的木材因其细胞腔内所含物质的不同而散发出不同的气味，使木材散发出各种不同的气味。如银杏有苦药气味；杨木有青草气味；椴木有腻子气味；愈疮木有香兰气味；肾形果有杏仁气味；红椿有清香气味；八角有浓郁的八角气味；香樟、黄樟有樟脑气味。

木材中气味和滋味不但可作为识别木材的辅助特征，而且还有一定的重要用途。如香樟可提取樟脑油，用樟木制作的家具可以防止虫蛀，檀香木可以提取白檀油，制作檀香扇及雕刻玩具等。

4. 纹理

纹理是指木材主要细胞的排列方向。可分为直纹理和斜纹理，斜纹理又分以下几种类型：

① 直纹理　木材纵向细胞的排列方向与树轴平行，如榆木、黄桐、鸭脚木，这类木材强度高，容易加工，但花纹简单。

② 斜纹理　木材纵向细胞的排列方向不与树轴平行，而成一定的角度，如香樟、桉树、枫香、荷木等。斜纹使木材的强度降低，而且不容易加工，但花纹美丽，在室内装饰和家具中发挥特殊的作用，它又分以下几种：

a. 螺旋纹理　指木材轴向细胞围绕树干长轴成单方向的螺旋状排列，如桉树等。

b. 交错纹理　指螺旋纹理的方向有规律的反向，即左螺旋纹理与右螺旋纹理分层交替缠绕，如海棠木、大叶桉等。

c. 波浪纹理　木材纵向细胞沿径切面，按一定规律向弦切面左右卷曲，呈波浪起伏状，如七叶树、樱桃等。

d. 皱状纹理　基本上与波浪纹理相同，只是波幅较小，形如皱绸，常见于槭木、杨梅、桃花心木等。

木材构造所形成的各种纹理，对于木材识别有一定帮助。

5. 结构

阔叶材的结构是指构成木材细胞的大小及差异的程度，以导管的弦向平均直径和数目、射线的大小等来表示。细结构是由大小相差不大的细胞组成，称为均匀结构。粗结构由各种大小差异较大的细胞组成，又称为不均匀结构。散孔材多为均匀结构，而环孔材多为不均匀结构。其结构分级如下：

① 很细　管孔在肉眼下不见，在 10 倍放大镜下略见，射线很细，如笔木、卫矛等。

② 细　管孔在肉眼下不见，在 10 倍放大镜下明显，射线细，如冬青、槭木等。

③ 中　管孔在肉眼下略见，射线细，如桦木等。

④ 粗　管孔在肉眼下明显，射线细，如樟木等。

⑤ 甚粗　管孔在肉眼下很明显，射线细，如红椎；管孔大，射线宽，如水曲柳、青冈等。

6. 重量与硬度

木材重量与硬度是木材重要的物理、力学性质的体现，也是协助我们识别木材的重要依据，通常木材根据其软硬和轻重可分为三大类：

① 轻—软木材　密度小于 0.5g/cm^3，端面硬度小于 5000N 的木材，如泡桐等。

② 中等木材　密度在 0.5~0.8g/cm^3 之间，端面硬度介于 5001~10000N 之间，如黄杞、枫桦等。

③ 重—硬木材　密度大于 0.8g/cm^3，端面硬度大于 10000N 的木材，如子京、荔枝、蚬木等。

五、任务实施

同针叶材宏观构造特征识别任务的实施过程，具体包括以下几个方面：

1. 实验材料与设备

① 实验设备　小刀、10 倍放大镜、盛水器皿、软毛刷等。

② 实验材料　豆科、杨柳科、桦木科、胡桃科、椴木科、芸香科、榆科等科中所包含的阔叶材的木材三切面标本，可结合本地实际情况自行选择树种。

2. 实验方法与步骤

同针叶材宏观特征识别步骤，手持放大镜，使用时左手持木材标本，将观察切面对向光源，右手持镜，并靠近右眼，并调整焦距，直至看到清晰的木材特征。描述的顺序，首先观察横切面管孔，次为木射线，后为其他特征。也可按特征记载表所列的特征顺序逐条认真观察标本并描述构造特征，将观察到的结果做好记录，直至所有指定观察的标本全部观察完毕为止，根据观察的木材构造特征，按要求书写出实验报告。

3. 实验内容

生长轮（年轮）、心材和边材、早材和晚材、树皮、纹理、结构等内容和描述方法与针叶材相同。

① 管孔 绝大多数阔叶材都具有管孔，所以，阔叶材又称有孔材。但是水青树和昆栏树木材没有管孔，所以又称为无孔阔叶材，故要先判断是否具有管孔，区分有孔材和无孔材。

确定有孔材后要根据在一个生长轮中，从早材至晚材管孔的大小、形态和分布变化，判断有孔材的类型，包括：环孔材、散孔材和半环孔材；根据环孔材及半环孔材早晚材管孔的变化判断是缓变还是急变；根据一个生长轮中晚材管孔的分布不同，区分环孔材类型，包括：星散状、弦列、径列、斜列和不规则等类型；根据一个生长轮中管孔的分布不同，区分散孔材类型，包括：星散状、溪流状、花彩状、树枝状等类型；能判断管孔组合方式是单管孔、径列复管孔、管孔链还是管孔团；并判断管孔内含物是侵填体还是树胶。

② 木射线 阔叶材的木射线比针叶材发达，多数在肉眼下可见至明显，可分细、中、宽 3 级。细射线，肉眼下不见或略见；中射线，肉眼下易见至略明显；宽射线，肉眼下明显至显著。

③ 轴向薄壁组织 指在木材横切面上可见到的一些颜色较周围材色浅，用水润湿后更加明显的组织。针叶材必须借助于显微镜才能观察，阔叶材的在肉眼或放大镜下容易看到，是识别阔叶材的重要特征。根据轴向薄壁组织与导管是否相连接的关系，判断轴向薄壁组织类型，包括傍管型（稀疏状、环管状、翼状、聚翼状、傍管带状等）和离管型（星散型、轮界型、切线型等）。

④ 树胶道 指阔叶材中的胞间道，也分正常（天然）树胶道和受伤树胶道。正常树胶道又分轴向树胶道和径向树胶道。同时，正常轴向树胶道和径向树胶道很少同时出现在同种木材中。在木材横切面上，正常轴向树胶道一般小于管孔，单个分布或数个弦列成带状；正常径向树胶道在木材弦切面上，分布在木射线中间；受伤树胶道成串地分布于生长轮开始处。

4. 实验报告要求

（1）将木材标本上能描述的阔叶材宏观构造特征填入表 1-7，描述木材标本数量应不少于 5 个树种。

表 1-7 阔叶材宏观构造特征记载表

材料编号	树种名称	外皮形态	生长轮		轴向薄壁细胞			管孔					心边材			木射线	纹理	结构
			明显度	形状	明显度	傍管型	离管型	类型	（半）环孔材			内含物	心材		边材颜色			
									早材	晚材	早晚材变化		大小	颜色				

（2）绘制木材三切面立体图，要求绘图描述三切面上的生长轮、早晚材、心边材、木射线、导管和轴向薄壁组织等在三个切面上的形态（树种从观察标本中选一种）。

（3）结合本实验观察的内容，讨论并总结阔叶材宏观构造特征识别要点与规律。

（4）实验报告包括以上三个方面内容。

六、总结评价

本任务通过用肉眼或放大镜将木材宏观构造特征识别理论与阔叶材的木材三切面标本相结合，记录了阔叶材的年轮与生长轮、早晚材、心边材、木射线、导管、轴向薄壁细胞等宏观构造特征在3个切面上的形态，也观察到阔叶材的纹理，结构，材色，轻重等特征，使学生熟悉了阔叶材的宏观构造特征识别要点，这些对认识阔叶材宏观构造特征，巩固课堂理论知识及掌握阔叶树种木材识别具有重要作用。任务考核评价表可参照表1-8，考核包括以下内容。

表1-8 "阔叶材宏观构造的识别"考核评价表

评价类型	任务	评价项目	组内自评	小组互评	教师点评
过程考核（70%）	阔叶材宏观构造的识别	特征记录（25%）			
		立体图绘制（25%）			
		要点与规律（10%）			
		工作态度与团队合作（10%）			
终结考核（30%）		实验报告的完成性（10%）			
		实验报告的准确性（10%）			
		实验报告的规范性（10%）			
评语	班级：	姓名：	第　　组	总评分：	
	教师评语：				

七、思考与练习

1. 什么是木材的导管？根据导管有无将木材如何进行分类？
2. 如何区分环孔材、散孔材和半（环）散孔材？
3. 什么是单管孔、复管孔、管孔链和管孔团？
4. 轴向薄壁组织排列形式有哪几种？
5. 什么是木材的树胶道？如何进行分类？
6. 阔叶材木射线有哪些特点？
7. 阔叶材的主要宏观构造特征和次要宏观特征有哪些？如何进行识别？

项目二
木材微观构造的识别

知识目标

1. 了解木材细胞壁的层次结构和超微构造，理解细胞壁上的基本结构特征。
2. 了解木材构造的形成原因和识别构造特征的意义，理解针、阔叶材组成分子差异和识别要点。
3. 掌握针叶材轴向管胞、木射线、轴向薄壁组织和树脂道等木材细胞在木材三切面的微观形态与结构特征，细胞壁纹孔类型与形态特征。
4. 掌握阔叶材导管、木纤维、轴向薄壁组织、木射线和树胶道等木材细胞在木材三切面的微观形态与结构特征。
5. 掌握木材树种识别方法，了解主要商品材树种的构造特征。

技能目标

1. 能识别木材细胞壁的层次结构和细胞壁主要结构特征，描述木材超微构造类型与作用。
2. 能识别并描述针叶材细胞的微观形态与结构特征，归纳针叶树识别要点和方法。
3. 能识别并描述阔叶材细胞的微观形态与结构特征，归纳阔叶树识别要点和方法。
4. 能根据木材宏观构造特征识别和微观构造特征鉴定方法进行木材树种识别。
5. 能进行针叶材、阔叶材和常见进口木材的树种识别。

任务 4　针叶材微观构造的识别

一、任务目标

木材是由细胞组成的，不同树种的木材细胞其组成和排列是不同的，导致木材形成不同的构造特征，木材构造不仅影响木材的分类与识别，也对木材的性质具有重要影响。在了解木材宏观构造特征基础上，还需通过显微镜了解木材细胞壁的壁层结构，以及由木材各种细胞组成的微观构造。通过对本任务学习，使学生了解木材细胞壁层次结构和细胞壁结构特征；熟悉针叶材细胞在木材三切面的微观形态与结构特征，掌握微观特征识别方法；明确针叶材微观构造特征识别要点并能准确描述其构造特征，熟练掌握针叶材树种识别方法。

二、任务描述

本任务是在对针叶材宏观构造特征识别基础上所进行的，通过提供的不同树种针叶材切片标本并结合针叶材微观构造特征识别理论，通过显微镜认真分析针叶材的轴向管胞、木射线、轴向薄壁组织和树脂道等木材细胞在木材三切面的微观形态与结构特征，细胞壁纹孔类型与形态特征，并总结针叶材微观构造特征识别规律，每人完成针叶材微观构造特征识别实验报告。

三、工作情景

教师以不同树种的针叶材切片标本为例，学生以小组为单位担任木材树种识别人员。将针叶材微观构造特征识别方法与标本相结合，在三切面上观察针叶材微观构造特征，并将从标本上能表现出的构造特征填入特征记载表，绘制观察到的木材三切面的显微构造图，完成报告后进行小组汇报，教师针对学生的工作过程及成果进行评价与总结，按教师要求学生进行修订并最终上交实验报告。

四、知识准备

细胞作为构成木材的基本形态单元，其在生长发育过程中要经历分生、扩大、胞壁加厚和成熟等阶段。成熟的木材细胞大多为空腔的厚壁细胞，由细胞腔和细胞壁组成，其中细胞壁起主要作用。对于从事木材行业的工作者，应首先了解木材细胞壁结构及细胞壁上的特征，这为识别针、阔叶材微观构造特征及木材树种识别与利用提供理论依据。

（一）木材细胞壁结构

1. 木材细胞壁的层次结构

① 细胞壁物质组成　木材的细胞壁主要由纤维素、半纤维素和木质素构成。其中，纤维素以分子链聚集成束和排列有序的微纤丝状态存在于细胞壁中，起骨架物质作用；半纤维素以无定型态渗透在骨架物质之中，起着基体黏结作用，称为基体物质；木质素渗透在细胞壁的骨架物质和基体物质之中，可使细胞壁坚硬，称为结壳物质或硬固物质。

② 木材细胞壁的壁层结构　木材细胞壁在光学显微镜下，通常可分为初生壁(P)、次生壁(S)和胞间层(ML)三层（图2-1）。

a. 胞间层　细胞分裂后，将新产生的两个细胞隔开，是最早形成的分隔部分且很薄，是两个相邻细胞中间的一层，为两个细胞所共有，之后会在此层的两侧沉积形成初生壁。在成熟细胞中很难区分胞间层，通常将胞间层与相邻细胞的初生壁合在一起，称作复合胞间层。胞间层主要由木素和果胶物质组成，纤维素含量少，高度木质化，在偏光显微镜下呈各向同性。

b. 初生壁　是细胞继续增大所形成的壁层。形成初期主要由纤维素组成，并随着细胞增大速度的减慢，可以逐渐沉积其他物质，木质化后的细胞

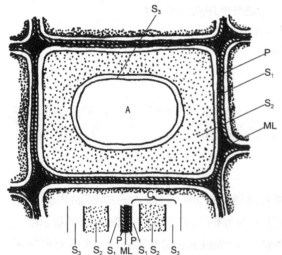

图2-1　细胞壁的壁层结构
A. 细胞腔　P. 初生壁　S. 次生壁　ML. 胞间层
S_1. 次生壁外层　S_2. 次生壁中层　S_3. 次生壁内层

初生壁木质素浓度高。初生壁通常较薄，只占细胞壁厚度的1%左右，同时会出现分层现象。鉴定初生壁的标准是看细胞在不断增大过程中壁层是否继续增大；细胞停止增大以后所沉积的壁层，被认为是次生壁。

c. 次生壁　是细胞停止增大后，在初生壁上继续形成的壁层，此时细胞不再增大，壁层迅速加厚，使细胞壁固定而不再伸延，一直到细胞腔内的原生质体停止活动，次生壁也就停止沉积，细胞腔变成中空。次生壁最厚，占细胞壁厚度的95%以上。主要成分是纤维素和半纤维素的混合物，后期也含有木质素和其他物质。由于次生壁厚，所以木质素含量比初生壁低。次生壁中成熟细胞种类较多使得其结构变化较复杂，次生壁是木材研究时的重要对象。

2. 木材细胞壁的超微构造

① 基本纤丝（微纤丝和纤丝）　木材细胞壁的组织结构以纤维素为"骨架"，其基本组成单位是长短不等的链状纤维素分子，平行有序聚集排列形成基本纤丝（又称微团），被认为是组成细胞壁的最小单位，电子显微镜下宽3.5~5.0nm，断面大约包括40（或37~42）根纤维素分子链，在基本纤丝内纤维素分子链成结晶结构排列。

由基本纤丝组成一种丝状的微团系统称为微纤丝（图2-2），微纤丝宽10~30nm，存在着约10nm的空隙，木素及半纤维素等物质聚集于此。由微纤丝组成纤丝，再由纤丝聚集形成粗纤丝（宽0.4~1.0 m）；粗纤丝相互接合形成薄层；最后许多薄层聚集形成了细胞壁层。

② 结晶区与非结晶区　组成基本纤丝的纤维素大分子链沿长度方向，排列状态包括在最致密的地方呈规则平行排列、定向良好的结晶区和排列致密程度小、分子链间有较大间隙、排列平行度下降的非结晶区（也称无定形区）。结晶区与非结晶区之间无明显的绝对界限，一个纤维素分子链，其一部分可能位于纤维素的结晶区，而另一部分可能位于非结晶区，并延伸进入另一结晶区，即在一个基本纤丝的长度方向上可能包括几个结晶区和非结晶区（图2-2）。

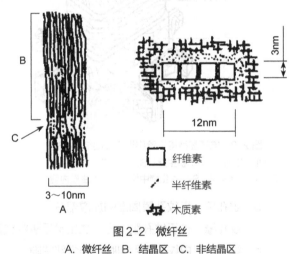

图2-2　微纤丝
A. 微纤丝　B. 结晶区　C. 非结晶区

③ 木材细胞壁各层微纤丝的排列　细胞壁上微纤丝排列方向在各层不一样。通常初生壁上的微纤丝呈不规则的交错网状，次生壁则有规律，即：

a. 初生壁的微纤丝排列　基本由纤维素微纤丝组成，排列方向与细胞生长阶段有关。当细胞生长时，初生壁的微纤丝与细胞轴成直角方向堆积，随着细胞壁的伸展而改变其排列方向，初生壁的微纤丝排列逐渐发生变化，可看到微纤丝交织成疏松的网状。随着细胞的成熟，表面生长接近最终阶段时形成的初生壁又趋向横向排列。微纤丝在初生壁上基本呈无定向的网状结构。

b. 次生壁的微纤丝排列　纤维素分子链在次生壁上组成的微纤丝排列方向不同，分为3层，即次生壁外层（S_1）、次生壁中层（S_2）和次生壁内层（S_3）。其中，S_1层微纤丝呈平行排列，与细胞轴呈50°~70°，以S型或Z型缠绕；S_2层微纤丝与细胞轴呈10°~30°排列，近乎平行于细胞轴，微纤丝排列的平行度最好；S_3层的微纤丝与细胞轴呈60°~90°，微纤丝排列的平行度不好，呈不规则的环状排列。次生壁的S_1层和S_3层较薄，S_2层较厚。在电子显微镜下管胞壁分层结构模式如图2-3所示。

（三）木材细胞壁上的结构特征

木材细胞壁上的许多特征是为细胞生长需要而形成的，它们不仅为木材识别提供证据，而且也直接影响木材的加工和利用，主要结构特征包括纹孔、眉条、螺纹加厚、锯齿状加厚、瘤层等。

1. 纹孔

纹孔指木材细胞壁增厚产生次生壁过程中，初生壁上未增厚部分留下的凹陷。纹孔是活立木相邻细胞间的水分和养分通道；对木材被伐倒后加工、木材干燥、胶黏剂渗透和化学处理剂浸注等木材加工工艺有较大影响。同时，在木材识别中，纹孔是木材细胞壁重要特征，在木材显微识别上有重要作用。

① 纹孔的组成　主要由纹孔膜、纹孔腔、纹孔环、纹孔缘、纹孔室、纹孔道和纹孔口等部分组成（图2-4）。其中纹孔膜是分隔相邻细胞壁上纹孔的隔膜，实际上是两相邻细胞的初生壁和胞间层组成的复合胞间层。

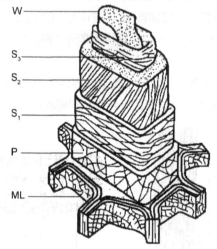

图2-3　电子显微镜下管胞壁的分层结构模式
ML. 胞间层　P. 初生壁　S. 次生壁　W. 瘤层
S₁. 次生壁外层　S₂. 次生壁中层　S₃. 次生壁内层

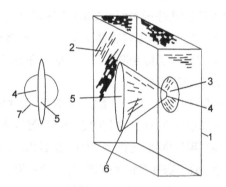

图2-4　纹孔的各组成部分
1. 胞间层　2. 次生壁　3. 纹孔室
4. 纹孔外口　5. 纹孔内口　6. 纹孔道　7. 纹孔环

　　a. 纹孔环　指纹孔膜周围的加厚部分。
　　b. 纹孔缘　位于纹孔膜上方，次生壁呈拱状突起的部分。
　　c. 纹孔腔　由纹孔膜到细胞腔的全部空隙。
　　d. 纹孔室　纹孔膜与纹孔缘之间的空隙部分。
　　e. 纹孔道　指细胞腔通向纹孔室的通道。
　　f. 纹孔口　纹孔的开口，由纹孔道通向细胞腔的开口为纹孔内口，由纹孔道通向纹孔室的开口为纹孔外口。当纹孔内口直径不超过纹孔环时，称为内含纹孔口，超过纹孔环时，称为外展纹孔口。

② 纹孔类型　根据纹孔结构，把纹孔分为单纹孔和具缘纹孔两大类。

　　a. 单纹孔　细胞次生壁在加厚过程中所形成的纹孔腔在朝着细胞腔的一面变宽或逐渐变窄，保持一定宽度。单纹孔多存在于轴向薄壁细胞、射线薄壁细胞等薄壁细胞壁上。单纹孔的纹孔腔宽度无变化，纹孔膜一般没有加厚且只有一个纹孔口，多呈圆形。

　　b. 具缘纹孔　指次生壁在纹孔膜上方形成拱形纹孔缘的纹孔，即次生壁加厚时，其纹孔腔为拱形。主要存在于各种厚壁细胞的胞壁上，纹孔腔宽度有变化。具缘纹孔构造要比单纹孔复杂，且在不同细胞的细胞壁上，具缘纹孔的形状和结构也有所不同。

其中，针叶材轴向管胞壁上具缘纹孔的纹孔膜中间形成初生加厚，加厚部分称为纹孔塞，所以针叶材具缘纹孔又称有塞具缘纹孔，纹孔塞的直径大于纹孔口，呈圆形或椭圆形的轮廓。而阔叶材厚壁细胞壁上具缘纹孔的纹孔膜中间无初生加厚，所以阔叶材的具缘纹孔又称无塞具缘纹孔。

③ 纹孔对　纹孔多数成对，即细胞上的一个纹孔与其相邻细胞的另一个纹孔构成对。纹孔有时通向细胞间隙，而不与相邻细胞上的纹孔构成对。这种纹孔称为盲纹孔。典型的纹孔对有3种（图2-5）。

a. 单纹孔对　是单纹孔之间构成的纹孔对，存在于轴向薄壁细胞，射线薄壁细胞等含有单纹孔的细胞之间。

b. 具缘纹孔对　是两个具缘纹孔所构成的纹孔对，存在于管胞、纤维状管胞、导管状管胞、导管分子和射线管胞等含有具缘纹孔的细胞之间。

c. 半具缘纹孔对　是具缘纹孔与单纹孔相构成的纹孔对，存在于含有具缘纹孔的厚壁细胞和含有单纹孔的薄壁细胞之间。

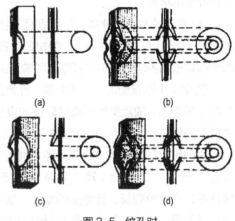

图2-5　纹孔对
（a）单纹孔对　（b）具缘纹孔对
（c）半具缘纹孔对　（d）闭塞纹孔

2. 眉条

在针叶材管胞径面壁上的具缘纹孔上下边缘有弧形加厚的部分，形似眼眉称为眉条（图2-6）。眉条的功能是加固初生纹孔场的刚性。

3. 螺纹加厚

细胞次生壁内表面由微纤丝局部聚集而形成的屋脊状突起，呈螺旋状环绕着细胞内壁的加厚组织称为螺纹加厚。螺纹加厚围绕着细胞内壁呈一至数条S状螺纹。出现于某些针叶材的管胞、射线管胞；也可存在于某些阔叶材的导管、木纤维、导管状管胞等厚壁细胞中；有时也偶现于薄壁细胞中。螺纹加厚通常出现于整个细胞的长度范围，也有仅存在于细胞末端的。螺纹加厚的有无、显著程度及形状等可作为鉴别木材的参考依据（图2-7）。

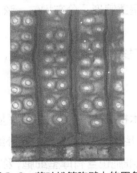

图2-6　落叶松管胞壁上的眉条

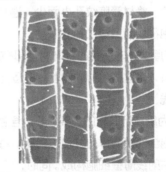

图2-7　红豆杉管胞内壁上的螺纹加厚

（三）针叶材的微观构造

利用光学显微镜观察到的木材构造称为木材的微观构造，是木材分类与鉴定的主要依据。针叶材细胞组成较为简单，排列规则，主要为轴向管胞、木射线、轴向薄壁组织和树脂道等。

针叶材显微构造特点包括：①组成简单。主要由管胞组成，管胞占木材总体积的89%~98%，木射线占1.5%~7%，轴向薄壁细胞占0~4.8%，泌脂细胞占0~1.5%。②排列整齐。主要细胞在木材横切面上作整齐的径向排列。③木射线不发达。多为单列木射线，部分树种具有射线管胞。④轴向薄壁组织量少，仅存在于部分树种中。⑤分子组成简单，排列整齐，材质均匀。

1. 轴向管胞

管胞是组成针叶材的主要细胞，占木材整个体积的90%以上。轴向管胞是指针叶材沿树干主轴方向排列的狭长状厚壁细胞，两端封闭，内部中空，细而长，胞壁上具有纹孔，包括狭义轴向管胞（简称管胞）、树脂管胞和索状管胞3类。后两者在极少数针叶材中具有，管胞在一切针叶材中都具有，是针叶材最主要的组成分子。同时在针叶树生长过程中，轴向管胞还起输导水分和机械支撑的作用，也决定了针叶材的材性。

① 管胞的形态与特征　在横切面上沿径向排列，其中相邻两列的早材管胞位置前后略有交错，管胞形状呈多角形，常为六角形，晚材稍对齐呈四边形。早材管胞，两端呈钝阔形，细胞腔大壁薄，横断面呈四边形或多边形；晚材管胞，两端呈尖楔形，细胞腔小壁厚，横断面呈扁平状四边形。

管胞大小指管胞的直径和长度，管胞直径分为弦向和径向，其中径向直径变化大，弦向直径的早、晚材几乎相同，故测量管胞直径以弦向直径为准，也决定了木材结构的粗细。弦向直径小于30μm的木材为细结构，30～45μm的为中等结构，45μm以上为粗结构，管胞的平均弦向直径为30～45μm。凡急变树种木材结构粗，缓变树种木材结构细。管胞平均长度为3～5mm，最长可达11mm（南洋杉），最短为1.21mm（矮桧）。管胞宽度（弦向直径）15～80μm，长度比为75:1～200:1，晚材管胞比早材管胞长。管胞壁的厚度，从早材至晚材逐渐增大，在生长期终结前所形成的几排细胞，细胞壁最厚，细胞腔最小，导致针叶材的生长轮界线明显。早晚材管胞厚度变化有渐变（冷杉），有急变（落叶松）。

② 管胞壁上的特征

a. 纹孔　是相邻两细胞水分和营养物质进行交换的主要通道。具缘纹孔作为管胞壁重要特征，包括对管胞与管胞间形成的具缘纹孔对及管胞与射线薄壁细胞之间的交叉场纹孔的识别，交叉场纹孔类型对木材识别与鉴定具有重要意义。

早材管胞在径切面上，纹孔大而多，呈圆形，分布在管胞两端，通常一列或两列；弦切面纹孔小而少，无识别价值。晚材管胞纹孔小而少，通常一列，纹孔内口呈透镜形，分布均匀，弦、径切面都有，故主要进行管胞径切面具缘纹孔的识别。

b. 螺纹加厚　并非所有的针叶材都具有螺纹加厚，其中黄杉属、银杉属、紫杉属、榧属、粗榧属、穗花杉属等具有，是这些木材轴向管胞的固定特征。

2. 木射线

木射线作为组成针叶材的主要分子，含量小于阔叶材，占木材总体积的7%左右。显微镜下观察针叶材木射线细胞全部横向排列并呈辐射状。每个单独细胞称为射线细胞，其全部由横卧细胞组成，当中大部分木射线由射线薄壁细胞构成。同时，某些树种木射线组成细胞也含有厚壁细胞，称其为射线管胞，如松科的松、云杉、落叶松、铁杉、雪松和黄杉属树种的木射线均具有射线管胞。在边材，活的射线薄壁细胞起储存营养和径向输导作用，在心材，薄壁细胞已经死亡。

① 木射线种类　根据针叶材木射线在弦切面上的形态，木射线分为：

a. 单列木射线　仅有一列或偶有两个细胞成对组成的射线，如冷杉、杉木、柏木、红豆杉等不含树脂道的针叶材，其木射线几乎都是单列木射线（图2-8）。

b. 纺锤形木射线　在多列射线的中部，由于横向树脂道的存在而使木射线呈纺锤形，称为纺锤形木射线。具有横向树脂道的树种，如松属、云杉属、落叶松属、银杉属和黄杉属（图2-9）。

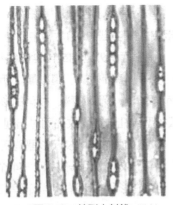 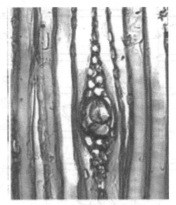

图2-8 单列木射线　　　　　　　图2-9 纺锤形木射线

② 木射线的组成　针叶材的木射线，主要由射线薄壁细胞组成，但在松科某些属（如松属、云杉属、落叶松属、雪松属、黄杉属和铁杉属等）的木材中也具有厚壁射线细胞，即射线管胞，是木材组织中唯一呈横向生长的锐端厚壁细胞。

a. 射线管胞　是木射线中与木纹成垂直方向排列的横向管胞。射线管胞是松科木材的重要特征。冷杉属、油杉属、金钱松属无射线管胞。射线管胞多数为不规则形状，长度较短，仅为轴向管胞的 1/10，细胞内不含树脂，胞壁上纹孔为具缘纹孔，但小而少。其通常存在于木射线组织的上下边缘或中部呈一列至数列。

射线管胞的内壁形态在木材鉴定和分类上有重要作用，在径切面，射线管胞的内壁平滑，如红松、华山松、白皮松等松属树种，称为软松类；射线管胞内壁有锯齿状加厚，如马尾松、油松、黑松、赤松、樟子松等树种，称为硬松类（图2-10）；有些树种射线管胞内壁有螺纹加厚，如云杉属、黄杉属、落叶松属等。故射线管胞有无齿状加厚及齿的大小是识别松科树种的主要特征之一。

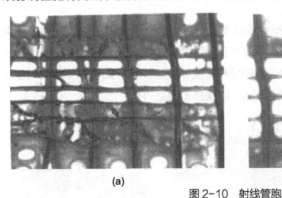 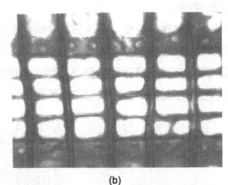

(a)　　　　　　　　　　　　(b)

图2-10 射线管胞
（a）射线管胞内壁呈锯齿状加厚　　（b）射线管胞内壁呈平滑状

b. 射线薄壁细胞　是组成针叶材木射线的主体，是横向生长的薄壁细胞。射线薄壁细胞形体大，呈矩形、长方形（砖形）或不规则形状，壁薄，壁上有单纹孔，胞腔内常含有树脂。射线薄壁细胞与射线管胞相连接的纹孔为半具缘纹孔对。

③ 交叉场纹孔　指在径切面上射线薄壁细胞与轴向管胞相交平面内观察的纹孔式，以早材部分观察为准，是针叶材识别最重要特征之一，分为以下5种类型（图2-11）：

a. 窗格状　单纹孔，或接近于单纹孔，形大呈窗格状，每一个交叉场内有 1~3 个，横列，是松

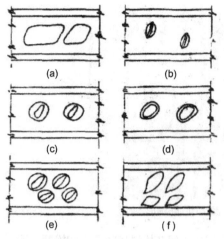

图2-11 交叉场纹孔类型
(a) 窗格状 (b) 云杉型 (c) 柏木型
(d) 杉木型 (e)(f) 松木型

属木材特征之一，以马尾松、红松、樟子松、华山松最典型，也存在于罗汉松和杉科的某些属的木材中。

b. 云杉型 狭窄而稍外延的或内含的纹孔口，形状小，纹孔缘窄，是云杉属、落叶松属、黄杉属、粗榧属等木材的典型特征。在南洋杉科、罗汉松科、杉科的杉属及松科的雪松属木材中，云杉型纹孔与其他纹孔同时出现。

c. 柏木型 纹孔口为内含，较云杉型稍宽，纹孔缘较窄，其长轴从垂直至水平，纹孔数目一般为1~4个。柏木型纹孔为柏科的特征，也存在杉科、南洋杉科和松科部分属中。

d. 杉木型 纹孔略大，从卵圆形到圆形，纹孔口内含且宽，纹孔口长轴与纹孔缘一致。不仅存在杉科，也见于冷杉属、崖柏属、油杉属，并能与其他纹孔类型同时存在于黄杉属、罗汉松属、雪松属、落叶松属、落羽杉属等木材。

e. 松木型 较窗格状纹孔小，为单纹孔或具狭窄的纹孔缘，纹孔数目一般为1~6个。常见于松属木材如白皮松、长叶松、湿地松、火炬松。

3. 轴向薄壁组织

由许多轴向薄壁细胞聚集而成。轴向薄壁细胞由长方形或方形较短的和具有单纹孔的细胞串联起来所组成。轴向薄壁细胞在针叶材中仅少数科、属的木材具有，含量少，平均仅占木材总体积1.5%，仅在罗汉松科、杉科、柏科中含量较多。

① 形态特征 胞壁较薄，细胞短，两端水平，壁上为单纹孔，细胞腔中含有深色树脂，横切面为方形或长方形，常通过内含树脂与轴向管胞进行区别；纵切面为数个长方形细胞纵向连成一串，其两端细胞端部比较尖削。

② 轴向薄壁组织的类型 根据轴向薄壁组织细胞在针叶材横断面分布状态，分为3种类型：

a. 星散型 指轴向薄壁组织呈不规则状态散布在年轮中，如杉木（图2-12）。

b. 切线型 指轴向薄壁组织呈2至数个弦向分布，呈断续切线状，如柏木（图2-13）。

c. 轮界型 指轴向薄壁组织分布在年轮末缘，如铁杉（图2-14）。

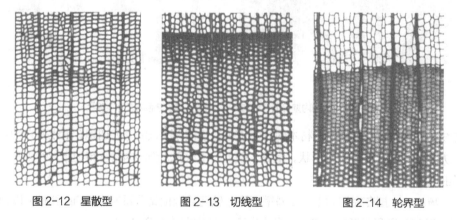

图2-12 星散型　　图2-13 切线型　　图2-14 轮界型

4. 树脂道

树脂道是针叶材中具有分泌树脂功能的一种组织，由薄壁的分泌细胞环绕而成的孔道，是针叶材重要的构造之一,占木材体积的 0.1%～0.7%。根据树脂道的发生和发展可分为正常树脂道和创伤树脂道,但并非所有针叶材都有正常树脂道,具有正常树脂道树种仅包括松科的松属、云杉属、落叶松属、黄杉属、银杉属和油杉属这六属。

① 正常树脂道

a. 树脂道的形成 是由生活的薄壁组织的幼小细胞相互分离而成。轴向和径向射线泌脂细胞分别由形成层纺锤状原始细胞和射线原始细胞分裂的细胞产生。这两种情况都有子细胞的簇集,未能以正常方式成熟为轴向管胞或射线管胞,邻接腔道的每个子细胞进行有丝分裂产生许多较小的细胞,排列成行,平行于形成树脂道的轴。随后在靠近细胞簇中心细胞间的细胞间层分离,在其中心形成一个胞间腔道,称为树脂道。

b. 树脂道的组成 由泌脂细胞、死细胞、伴生薄壁细胞和管胞组成。在细胞间隙的周围,由一层分泌树脂能力很强并具有弹性的泌脂细胞组成,它是分泌树脂的源泉。在泌脂细胞外层,另有一层已丧失原生质,并充满空气和水分的木质化死细胞层,它是泌脂细胞生长所需水分和气体交换的主要通道。在死细胞层外是活的伴生薄壁细胞,在伴生薄壁细胞的外层为厚壁细胞——管胞。伴生薄壁细胞与死细胞之间,有时形成细胞间隙。但是在泌脂细胞与死细胞之间,却没有这种细胞间隙存在。

c. 树脂道的大小 在具有正常轴向树脂道的六属中,松属树脂道最多也最大,其直径为 60~300μm,落叶松次之,为 40~80μm,云杉为 40~70μm,银杉和黄杉为 40~45μm,油杉为最小。树脂道长度平均为 50cm,最长可达 1m,它随树干的高度增加而减小。

d. 横向树脂道 上述具有正常轴向树脂道的六属中,除油杉属之外,都具有横向树脂道。横向树脂道存在于纺锤形木射线中。它与轴向树脂道相互沟通,形成完整树脂道体系。横向树脂道直径较小,在木材弦切面上,用放大镜仔细观察有时也能发现。

② 受伤树脂道 在针叶材中,凡任何破坏树木正常生活的现象,都能产生受伤树脂道。针叶材的受伤树脂道可分为轴向和横向两种,但除雪松外很少有两种同时存在于一块木材中。轴向受伤树脂道在横切面上呈弦列分布于早材部分,通常在年轮开始处比较常见;而正常轴向树脂道单独存在,并多分布于早材后期和晚材部位。横向受伤树脂道与正常横向树脂道一样只限于纺锤形木射线中,且形体较大。

五、任务实施

任务实施过程可按照木材学实验指导书针叶材微观构造与识别内容进行,具体如下:

1. 实验材料与设备

① 实验设备 生物显微镜。

② 实验材料 松科、柏科、杉科等科中所包含的针叶材的木材切片,可结合本地实际情况自行选择树种。

2. 实验方法与步骤

① 根据显微镜操作方法对其进行光圈调节。

② 将木材切片放在载物台,用压片夹固定住切片。

③ 采用先低倍后高倍原则,转动粗调焦旋钮,将物镜降至与载物台切片距离 2~3mm,用眼对准目镜进行调节,直到目镜内清楚看到切片后,进行观测、记录与识别。

④ 描述的顺序，可按轴向管胞、树脂道、木射线、轴向薄壁细胞的顺序，分别观察与描述其在横切面、径切面和弦切面上的特征；也可按横切面、径切面、弦切面的顺序，分别观察与描述在其切面上轴向管胞、树脂道、木射线、轴向薄壁细胞的特征。

⑤ 整理好实验记录和实验仪器、材料。

⑥ 根据观察的木材构造特征，按要求书写出实验报告。

3. 实验内容

① **轴向管胞** 是构成针叶材的主要分子，占木材总体积90%以上。它的形态及胞壁特征是识别针叶材的主要因子。横切面上观察：早、晚材管胞的形状、大小和胞壁的厚薄，早材过渡到晚材的变化。径切面上观察：早、晚材管胞胞壁纹孔的列数及大小；胞壁有无加厚及其他特征。弦切面上观察：早材或晚材管胞胞壁纹孔的有无及大小；胞壁有无加厚。

② **树脂道** 是由树脂分泌细胞环绕而成的孔道，常称胞间道。横切面上观察：轴向树脂道的有无、分布、形状及大小和树脂道的种类。弦切面上观察：横向树脂道的有无；每条纺锤形木射线中央横向树脂道的数量；树脂道的种类。

③ **木射线** 弦切面上观察：射线种类（单列射线、纺锤形射线）；射线高度（细胞个数）；射线细胞形状；径向树脂道的有无。径切面上观察：射线管胞的有无；射线管胞和射线薄壁细胞形状；射线管胞内壁特征；交叉场纹孔类型，每个交叉场内纹孔的数目。

④ **轴向薄壁细胞** 横切面上观察：分布；细胞形状；细胞内含物。径、弦切面上观察：细胞形状；端壁有无节状加厚。

4. 实验报告要求

① 将木材切片上能描述的针叶材微观构造特征填入表2-1，描述的木材切片数量应不少于5个树种。

表2-1 针叶材微观构造特征记载表

材料编号	树种名称	轴向管胞					木射线								树脂道						轴向薄壁组织
		横切面		径切面			弦切面			径切面					横切面				弦切面		
		形状与薄壁厚度		早晚材变化	胞壁纹孔	螺纹加厚	种类		有无树脂道	射线管胞			交叉场纹孔		有无	种类	分布	排列	有无	一条射线内个数	分布类型
		早材	晚材				单列	纺锤形		有无	内壁光滑	内壁锯齿	类型	数目							

② 绘制木材三切面显微构造图，要求绘图描述轴向管胞、木射线、树脂道和轴向薄壁组织等在三个切面上的形态特征（树种从观察标本中选一种）。

③ 结合本实验观察的内容，讨论与总结针叶材微观构造特征识别要点与规律。

④ 实验报告包括以上三方面内容。

六、总结评价

本任务在了解木材细胞壁及其结构特征的基础上进行，将木材微观构造特征识别理论与针叶材的木材切片相结合，通过显微镜识别并记录针叶材轴向管胞、木射线、轴向薄壁组织和树脂道等在三个切面上的形态特征，使学生熟悉了针叶材微观构造特征识别要点，这些对认识针叶材微观构造特征，巩固课堂理论知识及掌握针叶材树种识别与鉴定具有重要作用。"针叶材微观构造的识别"任务考核评价表可参照表2-2，考核包括以下内容。

表2-2 "针叶材微观构造的识别"考核评价表

评价类型	任务	评价项目	组内自评	小组互评	教师点评
过程考核（70%）	针叶材微观构造的识别	特征记录（25%）			
		构造图绘制（25%）			
		要点与规律（10%）			
		工作态度与团队合作（10%）			
终结考核（30%）		实验报告的完成性（10%）			
		实验报告的准确性（10%）			
		实验报告的规范性（10%）			
评语	班级：	姓名：	第　　组	总评分：	
	教师评语：				

七、思考与练习

1. 针叶材由哪些解剖分子组成？
2. 简述针叶材轴向管胞的排列、形状和大小，描述管胞壁特征。
3. 针叶树木材木射线如何分类？由哪几部分组成？哪些树种具有射线管胞？
4. 什么是交叉场纹孔？如何利用交叉场纹孔进行识别？
5. 什么是轴向薄壁组织？如何进行分类？哪些针叶材具有轴向薄壁组织？
6. 哪些树种具有正常树脂道？简述树脂道的特征。

任务5　阔叶材微观构造的识别

一、任务目标

通过对本任务学习，使学生巩固木材微观构造特征识别方法，熟悉阔叶材细胞在木材三切面的微观形态与结构特征并能准确进行描述，明确阔树材微观构造特征识别要点，掌握阔叶材树种识别方法。

二、任务描述

本任务是在对阔叶材宏观构造特征识别基础上所进行的，利用提供的不同树种阔叶材切片标本并结合阔叶材微观构造特征识别理论，通过显微镜认真分析阔叶材的导管、木纤维、木射线、轴向薄壁组织和树胶道等木材细胞在木材三切面的微观形态与结构特征，细胞壁纹孔类型与形态特征，并总结阔叶材微观构造特征识别规律，每人完成阔叶材微观构造特征识别实验报告。

三、工作情景

教师以不同树种的阔叶材切片标本为例，学生以小组为单位担任木材树种识别人员。将阔叶材微观构造特征识别方法与标本相结合，在三切面上观察阔叶材微观构造特征要点，并将从标本上能描述到的构造特征填入特征记载表，绘制观察到的木材三切面的显微构造图，完成报告后进行小组汇报，教师针对学生的工作过程及成果进行评价与总结，按教师要求学生进行修订并最终上交实验报告。

四、知识准备

阔叶材的微观构造同针叶材相比较为复杂，主要包含导管、木纤维、轴向薄壁组织、木射线和阔叶材管胞等分子，其解剖分子种类多，排列不规整，材质不均匀。并且阔叶材除少数树种如水青树、昆栏树外，都具有导管，称为有孔材。

阔叶材显微构造特点包括：①组成复杂，主要细胞有木纤维50%、导管分子20%、木射线17%、轴向薄壁细胞13%；②主要细胞在木材横切面上排列不整齐；③木射线发达，多为2列或以上，全部由射线薄壁细胞组成；④轴向薄壁组织丰富，多数树种轴向薄壁组织含量较多，分布的形态也多种多样；⑤材质不均匀。

（一）导管

导管是由一连串轴向细胞形成的无一定长度的管状组织，构成导管的单个细胞称为导管分子。木材横切面上导管呈孔状，称作管孔。导管是由管胞演化而成的一种进化组织，起输导作用。导管分子在发育初期具有初生壁和原生质，但不具有穿孔，之后随其面积逐渐增大，其长度无变化或变化极小，待其体积发育到最大时，次生壁与纹孔均已产生，同时两端有开口形成，即导管分子穿孔。

1. 导管分子的形状和大小

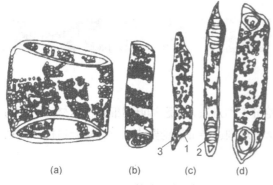

图2-15 导管分子的形态
(a) 鼓形 (b) 圆柱形 (c) 纺锤形 (d) 矩形
1. 穿孔 2. 穿孔隔 3. 穿孔板

① 导管分子的形状　导管分子的形状不一，会随树种而不同。常见形状有鼓形、纺锤形、圆柱形和矩形等（图2-15）。一般环孔材早材部分的多为鼓形，而晚材部分多为圆柱形和矩形。若树木仅含有较小导管分子，其早晚材都呈圆柱形或矩形；若导管分子在木材单生，形状呈圆柱形或椭圆形。

② 导管分子的大小和长度　导管分子的大小不一，随树种及所在部位不同。大小以测量弦向直径为准，通常小于100μm者为小，100～200μm为中等，大于200μm者为大。

导管分子长度在同一树种中因树龄、部位而

异，遗传因子对不同树种有不同影响。通常长度小于350μm为短，350～800μm为中等，大于800μm为长。环孔材早材导管分子较晚材短，散孔材则长度差别不明显。

2. 管孔的分布与组合

① 管孔的分布　根据管孔的分布状态，将木材分为环孔材、散孔材、半散（环）孔材等类型。

② 管孔的组合　可分为单管孔、径列复管孔、管孔链和管孔团4种。内容可参见项目1中阔叶材宏观构造特征识别中的管孔内容。

3. 导管分子的穿孔

2个导管分子纵向相连，其端壁相通的孔隙成为穿孔。在2个导管分子端壁间相互连接的细胞壁称为穿孔板。穿孔板的形状随它的倾斜度不同而不同，包括圆形（穿孔板与导管分子的长轴垂直），并随着倾斜度增加，呈卵圆形、椭圆形及扁平行等形态。根据纹孔膜消失的情况，穿孔分为单穿孔和复穿孔两大类（图2-16）。

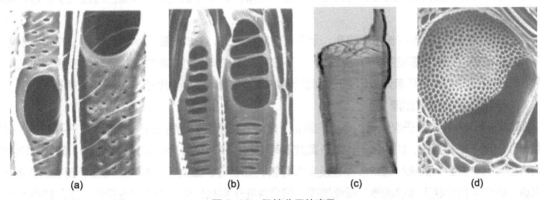

图2-16　导管分子的穿孔
（a）单穿孔　（b）梯状穿孔　（c）网状穿孔　（d）筛状穿孔

① 单穿孔　穿孔板上具有一个圆或略圆的开口。导管分子在原始时期为一个大的纹孔，当导管发育成熟后，导管分子两端的穿孔板全部消失而形成的穿孔，绝大多数的树种其导管分子为单穿孔，代表比较进化的树种。

② 复穿孔　导管分子两端的纹孔在原始时期，为许多平行排列的长纹孔对或圆孔，当导管分子发育成熟，纹孔膜消失，在穿孔板上留下许多开口，可分为以下3种类型。

a. 梯状穿孔　穿孔板上具有平行排列扁而长的复穿孔，如枫香、光皮桦。

b. 网状穿孔　穿孔板上有许多比穿孔细的壁分隔，呈许多密集的穿孔，或壁的部分有不规则分歧，形成网状外观的穿孔，如虎皮楠、杨梅。

c. 筛状（麻黄）穿孔　穿孔板上具有像筛状的圆形或椭圆形的许多小穿孔的复穿孔，如麻黄。

在同一树种中，若单穿孔与梯状穿孔并存，则早晚材导管也有显著的差别，早材导管多为单穿孔，而晚材导管多为梯状穿孔，如水青冈、香樟、楠木、含笑等树种。

4. 导管壁上纹孔的排列

导管与木纤维、管胞、轴向薄壁组织间的纹孔，一般无固定排列形式，但导管与导管间、导管与射线薄壁细胞间的纹孔，具有一定的排列规律，是木材识别的重要特征，导管间纹孔排列有以下3种形式（图2-17）。

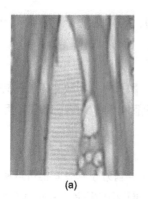 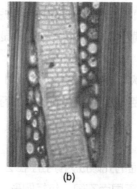 

图 2-17 导管间纹孔
（a）梯列纹孔 （b）对列纹孔 （c）互列纹孔

① 梯列纹孔　指长形纹孔与导管长轴成垂直方向排列，纹孔长度常和导管的直径几乎相等，如木兰等。

② 对列纹孔　指方形或长方形纹孔，上下左右对称排列，形成长或短水平状队列，如鹅掌楸等。

③ 互列纹孔　指圆形或多角形的纹孔，上下左右交错的排列。如果纹孔排列非常密集则纹孔呈六角形；如果纹孔排列比较稀疏则近似圆形，阔叶材绝大多数树种为互列纹孔，如杨树、香樟等。

5. 导管壁上的螺纹加厚

螺纹加厚作为导管分子次生壁内壁上的特征，是阔叶材重要识别特征之一。通常在环孔材中，螺纹加厚一般出现于晚材导管，如榆属、朴属及黄波罗等树种，晚材小导管中常有螺纹加厚；散孔材则早晚材均可能具有，并且有的树种螺纹加厚遍及全部导管，如冬青、槭树等；有的则仅在导管的梢端出现，如枫香；热带木材常缺乏螺纹加厚。螺纹加厚一般常存在于具有单穿孔的木材导管中，或在具有单穿孔和梯状穿孔同时存在的树种中。

6. 导管的内含物

导管的内含物主要有侵填体与树胶两种，以侵填体为常见。侵填体是在导管周围的薄壁细胞或射线薄壁细胞具有生活能力时，经过纹孔口进入导管内，并进行生长、发育，以至部分或全部填塞导管腔而形成的。常出现在环孔材的心材，边材含水率较少的地方也会出现；对于含量极多的树种，其导管内几乎都被充满，如刺槐。具有侵填体的树种，一般耐久性高，但影响木材的渗透性，导致防腐和改性试剂处理困难，影响木材改性效果。

阔叶材导管中也存在树胶，如黄波罗。多见于热带树种的心材部分，呈不规则块状，填充于导管细胞腔或以隔膜状填充在部分穿孔中，会导致导管封闭。树胶的颜色通常是红色或褐色，有的也会有特殊颜色，如芸香科为黄色，乌木为黑色，苦楝、香椿等木材导管内树胶为红色或黑褐色。

（二）木纤维

木纤维是两端尖削，呈长纺锤形，腔小壁厚的细胞，是阔叶材主要组成分子之一，约占木材体积的50%。根据木纤维壁上的纹孔类型可分为具有具缘纹孔的纤维状管胞和具有单纹孔的韧型纤维。这两类纤维可同时存在于同一树种中，也可以分别存在。有些树种还可能存在一些特殊木纤维，如分隔木纤维和胶质木纤维，主要起支持树体，承受力学强度的作用。木纤维的类别、数量和分布与木材的密度、强度等物理力学性质有密切联系（图 2-18）。

木纤维长度根据国际木材解剖协会（IAWA）规定分为 7 级：极短，500μm 以下；短，500~700μm；

木纤维长度根据国际木材解剖协会（IAWA）规定分为7级：极短，500μm以下；短，500~700μm；稍短，700~900μm；中，900~1600μm；稍长，1600~2200μm；长2200~3000μm；极长，3000μm以上。木纤维长度一般为500~2000μm，直径为10~50μm，壁厚为1~11μm。且一般要比形成层纺锤形原始细胞长，阔叶材纤维分子长度要比针叶材管胞长度短。生长轮明显的树种，通常晚材木纤维长度要比早材长，而生长轮不明显的树种则没有明显差别。木纤维平均长度在树干横切面上沿径向变化规律为：髓心周围最短，在未成熟材部分向外逐渐增长，到达成熟材后增长迅速减缓，最后达到稳定。

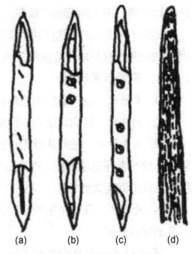

图2-18 木纤维的类型
（a）韧性纤维 （b）分隔木纤维
（c）纤维状管胞 （d）胶质纤维

1. 纤维状管胞

纤维状管胞与针叶材的晚材管胞相似，是标准的木纤维细胞，腔小壁厚，两端尖削，胞壁具有透镜形或裂隙状的具缘纹孔。纤维状管胞在一些树种中数量少或者没有，但在茶科、金缕梅科等树种中极为显著，是组成木材的主要成分。纤维状管胞因树种而异，通常其次生壁内壁平滑，但也会具有螺纹加厚，存在于细胞壁的全部或局部。仅有少数树种具有螺纹加厚的纤维状管胞，如黄波罗、冬青等，且具有螺纹的纤维状管胞呈叠生状排列，以榆科及豆科所属树种最为常见。

2. 韧型纤维

韧型纤维为细长纺锤形，末端略尖削，偶呈锯齿状或分歧状，其细胞壁较厚，胞腔较窄，外形与纤维状管胞相似，也是标准的木纤维细胞。二者区别在于韧型纤维具有单纹孔，而纤维状管胞是具缘纹孔。韧性纤维单独或与纤维状管胞混合存在，其末端与射线细胞接触常呈锯齿状或分歧状，纹孔分布均匀，径面细胞壁上纹孔较多，内壁平滑不具有螺纹加厚。

3. 分隔木纤维

分隔木纤维是一种具有比侧壁更薄的水平隔膜组织的木纤维，常出现于具有较大单纹孔的韧型纤维上。一般见于热带材，是热带材的典型特征，特别是桃花心木等木材。分隔的隔膜是木质部子细胞形成次生壁后进行分裂而产生的，多出现在楝科、橄榄科、豆科、马鞭草科和五加科等树种。

4. 胶质纤维

胶质纤维指胞腔内壁尚未木质化而呈胶质状的木纤维，即次生壁呈胶质状态的韧型纤维或纤维状管胞。胶质层吸水膨胀，失水收缩会引起与初生壁连接处的分离。作为一种缺陷存在于许多树种中，散生或集中出现在树干偏生长轮一侧，是应拉木的特征之一。

木材中胶质木纤维集中的部位，干燥过程易产生木材的扭曲和开裂；锯解时常发生夹锯现象，材面易起毛。因此，在加工时刀刃必须锋利，才能使切削面光滑。

（三）轴向薄壁组织

轴向薄壁组织是由形成层纺锤形原始细胞衍生2个或2个以上的具单纹孔的薄壁细胞，纵向串联而成的轴向组织，其功能是储藏和分配养分。

轴向薄壁组织由许多薄壁细胞轴向串联而成，在这一串细胞中只有两端的细胞呈尖削形，中间细胞呈圆柱形或多面体形，在纵切面上呈长方形或近似长方形。一串中细胞个数在同一树种中大致相等，或有变化。一般在叠生构造的木材中，每一个串链中的细胞的个数较少，为2~4个细胞；在非叠生构造的木材中每一串中的细胞比较多，为 5~12 个细胞。

阔叶材中的轴向薄壁组织要比针叶材发达，其分布形态的多样可作为鉴定阔叶材的重要特征之一。根据轴向薄壁组织与导管连生关系，分为离管型和傍管型两类。

1. 离管型薄壁组织

① 星散状　轴向薄壁组织单独呈不规则分散于木纤维等组织之间，如黄杨、枫香、荷木、桉树等。

② 切线状　轴向薄壁组织组成 1~3 个细胞宽的横向断续短切线，如柿树、枫杨、核桃木等。

③ 离管带状　轴向薄壁组织宽 3 个细胞以上，呈同心带排列，如黄檀。带状薄壁组织宽度与所间隔的木纤维带等宽或更宽，称为宽带状，如红豆树、椿树等。若轴向薄壁组织带相互间的间距与射线组织相互间的间距大致相等，构成交叉网，称为网状，如橡胶木、纤皮玉蕊等。

④ 轮始状　在每个生长初期，单独或不定宽度的轴向薄壁细胞构成连续或断续的层状排列，如柚木及胡桃科各属。

⑤ 轮末状　在每个生长末期，单独或不定宽度的轴向薄壁细胞构成连续或断续的层状排列，如柳属、杨属、槭属、桑属、刺槐属等。轮始状和轮末状可统称为轮界状薄壁组织。

2. 傍管型薄壁组织

① 稀疏傍管状　轴向薄壁组织在导管周围单独出现，或排列成不完整的鞘状，如拟赤杨、木荷等。

② 单侧傍管状　轴向薄壁组织仅限于导管的外侧或内侧分布，如厚皮香、枣树等。

③ 环管状　轴向薄壁组织完全围绕导管周围，呈圆形或卵圆形，如梧桐、香樟、梓树、大叶桉等。

④ 翼状　轴向薄壁组织在导管周围向左右两侧延伸，呈鸟翼状排列，如泡桐、合欢等。

⑤ 聚翼状　翼状薄壁组织横向相连，呈不规则的切线或斜带状，如榉树、刺槐、花榈木等。

（四）木射线

位于形成层以内木质部上，呈带状并沿径向延长的薄壁细胞壁集合体，在阔叶材中比较发达，含量较多，是阔叶材的主要组成部分，约占木材总体积的 17%，也是阔叶材的重要识别特征。木射线有初生木射线和次生木射线，木材的绝大多数均为次生木射线。

1. 木射线的大小

木射线的大小指木射线的宽度与高度，其长度难以测定。通过在木材显微切片弦切面上进行木射线宽度和高度的计测，宽度和高度均使用测尺计算长度，也可用细胞个数表示。国际木材解剖学会将阔叶材木射线分成 5 类：

① 射线组织宽 1 个细胞，如紫檀属、栗属等。

② 射线组织宽 1~3 列，如雨树、樟木等。

③ 射线组织宽 4~10 列，如朴木、槭木等。

④ 射线组织宽 11 列以上，如栎木、山龙眼、青冈栎等。

⑤ 射线组织多列部与单列部等宽，如油桃、铁青木、水团花等。

2. 木射线的种类

阔叶材木射线较针叶材复杂，针叶材以单列为主，阔叶材以多列为主，可作为二者进行区别的特征之一。阔叶材的木射线可分 4 类（图 2-19）。

① 单列木射线　弦切面射线沿木纹方向排成一纵列，仅 1 个细胞宽者，几乎所有木材均能见到单列木射线，但完全为单列木射线者在阔叶材中甚少，仅在杨柳科、七叶树科和紫檀属等木材上能见。

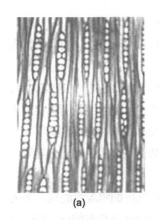   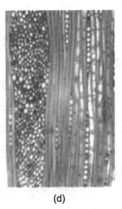

图 2-19 木射线的种类
（a）单列木射线　（b）多列木射线　（c）聚合木射线　（d）复合木射线

② 多列木射线　弦切面上木射线宽为两列以上，为绝大多数阔叶材所有，如核桃属、槭木属等。

③ 聚合木射线　由单独的射线组织相互聚集一起，在肉眼下似单一的宽射线，显微镜下各小射线由不包含导管在内的其他轴向分子所分隔，如鹅耳枥、桤木、石栎等。

④ 复合木射线　构成的分子全为射线薄壁细胞，弦切面上为非常宽的射线，由许多射线组合而成，如蒙古栎、槲栎等。

3. 木射线细胞

阔叶材的木射线主要由射线薄壁细胞组成，极少数树种具有聚合射线，射线夹杂着木纤维和轴向薄壁组织。阔叶材射线薄壁细胞按径切面排列方向和形状分为 3 类，即：

① 横卧细胞　射线细胞的长轴与树轴方向垂直，即弦切面上呈圆形，径切面呈长方形水平状排列。

② 直立细胞　射线细胞的长轴与树轴方向平行，即径切面呈直立状。

③ 方形细胞　射线细胞在径切面近似方形。

4. 木射线组织

根据射线薄壁细胞类别及组合，可分为同形射线和异形射线两类。

① 同形射线　射线组织全部由横卧细胞组成的射线（图 2-20）。

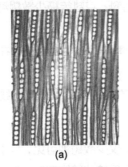 

图 2-20 同形射线组织（弦切面）
（a）同形单列　（b）同型单列及多列

　　a. 同形单列　射线组织全为单列射线或偶见两列射线，且全由横卧细胞组成，如杨属等。
　　b. 同形单列及多列　射线组织有单列和多列射线，全由横卧细胞组成，如桦木属、合欢属、槭木等。
　　c. 同形多列　射线组织全为两列以上且由横卧射线细胞组成，可能偶尔出现单列射线，如泡桐属。

② 异形射线　射线组织全部或部分由方形或直立细胞组成（图2-21）。

　　A. 异形单列　射线组织全为单列或偶现成对者，由横卧与直立或方形细胞所组成，如柳属、乌木等。

　　B. 异形多列　射线组织全为两列以上，偶见单列，由横卧与直立或方形细胞所组成，如密花树等。

　　a. 异形Ⅰ型　由单列和多列射线组成。单列射线由直立和方形细胞构成，多列射线弦面观察其单列尾部较多列部分要长，单列尾部由直立细胞构成，多列部分由横卧细胞构成，如乌檀、黄桐等。

　　b. 异形Ⅱ型　由单列和多列射线组成。与异型Ⅰ型区别为多列射线的单列尾部较多列部分要短，如朴属、黄杞属等。

　　c. 异形Ⅲ型　由单列和多列射线组成。单列射线全为横卧细胞或方形与横卧细胞混合而成，多列射线的单列尾部通常为1个方形细胞，1个以上者也应为方形细胞；多列部分由横卧细胞组成，如山核桃、香椿、小叶红豆等。

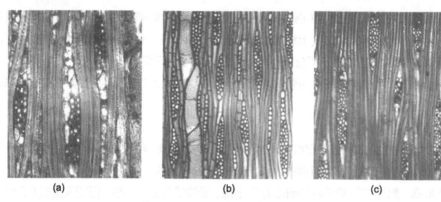

图2-21　异形射线组织（弦切面）
（a）异形Ⅰ型　（b）异形Ⅱ型　（c）异形Ⅲ型

（五）树胶道

胞间道指不定长度的细胞间隙，通常储藏着由泌脂细胞或泌胶细胞所分泌的树脂或树胶。双子叶类木材的胞间道通常称为树胶道。阔叶材的树胶道和针叶材的树脂道一样，也分轴向和径向两种，但阔叶材同时具有轴向和径向两种树胶道者极少，仅限于龙脑香科、豆科等极少数树种。阔叶材也有正常树胶道和受伤树胶道之分。

① 正常树胶道　正常轴向树胶道为龙脑香科和豆科等某些木材的特征，在横切面上散生。正常径向树胶道存在于木射线中，在弦切面呈纺锤形。

② 受伤树胶道　由于树木生长受病虫害或外伤而产生，在横切面上呈切线状。

（六）阔叶材管胞

管胞是组成针叶材的主要成分，在阔叶材中不常见，仅少数树种可见，且不占主要地位。阔叶材管胞的长度较针叶材管胞要短得多，且形状不规则，可分为导管状管胞和环管管胞两类。

1. 导管状管胞

分布于环孔材晚材中，形状和排列像较原始而构造不完全的导管，但不具有穿孔，两端以具缘纹孔相接，侧壁具缘孔直径常大于导管间纹孔直径。在榆属、朴属等榆科木材中，导管状管胞侧壁有具缘纹孔，常见螺纹加厚，并与晚材小导管混杂，甚至上下相接，在晚材中同样起输导作用。

2. 环管管胞

一种形状不规则而短小的管胞。其形状变化很大，大部分略带扭曲，两端多少有些钝，有时还有水平的端壁，侧壁上具有显著的具缘纹孔。环管管胞多数分布在早材大导管的周围，受导管内压力的影响而被压缩成扁平状，其长度不足木纤维的 1/2，平均长 500~700μm，与导管一样起输导作用。环管管胞仅在栎木、桉树及龙脑香科等木材上常见。

五、任务实施

同针叶材微观构造特征识别任务的实施过程，具体包括以下几个方面。

1. 实验材料与设备

① 实验设备　生物显微镜。

② 实验材料　豆科、杨柳科、芸香科、桦木科、胡桃科、壳斗科、木犀科、榆科等科中所包含的阔叶材的木材切片，可结合本地实际情况自行选择树种。

2. 实验方法与步骤

同针叶材微观特征识别步骤，根据显微镜操作方法对其进行光圈调节，将木材切片放在载物台，用压片夹固定住切片，采用先低倍后高倍原则，转动粗调焦旋钮，将物镜降至与载物台切片距离 2~3mm，用眼对准目镜进行调节，直到目镜内清楚看到切片后，进行观测、记录与识别。描述的顺序可按管孔、导管壁特征、木纤维、木射线、轴向薄壁组织、树胶道的顺序，分别观察与描述其在横切面、径切面、弦切面上的特征；也可按横切面、径切面、弦切面的顺序，分别观察与描述在其切面上管孔、导管壁特征、木纤维、木射线、轴向薄壁组织、树胶道的特征。整理好实验记录和实验仪器、材料；根据观察的木材构造特征，按要求书写出实验报告。

3. 实验内容

① 管孔　主要观察：横切面上管孔的类型（环孔材、散孔材、半环孔材）；管孔组合（单管孔、复管孔、管孔链、管孔团）；管孔内含物（树胶、侵填体）。

② 导管壁特征　主要观察：径、弦切面上导管间纹孔式（梯列、对列、互列）；导管壁螺纹加厚；径切面上导管分子端壁穿孔（单穿孔、梯状穿孔、网状穿孔）。

③ 木纤维　主要观察：横切面上木纤维细胞形状、胞壁厚薄；径、弦切面上木纤维类型——纤维状管胞（胞壁具缘纹孔）、韧型纤维（胞壁单纹孔）、分隔木纤维（胞壁上有横隔膜）。

④ 木射线　主要观察：弦切面上木射线种类（单列射线、多列射线、聚合射线）；径切面上木射线的组成——同形射线（全由横卧细胞组成，同形单列、同形多列）和异形射线（由直立细胞和横卧细胞组成，异形Ⅰ型、异形Ⅱ型、异形Ⅲ型）。

⑤ 轴向薄壁组织　主要观察：横切面上薄壁组织类型——傍管型（稀疏傍管状、单侧傍管状、环管状、翼状、聚翼状）和离管型（星散状、切线状、离管带状、轮始状、轮末状）。

⑥ 树胶道　主要观察：横切面上轴向树胶道，一般比管孔小，单个分布或数个连成弦列分布；弦切面上径向树胶道，分布在木射线中，通常 1 条木射线具有 1 个径向树胶道。

4. 实验报告要求

① 将木材切片上能描述的阔叶材微观构造特征填入表 2-3，描述的木材切片数量应不少于 5 个树种。

表 2-3 阔叶材微观构造特征记载表

材料编号	树种名称	导管						木纤维				木射线						轴向薄壁组织		树胶道
		横切面			径切面		弦切面	横切面		径切面		径切面		弦切面				类型		
		管孔类型	管孔组合	内含物	穿孔类型	螺纹加厚	管间纹孔	细胞形状与大小		纹孔种类	纤维种类	直立细胞	横卧细胞	射线组成		射线种类	射线大小	傍管型	离管型	
								早材	晚材					同形	异形					

② 绘制木材三切面显微构造图,要求绘图表明导管、木纤维、木射线、轴向薄壁组织和树胶道等在 3 个切面上的形态特征(树种从观察标本中选一种)。

③ 结合本实验观察的内容,讨论与总结阔叶材微观构造特征识别要点及规律。

④ 实验报告包括以上三方面内容。

六、总结评价

本任务是在了解阔叶材宏观构造特征和针叶材微观结构特征的基础上进行的,通过显微镜识别并记录阔叶材导管、木纤维、木射线、轴向薄壁组织和树胶道等在 3 个切面上的形态特征,使学生熟悉了阔叶材微观构造识别的观察要点,这些对认识阔叶材微观构造特征,巩固课堂理论知识及掌握阔叶材树种识别与鉴定具有重要作用。本任务考核评价表可参照表 2-4,考核包括以下内容。

表 2-4 "阔叶材微观构造的识别"考核评价表

评价类型	任务	评价项目	组内自评	小组互评	教师点评
过程考核(70%)	阔叶材微观构造的识别	特征记录(25%)			
		构造图绘制(25%)			
		要点与规律(10%)			
		工作态度与团队合作(10%)			
终结考核(30%)	实验报告的完成性(10%)				
	实验报告的准确性(10%)				
	实验报告的规范性(10%)				
评语	班级:	姓名:	第 组	总评分:	
	教师评语:				

七、思考与练习

1. 阔叶材由哪些解剖分子组成？
2. 导管如何分布与组合？其和管胞如何区别？
3. 如何利用导管分子的穿孔和导管壁上的纹孔进行特征识别？
4. 什么是木纤维？包括哪些类型？如何进行区分？
5. 轴向薄壁组织如何分类？如何利用其特征进行识别？
6. 阔叶材木射线如何分类？由哪几部分组成？
7. 哪些树种具有树胶道？简述树胶道的特征。

任务 6 木材树种的识别

一、任务目标

木材树种识别是依据木材学中宏观与微观构造特征基本理论，通过木材的内、外部结构特征和性质，对所检验木材进行正确的树种判断的一种实用技术。它是木材检验的基础（前期准备）和不可缺少的重要环节，在木材生产、流通和使用过程中起着非常重要的作用。通过对本任务学习，使学生了解木材树种识别的意义，掌握常用的树种识别方法；能根据木材树种识别的步骤与方法，对针叶材、阔叶材和进口木材的主要特征进行识别与描述并能确定木材树种；掌握木材检索表内涵及其应用，能根据木材检索表对树种进行识别。

二、任务描述

本任务在学习完木材宏观和微观构造特征识别的基础上进行，结合学生所在地区具体情况，有针对性地进行相关树种识别的实践，有利于熟练掌握常见树种的构造特征与识别要点，为木材检验工作的具体实施奠定基础。利用提供的不同树种针、阔叶材三切面实物及切片标本，结合宏观和微观构造特征识别要点，认真分析并描述其构造特征，识别熟悉木材树种；对于不熟悉树种借助于木材检索表进行检索和判断，每人完成树种构造特征识别报告单。

三、工作情景

教师以不同树种针、阔叶材三切面实物及切片标本为例，学生以小组为单位担任木材树种识别人员，将宏观和微观构造特征识别方法与标本相结合，在三切面上观察构造特征要点，并将从标本上能描述到的构造特征填入特征记载表并确定木材树种，完成报告后进行小组汇报，教师针对学生的工作过程及成果进行评价与总结，按教师要求学生进行修订并最终上交实验报告。

四、知识准备

木材树种识别是通过木材的内、外部特征来识别、区分木材树种的一种实用技术，是木材检验中不可缺少的重要环节。包括原木识别和锯材识别，其任务是在掌握木材外观及构造特征和木材性质的基础上快速、准确地识别、区分木材树种，为木材检验及合理使用木材创造条件。

（一）木材树种识别的意义

1. 识别、区分树种的需要

我国木材树种种类繁多，据《中国主要木材名称》介绍有近千种。南方各省份有些地方位于热带或亚热带、其树种多而复杂，在全国占较大比例。例如，广东省有 639 种，海南省有 460 种，广西壮族自治区有 578 种，福建省有 600 种，陕西省有 300 多种，东北地区有 50 多种。

2. 合理用材的需要

要达到适材适用和物尽其用的目的，也必须重视木材识别问题。木材种类繁多，其性质各有差异，有的很轻（如轻木和泡桐等），有的很重（如蚬木、海南子京等）；有的很软（如兰考泡桐、轻木等），有的很硬（如荔枝、竹叶青等）；有的抗弯强度很低（如兰考泡桐、楸泡桐等），有的强度很高（如海南子京、竹叶青冈等）；有的结构很粗（如青冈栎、栎木等），有的很细（如银杏、荷木等）；有的色深（如紫杉、黑檀等），有的色浅（如云杉、冷杉、白桦和械木等）。要想选择适合用途要求的树种，就必须正确地识别木材树种，否则会造成一定的损失。例如，建筑、采矿业如不能按原设计选择木材品种，就可能造成事故，不仅不能发挥木材的作用，反而还造成木材浪费与经济损失。此外，如不能分辨树种，就可能把优质木材当作一般材使用，从而不能发挥木材的最大使用价值。

3. 专业用材的需要

为了保障各种木制品的产品质量，应选择特定的商品木材树种做原料。例如，乐器厂用云杉和械木等；纺织器材厂用青冈栎、硬栲、硬柯等做木梭，用械木、桦木等做纱管；还有些特殊的用途，如制造光学玻璃的抛光炭粉，用桤木为最好等。所以，只有正确识别木材树种，才能满足专业用材对树种的特殊要求，保证产品质量。

4. 有利于木材相互代用

木材相互代用是指用几种或一种性质相同或相近而能满足某种用途要求的木材来代替资源少而用量大的树种。例如，建筑行业常常喜欢使用红松木材，而红松资源越来越少，现已供不应求。又如，国内所生产的胶合板，其树种通常限于桦木、椴木、水曲柳和荷木等几个树种，而另有许多的适宜树种未被利用，这样就给胶合板工业生产带来了原料不足的困难。另外，生产火柴喜欢用椴木，但各地的椴木资源也很少，常常形成原料短缺的问题；在家具制造和细木工等生产方面也有类似的情况。所以，在正确识别木材树种的前提下，搞好性质和用途相近木材树种的相互代用，可以解决某些树种资源短缺的问题，从而扩大树种的使用范围，发挥木材的作用。

（二）木材树种识别方法

木材树种识别是合理利用木材的基础工作，也是木材检验工作者的基本功。木材识别最原始的方法是凭借经验，根据木材的颜色、光泽、纹理、重量、质感、气味、滋味等进行识别。对于原木，往往借助于树皮的颜色、裂纹形状等来判断。后来人们有了木材学的知识，知道用木材的构造特性来进行识别。所以要准确识别木材，首先要学好木材基本知识和掌握木材特征识别方法并多与标本对照。木材识别有宏观识别和显微识别两种，一般木材宏观识别是指用肉眼（或借助放大镜）观察木材或原木，根据其构造特征确定或区别其树种。木材肉眼识别的实践结果表明：这种方法基本上能够达到"方法简便、快捷，结果明确，能够满足通常要求"的目的，生产上较适用但准确度较差，一般仅能鉴定到属或类。显微识别比较精确可靠，但方法复杂，也需要借助一定的设备，通常是在宏观识别的基础上进一步细分和鉴定树种。木材识别在生产上受到欢迎和重视。

1. 通过树皮、材表进行识别

一般作为原木识别的主要方法。树皮是区分树种的重要部位，树皮的特征包括外皮颜色、外皮形态、树皮质地、皮孔形态、断面结构、皮底情况、剥落类型、内皮断面花纹等。材表是指原木剥去树皮后的木材表面，可分为平滑、波痕、槽棱、尖削等几种类型。

① 树皮构造特征与识别要点　已在项目1中进行阐述，在此不做重述。

② 材表构造特征与识别要点　木材表面特征就为材表特征，观察它的特征，也是我们识别树种的重要环节。

材表特征的产生是树木在直径生长（粗生长）时，由于针、阔叶树皮的组成细胞和木材构造的差异所导致的不平衡压力，在材身表面所留下的痕迹形态。针叶材材表形态变化很小，对木材树种识别意义不大，而阔叶材变化大，对识别树种意义重大。就其表面特征形态可分为以下几种类型，见图2-22所示。

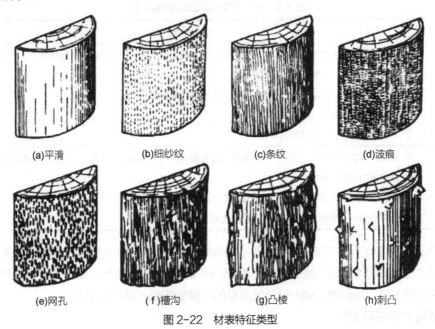

图2-22　材表特征类型

a. 平滑　表面比较平整光滑，无其他明显特征，如杉木、冲天柏、云杉等大部分的针叶材和阔叶材中的杨木、椴木、桦木、柳木、山槐等。

b. 细纱纹　在材表上的细木射线，短小密布，排列均匀整齐，呈纱纹状，如冬青、朴树、槭木、鸭脚木、桑木、杜英等。

c. 条纹　在材表上形成明显的粗细相近、略凸起的轴向线条状分布，如檫木、椎木、苦槠木等。

d. 波痕　材身凸凹呈现出水平波状的层次起伏，如黄檀、木棉、红豆木、梧桐、大叶合欢等。

e. 网孔　材表上短小的纺锤形凹槽，排列均匀、整齐、似网孔分布，如银桦、山龙眼、南华木、密花树、悬铃木等。

f. 槽沟　材表上可见到长短不一的纺锤形下陷呈凹槽或沟状，按槽底不同又可分为尖底槽和平底槽两种，如麻栎、厚叶桂、椆木、青冈栎属为尖底槽，荷木属平底槽。

g. 凸棱　材表上有瘤状或板片凸起，如白牛槭、鹅耳枥、蓝果树等。

h. 刺凸　材表上可见到尖刺凸起，如秋枫等。

2. 通过木材构造特征进行识别

对于不带树皮的原木识别只能从其构造特征入手进行，即原木三切面构造特征：心材与边材及其材色、生长轮、早材、晚材、管孔、轴向薄壁组织、胞间道和木射线等，一般可作为原木识别的有用信息，应尽量利用。其中，木材宏观与微观构造特征识别要点分别见表2-5和表2-6。

表2-5 针、阔叶材宏观识别要点

类别	相同点	侧重点
针叶材	心边材差异；生长轮明显度、宽窄及均匀度；颜色、气味、滋味；重量；硬度；结构；纹理和花纹	无孔材；树脂道的有无、多少；树脂的有无；早晚材过渡
阔叶材		有孔材；管孔类型；材表特征；环孔材晚材管孔的分布；管孔大小及组合；侵填体的有无；木射线宽窄及明晰度、轴向薄壁组织的明晰度及分布类型

表2-6 针、阔叶材微观识别要点

类别	识别要点
针叶材	① 管胞：形态及胞壁特征、纹孔的分布、排列方式及形状、螺纹加厚的有无、早晚材的分布情况 ② 树脂道：有无，泌脂细胞的个数 ③ 木射线：列数、高度、细胞组成、射线管胞及射线薄壁细胞特征 ④ 交叉场纹孔：类型、大小和数目 ⑤ 轴向薄壁组织：有无及排列方式
阔叶材	① 导管：导管分子形状、大小；穿孔类型；管孔组合方式；侵填体及内含物的有无与形态特征 ② 轴向薄壁组织：类型 ③ 木射线：类型、宽度、高度；与导管间的纹孔式；径向胞间道的有无 ④ 木纤维细胞：厚薄、分隔与胶质木纤维的有无

针叶材同阔叶材相比，结构较简单，识别特征相对较少，二者宏观构造特征观察的侧重点不同；在微观构造特征方面针叶材细胞径向排列整齐，阔叶材构造分子排列不规整，细胞类型更复杂，分工也更明确，主要由导管分子、木纤维、轴向薄壁细胞及射线薄壁细胞4种细胞组成。

3. 木材检索表识别方法

木材检索表是一种能够表明树种特征的查定表，它由各方权威人士根据通过科学鉴定确定出的有关木材特征编写而成。木材检验员遇到新树种时，可以观察新树种的特征，再对照木材检索表逐步查对，直到查到树种名称。这是一种基本而有效的方法。目前，我国常见树种的木材检索表已经齐备，只要能够掌握木材识别的基本知识、基本理论，把木材特征与木材检索表的同名木材特征进行对照比较，当其特征相符或基本相符时，则可确定木材树种的名称。此外，如果已知树种名称，也可以利用木材检索表查出木材构造特征，包括对分检索表和穿孔卡检索表，其中对分检索表是使用最广泛的方法。

① 对分检索表 在木材一对最容易区别、最具有普遍意义的或最稳定的特征的基础上，将它们分成2组，然后再将新的特征分成2组，依次类推直至最后列出树种，编制出某一地区或某一科树种木材的检索表。应用检索表时，选择符合待鉴定标本的一组特征，直至最后列出的树种，该树种就是待鉴定的木材。该方法以互相排斥为条件，成对对列，逐渐缩小范围，最后找出标本的个性。对分检索表的缺点主要是：检索表中所用的特征必须依一定的次序检索；检索表一经编制，除非重新订正，否则不能增减任何树种的木材。

附：中国主要商品木材宏观特征检索表

1. 木材无管孔 ··· 针叶树木材 2
1. 木材有管孔 ··· 阔叶树木材 20
2. 有正常树脂道 ·· 3
2. 有正常树脂道，或间具创伤树脂道 ·· 10
3. 有正常轴向和径向树脂道；前者形如小孔或斑点，大都限于生长轮外面部分，通常在肉眼下可见 ··· 4
3. 仅有正常轴向树脂道，肉眼可见，有时呈短弦列，分布不均匀，多集中在晚材带，有时整个（或部分）生长轮内均无分布 ··· 油杉 *Keteleeria fortunei*
4. 树脂道多而大，松脂气味显著 ··· 5
4. 树脂道少而小，松脂气味不显著 ··· 8
5. 质轻而软，纹理颇均匀；早材带不明显，通常较狭 ······························· 6 软松木类
5. 质较硬重，纹理不均匀；早材至晚材通常急变，晚材带明显，通常较宽；心材通常很明显 ··· 7 硬松木类
6. 边材颇宽，心材红褐色；生长轮均匀，结构中 ································· 红松 *Pinus koraiensis*
6. 边材狭窄，心材浅红褐色；结构中至细 ·· 华山松 *Pinus armandi*
7（5）. 树脂道在肉眼下有时状如小孔；结构甚粗；生长轮不均匀，常宽；边材甚宽；晚材带常宽 ··· 马尾松 *Pinus massoniana*
7（5）. 树脂道在肉眼下常呈浅色或褐色斑点；结构粗；生长轮较均匀，较狭；边材狭；晚材带较狭；色深 ··· 油松 *Pinus tabulaeformis*
8（4）. 心边材区别明显或略明显，早材至晚材急变 ··· 9
8（4）. 心边材无区别，材色黄白；年轮狭；材质较软；早材至晚材渐变 ··· 鱼鳞云杉 *Picea jezoensis*
9. 心材深红褐色 ··· 黄杉 *Pseudotsuga sinensis*
9. 心材浅红褐色或黄褐色，质硬 ··· 兴安落叶松 *Larix gmelinii*
10（2）. 木材有香气 ··· 11
10（2）. 木材无香气 ··· 16
11. 柏木香气显著或不显著 ·· 12
11. 杉木香气显著或不显著 ·· 15
12. 柏木香气显著，结构甚细至细 ·· 13
12. 柏木香气不显著，结构粗，有油性感，早材至晚材急变，晚材带宽 ··· 福建柏 *Fokienia hodginsii*
13. 心材紫红色，结构甚细，香气甚浓 ··· 红桧 *Chamaecyparis formosensis*
13. 心材黄褐色 ·· 14
14. 边材浅黄色，髓斑甚多 ··· 柏木 *Cupressus funebris*
14. 边材黄褐色带红 ·· 侧柏 *Thuja orientalis*
15（11）. 心材通常灰红褐色；晚材带狭；早晚材硬度一致，结构中，香气甚显著 ···············

……………………………………………………………………………… 杉木 Cunninghamia lanceolata
15（11）. 心边材红褐色；色带紫；晚材带略宽，早晚材硬度不一致，材质软；香气不显著 ……
……………………………………………………………………………… 柳杉 Cryptomeria fortunei
16（10）. 心边材区别明显，材色深。早材至晚材渐变或急变 ……………………………………… 17
16（10）. 心边材区别不明显，材色浅。早材至晚材渐变或急变 ……………………………………… 19
17. 早材至晚材渐变，结构细；边材宽或狭 …………………………………………………………… 18
17. 早材至晚材急变，心材暗红色，生长轮宽，边材宽，常具假年轮 …………………………………
……………………………………………………………… 水杉 Metasequoia glyptostroboides
18. 心材橘红褐色，生长轮狭常曲折状，边材狭 ………………………… 红豆杉 Taxus chinensis
18. 心材黄褐色；边材甚宽；横切面有细小斑点（含结晶细胞）……………… 银杏 Ginkgo biloba
19. 早材至晚材渐变，年轮明显，具创伤树脂道。木材黄褐色；结构疏松 臭冷杉 Abins nephrolepis
19. 早材至晚材急变，具创伤树脂道，木材浅红褐色；早材带宽 ……………… 铁杉 Tsuga chinensis
20（1）. 无管孔，仅具管胞。似裸子植物材；但木射线有宽狭两种，宽者在肉眼下明晰；晚材通
常宽；早材管胞在放大镜下明显 ………………………………… 水青树 Tetracentron sinense
20（1）. 具管孔 ………………………………………………………………………………………… 21
21. 环孔材 ……………………………………………………………………………………………… 22
21. 半环孔材或半散孔材 ……………………………………………………………………………… 45
21. 散孔材 ……………………………………………………………………………………………… 51
22. 有宽木射线 ………………………………………………………………………………………… 23
22. 无宽木射线 ………………………………………………………………………………………… 25
23. 宽射线在肉眼下三个切面上明显，数多，分布均匀；心边材区别明显 ………………………… 24
23. 宽射线较窄，在肉眼下不明显；径切面上射线斑纹少见；早材带宽，心边材区别不明显 ………
……………………………………………………………………………… 红锥 Castanopsis hystrix
24. 边材灰褐色或暗褐色；管孔侵填体多；径列分歧少 ……………………… 麻栎 Quercus acutissima
24. 边材浅黄白色；侵填体少；晚材管孔甚小；分歧多；聚集成长焰状 … 蒙古栎 Quercus mongolica
25（22）. 晚材管孔呈弦向波浪形或长短弦线 ……………………………………………………… 26
25（22）. 晚材管孔不呈弦向波浪形或长短弦线 …………………………………………………… 37
26. 晚材管孔呈典型波浪形或"人"字形 …………………………………………………………… 27
26. 晚材管孔年轮末端呈长短弦线、斜线或略成波浪形 …………………………………………… 32
27. 早材管孔1列，间或2～3列 …………………………………………………………………… 28
27. 早材管孔数列 ……………………………………………………………………………………… 30
28. 心边材区别明显，心材红褐色；材质硬 ……………………………… 榉树 Zelkova schneideriana
28. 心边材区别不明显 ………………………………………………………………………………… 29
29. 早材管孔1列，木材灰褐色，材质轻软 ………………………………… 刺楸 Kalopana pictus
29. 早材管孔1～3列，木材黄褐色；早材管孔中至略大，在肉眼下可见至明显，木射线可见…
……………………………………………………………………………… 朴树 Celtis sinensis
30. 心边材区别明显，心材金黄色，久则较深，晚材管孔排列呈典型的"人"字深波浪形，具横
向树胶道 ……………………………………………………………… 黄连木 Pistacia chinensis

30. 心边材区别略明显	31
31. 木射线色深，在肉眼下明晰；径切面可见水平状或斑点状射线斑纹	春榆 *Ulmus japonica*
31. 木射线色浅，在肉眼下略明晰	白榆 *Ulmus pumila*
32（26）. 心材中早材管孔充满侵填体，早材带不明显；心材暗黄褐色，晚材管孔小，在年轮中部星散分布，年轮边缘为弦向倾斜排列	刺槐 *Robinia pseudoacacia*
32（26）. 心材中早材管孔不含侵填体或一部分含有侵填体	33
33. 材色深，栗褐色至暗褐色	34
33. 材色浅，浅黄褐色至浅红褐色	35
34. 轴向薄壁组织放大镜下明晰，翼状或聚翼状；心材管孔含黑色树胶	槐树 *Sophora japonica*
34. 轴向薄壁组织放大镜下可见，环管束状；心材管孔含褐色树胶；径切面有射线斑纹	黄波罗 *Phellodendron amurense*
35. 木材浅黄色，木射线略宽，在肉眼下明显，径切面有黄褐色的长条状树胶	臭椿 *Ailanthus altissima*
35. 木材浅红褐色，木射线细，肉眼下不明显	36
36. 在年轮末端管孔与轴向薄壁组织相连成断续的长弦线	梓树 *Gatalpa ovata*
36. 在年轮末端管孔与轴向薄壁组织相连成短弦线列，翼状、聚翼状	苦楝 *Melia azedarach*
37（25）. 离管带状轴向薄壁组织明显；晚材管孔火焰状排列	38
37（25）. 轴向薄壁组织轮界型或傍管状；晚材管孔多单独排列	39
38. 侵填体多，早材带较狭，较密，心材浅栗褐色	板栗 *Castanea mollissima*
38. 侵填体少，早材带宽，心材浅红褐色	苦槠 *Castanopsis sclerophylla*
39. 具轮界型及傍管状薄壁组织	40
39. 具轮界型薄壁组织，多为傍管状	41
40. 心材深黄色，心材管孔含有侵填体	漆树 *Rhus verniciflua*
40. 心材灰褐色，心材管孔内含少量侵填体	水曲柳 *Fraxinus mandshurica*
41. 材色浅，木材浅灰白色至浅黄褐色，轴向薄壁组织翼状，聚翼状，髓心大而中空	毛泡桐 *Paulownia tomentosa*
41. 材色深，木材红褐色或暗褐色	42
42（39）. 心材红褐色，木材无香气	43
42（39）. 心材栗褐色，木材有香气；侵填体丰富	檫木 *Sassafras tzumu*
43. 管孔内红褐色的树胶丰富或常见	44
43. 管孔内不常见树胶；横向树胶道在弦面呈褐色小点	酸枣 *Choercospondias axillaria*
44. 早材至晚材急变；树胶丰富；具轴向创伤树胶道	香椿 *Toona sinensis*
44. 早材至晚材渐变；有树胶；不具轴向创伤树胶道	拐枣 *Hovenia dulcis*
45（21）. 有宽木射线	46
45（21）. 无宽木射线	48
46. 宽木射线在肉眼下甚明显；离管带状薄壁组织在肉眼下可见；径切面宽木射线斑纹光泽强；管孔呈辐射状	47
46. 宽木射线较细；轴向薄壁组织在肉眼下不可见；管孔小、散生	水青冈 *Fagus longipetiolata*

47. 木材浅红褐色或灰红褐色，聚合射线被许多窄木射线分开，常弯曲……槠木 Lithocarpus glaber
47. 木材灰黄，灰褐带红或浅红褐色带灰，聚合射线被许多窄木射线分开，分布均匀……………………………………………………………………………………………青冈 Cyclobalano psisglauca
48 (45). 离管带状薄壁组织可见或略可见 …………………………………………………… 49
48 (45). 离管带状薄壁组织不见，呈傍管状；樟脑香味特别浓厚；心材红褐色；管孔周围薄壁组织较多，呈白色斑点 ………………………………………………… 香樟 Cinnamomum camphora
49. 材色深，心边材区别明显；管孔斜列或"之"字形 …………………………………… 50
49. 材色浅，心边材区别不明显；离管切线状轴向薄壁组织呈连续细弦线，密集。在湿横切面上明晰………………………………………………………………… 枫杨 Pterocarya stenoptear
50. 心材浅褐色至灰红褐色，边材较窄；年轮界具棱角，呈蜘蛛网状 ………… 核桃楸 Juglans mandshurica
50. 心材暗褐色，边材较宽；轮界呈微波状 …………………………………… 核桃 Juglans regia
51 (21). 木射线全部或部分为宽射线 ……………………………………………………… 52
51 (21). 木射线窄 ……………………………………………………………………………… 56
52. 宽木射线在肉眼下甚明显，通常数多，射线间距离密，分布均匀；在径切面上宽射线斑纹显著；生长轮向或不向宽射线处凹下 ……………………………………………………… 53
52. 宽木射线在肉眼下不明显，少或甚少，射线间距离宽至甚宽，分布不均匀；在径切面上宽射线斑纹少或不见；生长轮向宽射线处凹下 …………………… 长枝木麻黄 Casuarina glauce
53. 木射线宽度一致，甚明显或明显，略密或密，在肉眼下弦切面上排列网状或线形 ……… 54
53. 木射线分宽及甚窄两类，宽木射线不明显至甚明显，在肉眼下弦切面上一般呈参差不齐的纵线或灯沙纹 …………………………………………………………………………………… 55
54. 管孔通常弦列，列间距离略相等，呈花彩状，悬于射线间向髓心方向弯曲的窄带状薄壁组织下面；射线密，在弦切面上呈现网状 ……………………………… 越南山龙眼 Helicia cochinchinensis
54. 管孔甚多甚小，单独或团聚；射线密或略密，弦切面上呈短线性形 … 悬铃木 Platanus acerifolia
55. 管孔链状，木材灰白色，材质重 ………………………………………………… 冬青 Ilex purpurea
55. 管空孔单独为主，木材黄白色，材质轻 ……………………………… 鸭脚木 Schefflera octophylla
56 (51). 离管或傍管带状薄壁组织甚明显或可见 …………………………………………… 57
56 (51). 离管或傍管带状薄壁组织不见，呈轮界状和傍管状 ………………………………… 67
57. 弦切面上有波痕 ………………………………………………………………………… 58
57. 弦切面上无波痕 ………………………………………………………………………… 63
58. 材色深，心材红褐色至灰黑色 ………………………………………………………… 59
58. 材色浅，心材黄白色至浅黄褐色 ……………………………………………………… 60
59. 心边材区别明显，心材红褐色，管孔与聚翼状薄壁组织连接成短弦线或略成波浪形，管孔内树胶 ……………………………………………………………………… 格木 Erythrophleum fordii
59. 心边材区别不明显，木材灰黑色。离管薄壁组织短弦线，在湿切面上明晰，呈密而均匀的斑点状 ……………………………………………………………………………… 柿树 Diospyros kaki
60. 离管及傍管带状薄壁组织甚明显；材质较重 ………………………………………… 61
60. 离管及傍管带状薄壁组织可见；材质较轻 ………………………………………… 62

61.	离管及傍管带状薄壁组织呈弦向长线状，波浪形，管孔较大	黄檀 *Dalbergia hupeana*
61.	离管及傍管带状薄壁组织呈长或短弦线，或为翼状，管孔小	花榈木 *Ormosia henryi*
62.	木材浅黄褐色，轴向薄壁组织放大镜下湿切面上可见，呈细短弦线	椴木 *Tilia tuan*
62.	木材黄褐色微红，轴向薄壁组织放大镜下湿切面上可见，轮界状	七叶树 *Aesculus chinensis*
63 (57).	离管薄壁组织明显	64
63 (57).	离管薄壁组织不见或湿面上可见	66
64.	心边材区别明显；心材红褐色	65
64.	心边材区别不明显；木材暗黄褐色	木麻黄 *Casuarina equisetifolia*
65.	管孔长径列	子京 *Madhuca hainanensis*
65.	管孔单独或复管孔	铁刀木 *Mesua ferrea*
66.	管孔排列辐射状，成串地弯曲地径向排列；轴向薄壁组织短弦列；侵填体多	拟赤杨 *Alniphyllum fortunei*
66.	管孔单独或复管孔 "之"字形或斜列，逐渐向年轮外部减少；轴向薄壁组织成不整齐的弦向排列	黄杞 *Engelhardtia chrysolepis*
67 (56).	轮界型薄壁组织可见	68
67 (56).	轮界型薄壁组织不可见，或呈傍管状	72
68.	心边材区别明显，心材红褐色	69
68.	心边材区别不明显，心材灰黄色带绿或黄褐色	70
69.	管孔排列成树枝状	鼠李 *Rhamunu dtavurica*
69.	管孔斜列或径列，甚小甚多，傍管薄壁组织呈斑点状	枣树 *Zizyphus jujuba*
70 (68).	木射线在放大镜下明晰，射线大于管孔直径，髓斑多，木材黄褐色	71
70 (68).	木射线在放大镜下明晰，射线小于管孔直径，髓斑少	木连 *Manglietia fordiana*
71.	材质轻柔，浅黄褐色	山杨 *Populus davidiana*
71.	材质中等	色木 *Acer mono*
72 (67).	傍管薄壁组织可见	73
72 (67).	傍管薄壁组织不可见	76
73.	弦切面上有波痕，木材甚重甚硬。木材红褐色，导管内侵填体多	蚬木 *Burretiodendron hsienmu*
73.	弦切面上无波痕	74
74.	材质较重，结构细致，纹理交错，暗灰黄色	柠檬桉 *Eucalyptus citriodora*
74.	材质较轻至甚轻，纹理直，结构粗	75
75.	木材较轻	楹树 *Albizzia chinensis*
75.	木材甚轻	轻木 *Ochroma lagopus*
76 (72).	材色深，黄褐色至红褐色	77
76 (72).	材色浅，浅黄色至浅灰褐色	79
77.	管径比射线宽，心边材略有区别	78
77.	管径比射线狭或相等	80

78. 心材黄褐色⋯⋯⋯⋯⋯⋯⋯⋯⋯⋯⋯⋯⋯⋯⋯⋯⋯⋯⋯⋯⋯⋯⋯⋯⋯⋯⋯⋯⋯	光皮桦 *Betula cylindrostachya*
78. 心材鲜红褐色或灰褐色⋯⋯⋯⋯⋯⋯⋯⋯⋯⋯⋯⋯⋯⋯⋯⋯⋯⋯⋯⋯⋯⋯	旱柳 *Salix matsudana*
79. 木材黄褐色，年轮界有深色晚材带⋯⋯⋯⋯⋯⋯⋯⋯⋯⋯⋯⋯⋯⋯⋯⋯⋯	木荷 *Schima superba*
79. 木材浅红褐色，年轮界分明⋯⋯⋯⋯⋯⋯⋯⋯⋯⋯⋯⋯⋯⋯⋯⋯⋯⋯⋯	五列木 *Pentaphyllax euryoides*
80（77）. 管径比射线宽；木材浅黄色。木材纹理交错⋯⋯⋯⋯⋯⋯⋯⋯⋯	紫树 *Nyssa javanica*
80（77）. 管径比射线狭或相等⋯⋯⋯⋯⋯⋯⋯⋯⋯⋯⋯⋯⋯⋯⋯⋯⋯⋯⋯⋯⋯⋯⋯⋯⋯⋯⋯⋯⋯⋯⋯	81
81. 木材纹理交错，材质甚细。具纵向创伤树胶道⋯⋯⋯⋯⋯⋯⋯⋯⋯⋯	枫香 *Liquidambar formosana*
81. 木材纹理斜；具紫色色斑，髓心分隔状⋯⋯⋯⋯⋯⋯⋯⋯⋯⋯⋯⋯⋯	交让木 *Daphniphyllum paxianum*

利用对分检索表识别木材时的技术要点：①首先根据管孔的有无区别针、阔叶材。②在针叶材中，先根据树脂道的有无区别出有正常树脂道和无正常树脂道的木材；对有树脂道的，再依据树脂道的分布多少、明显与否区分到属；对无树脂道的可依据木材有无特殊气味、材色、心边材的区别、早晚材的变化形式、结构、纹理等特征，直至区分到种。③在阔叶材中，先根据管孔的排列方式区分出环孔材、散孔材、半散孔材三大类，在各类型孔材中依据管孔的大小、分布情况，木射线的宽窄、疏密，薄壁组织的分布类型和种类，心边材的区别，材色、材质、纹理、结构等特征，区别到属或种。

例：某一种木材具有下列宏观特征：环孔材；早材管孔宽1至数列；晚材管孔甚小，散生或排列成短斜线；生长轮圆而明显；木射线细而可见；轴向薄壁组织傍管型环管状、聚翼状和轮界状；心边材区别明显，边材黄白色，心材黄褐色；木材有光泽，纹理直；结构中至粗；材质略重。根据"中国主要商品木材宏观特征检索表"对照特征检索该树种名称。

查找的方法为：首先由该树种具有管孔，确定为阔叶材，在阔叶树木材检索表中找到"木材有管孔"，根据右边编号往下找到"环孔材"编号，从中找到"无宽木射线"项及右边编号，再顺着编号找到"晚材管孔不呈弦向波浪形或长短弦线"及右边编号，再顺着编号找到"轴向薄壁组织轮界型或傍管状，晚材管孔多单独排列"及右边编号，接着顺着编号找到"具轮界型及傍管状薄壁组织"及右边编号，最后顺着编号并根据"心材灰褐色，心材管孔内含少量侵填体"确定该树种为水曲柳。

② 穿孔卡检索表　木材穿孔卡片识别方法是根据异同分离的原理将有独特特征的个体从群体中分离出来，利用卡片小孔圆缺的差异，对其所代表的特征进行分离，最终达到检索的目的。该方法应用后，被许多国家都采用。该检索表的优点是：随时可以增减树种或修正特征；识别木材时可按标本的任何显著特征进行，不需要固定的顺序；欲知某一特征有些什么树种非常容易，用钢针在需要的特征上将一叠卡片穿透一次即可。穿孔卡检索表的主要缺点是：逐次穿挑卡片较为烦琐，可能出现漏检现象；树种数目过多时，则操作起来比较困难。

4. 木材树种识别计算机检索系统

木材树种识别计算机检索系统是以穿孔卡检索表为依据，利用计算机快速处理数据的特性，采用数据文件或数据库管理木材树种名称及构造特征。此方法具有高效、准确、灵活、综合功能强等特点。

5. 木材标本

如果你手中没有木材识别检索表。可是你能从当地取出已知名字的树种的木材标本，这时你可将观察新树种所得的特征与已知名的标本相对照，特征相符时，新树种的名称便知。这种方法虽然麻烦，需要取很多标本，但是可行，识别树种较快。

6. 科学鉴定

如果你的工作条件使你既没有木材识别检索表，又拿不到知道名字的树种标本，最好的办法是将要识别的树种切出一小块木片，寄给有关部门，请他们代为鉴定。

（三）木材树种识别要点

首先确定有无导管，因为针叶材一般没有导管，阔叶材除极个别树种如水青树、昆栏树等以外，都有导管。依次为生长轮的类型、明显度、宽度；早晚材带的变化；心边材区别是否明显以及材色；导管（或管孔）的大小、排列、内含物等；轴向薄壁组织的数量、分布；木射线的宽度、粗细；胞间道的有无；木材的纹理、光泽；气味和滋味的有无；硬度和重量等。对针叶材和阔叶材的观察应各有所侧重。

1. 针叶材识别要点

① 生长轮　生长轮明显度（假生长轮除外）；生长轮的形状、宽窄是否均匀；早、晚材带的大小及所占的比率、颜色；从早材带过渡到晚材带的缓急；晚材带宽窄是否均匀等。

② 心边材　区别是否明显，宽度，颜色。

③ 管胞　排序、纹孔类型与排列。

④ 树脂道　是否具有正常轴向树脂道；是否具有正常径向树脂道；是否具有泌脂细胞且具厚壁；泌脂细胞数目；是否具有创伤树脂道（轴向或径向）。

⑤ 轴向薄壁组织　有无与分布。

⑥ 木射线类型。

⑦ 交叉场纹孔类型。

⑧ 木材的气味与滋味。

⑨ 木材的油性感觉。

⑩ 木材的密度和硬度。

针叶材基本特征：树皮的外皮多为鳞片状，内皮较薄；木材几乎全由管胞组成，无导管；生长轮中早晚材区别明显，早材色浅，晚材色深；木射线细肉眼下不见至可见；木材多轻软；心边材区别明显或不明显；部分树种木材具有特殊气味与树脂道；纹理常直，结构细的占多数，材表多平滑。

2. 阔叶材识别要点

① 导管（或管孔）　没有导管，如水青树、昆栏树等；有导管，区分环孔材、半环孔材、散孔材等；穿孔类型；管间纹孔类型。

② 生长轮　生长轮的形状，以及是否分明。

③ 心边材　区别是否明显，颜色。

④ 早材导管　是否一行，管孔单独，径列复管孔，管孔团，管孔链；径向或斜向排列，弦向排列；侵填体；心材含有有色的或白色的树胶或其他沉积物；散孔材平均弦向直径等。

⑤ 轴向薄壁组织　明晰度；轴向薄壁组织的排列，星散状、星散—聚合、离管带状、轮界状、梯状、网状，傍管型占优势、稀疏状、帽状、环管状、环管束状、翼状、聚翼状、傍管带状等。

⑥ 木射线　明晰度；宽度；高度；数量；最大木射线与最大管孔对比，小于管孔直径，等于管孔直径，大于等于管孔直径；聚合木射线，宽木射线等。

⑦ 木材密度　硬度；木材的特殊气味，特殊滋味。

⑧ 木材纹理　结构与花纹；木材的光泽。

⑨ 树胶道　具有正常轴向树胶道，具有创伤轴向树胶道等。

⑩ 木纤维与射线管胞

阔叶材基本特征：种类繁多，构造复杂，区别于针叶材的最大特征为具有管孔；导管间大多具有纤维，射线有宽、细；轴向薄壁组织丰富；材色各异；部分树种木材具有气味和树胶道。

3. 常见进口木材识别要点

目前，我国已成为世界林产品进口国之一，由于进口木材种类繁多，来源广泛，不规范的中文名称较多，木材市场比较混乱，进口木材识别显得非常重要。进口木材识别的依据可参照国家标准《中国主要木材名称》（GB/T 16734—1997）、《中国主要进口木材名称》（GB/T 18513—2001）等。

目前，我国进口木材来源遍及五大洲，根据产地不同，主要包括东南亚、南太平洋木材，中美洲、南美洲热带木材，非洲热带木材，欧洲木材和北美木材五大类。

进口木材与国产材识别基本步骤相同，但由于目前进口木材市场存在进口来源广泛、种类繁杂、木材资料不全、检索工具稀少、木材从业人员对其不熟的现实问题，因而识别与鉴定难度比国产木材要大得多，操作过程中应注意以下几点：①尽可能弄清进口来源，可大大缩小特征记载后的查找范围；②进口木材除原木外，很多都是半成品，木材表达的特征信息不全，识别时应全面考虑，如木材颜色既有可能是边材的，也有可能是心材的，不能一概而论；③中国作为一个少林国家的现状将会持续很长时间，木材进口大国的地位依然会继续保持，进口木材必将会成为识别与鉴定工作的重要对象，必须在实际工作中不断摸索，不断积累经验，相关文献资料也应该不断完善，这是木材科技工作者必须面临的课题。

4. 红木识别要点

红木是产自热带深色硬木类材种，国家标准《红木》（GB/T 18107—2000）规定为紫檀属（*Pterocarpus*）、黄檀属（*Dalbergia*）、崖豆属（*Millettia*）、铁刀木属（*Cassia*）、柿属（*Diospyros*）树种的心材，其密度、结构和材色符合标准规定者可称为红木。我国木材绝大多数是从东南亚、热带非洲和拉丁美洲进口。它们的识别和区分，主要是以简便实用的宏观特征（如材色、密度、纹理和结构等）为依据，必要时要以木材解剖特征来确定其种属。大家公认，红木在同树种中密度越高、材色越深价值越高。

（1）紫檀木类必备条件

a. 紫檀属（*Pterocarpus*）树种。

b. 木材结构甚细至细，平均管孔弦向直径不大于160μm。

c. 木材含水率12%时气干密度大于1.00g/cm^3。

d. 木材的心材，材色红紫，久则转为黑紫色。

（2）花梨木类必备条件

a. 紫檀属（*Pterocarpus*）树种。

b. 木材结构甄细至细，平均管孔弦向直径不大于200μm。

c. 木材含水率12%时气干密度大于0.76g/cm^3。

d. 木材的心材，材色红褐至紫红，常带深色条纹。

（3）香枝木类必备条件

a. 黄檀属（*Dalbergia*）树种。

b. 木材结构甚细至细，平均管孔弦向直径不大于120μm。

c. 木材含水率12%时气干密度大于0.80g/cm³。

d. 木材的心材,辛辣香气浓郁,材色红褐。

(4)黑酸枝木类必备条件

a. 黄檀属(*Dalbergia*)树种。

b. 木材结构细至甚细,平均管孔弦向直径不大于200μm。

c. 木材含水率12%时气干密度大于0.85g/cm³。

d. 木材的心材,材色栗褐色,常带黑条纹。

(5)红酸枝木类必备条件

a. 黄檀属(*Dalbergia*)树种。

b. 木材结构细至甚细,平均管孔弦向直径不大于200μm。

c. 木材含水率12%时气干密度大于0.85g/cm³。

d. 木材的心材,材色红褐至紫红。

(6)乌木类必备条件

a. 柿属(*Diospyros*)树种。

b. 木材结构甚细至细,平均管孔弦向直径不大于150μm。

c. 木材含水率12%时气干密度大于0.90g/cm³。

d. 木材的心材,材色乌黑。

(7)条纹乌木类必备条件

a. 柿属(*Diospyros*)树种。

b. 木材结构甚细至细,平均管孔弦向直径不大于150μm。

c. 木材含水率12%时气干密度大于0.90g/cm³。

d. 木材的心材,材色黑或栗褐,间有浅色条纹。

(8)鸡翅木类必备条件

a. 崖豆属(*Millettia*)和铁刀木属(*Cassia*)树种。

b. 木材结构甚细至细,平均管孔弦向直径不大于200μm。

c. 木材含水率12%时气干密度大于0.80g/cm³。

d. 木材的心材,材色是黑褐或栗褐,弦面上有翅花纹。

五、任务实施

(一)进口木材宏观构造特征识别

同项目1 常见阔叶材宏观构造特征识别的实施过程,本实验用的标本均为进口木材,为前几个项目中尚未接触过的标本。本任务旨在考查学生对木材宏观构造特征描述的熟练程度,了解一些常见进口材的宏观构造特征。

1. 实验材料与设备

① 实验设备 小刀、10倍放大镜、木材识别工具书一册、国家标准等。

② 实验材料 常见红木类及进口阔叶材的木材三切面标本,可结合本地实际情况自行确定树种。

2. 实验方法

描述的顺序,首先观察横切面管孔,其次为木射线,最后为其他特征。也可按特征记载表所列的特征顺序逐条认真观察标本并描述构造特征，将观察到的结果做好记录，直至所有指定观察的标本全部观察完毕为止，根据观察的木材构造特征，按要求书写出实验报告。

主要观察生长轮（年轮）、轴向薄壁组织、管孔、心材和边材、早材和晚材、木射线、纹理、结构、气味、轻重和材表等内容。

3. 实验报告要求

① 将木材标本上能描述的阔叶材宏观构造特征填入表2-7，描述的木材标本数量应不少于5个树种。

② 在木材横切面构造图上绘制管孔类型、轴向薄壁组织类型、木射线宽度等特征。

③ 实验报告包括以上两方面内容。

表2-7 阔叶材（进口材）宏观构造特征记载表

树种名称	生长轮形状	轴向薄壁组织			管孔					心边材				木射线	纹理	结构	气味	轻重	材表
		明显度	傍管型	离管型	类型	（半）环孔材			内含物	心材		边材颜色							
						早材	晚材	早晚材变化		大小	颜色								

（二）木材树种的识别

木材的树种识别就是根据不同树种木材宏观构造及树皮宏观构造的差异，对未知树种木材进行区分和鉴定。本任务依据木材宏观和微观构造特征识别方法，通过观察记录并描述未知树种的构造特征，并通过检索表确定木材树种。任务实施过程同以上所讲任务。

1. 实验材料与设备

① 试样制作工具　木工锯刨、斧、刀片、切片设备等。

② 观察用的工具与设备　包括用于宏观识别的放大镜和微观识别的光学显微镜、电子显微镜等。

③ 结果检索与判定用工具　检索表、穿孔卡片、木材识别的各种参考资料及数据库系统应用软件。

④ 实验材料　未知树种的针、阔叶材及进口木材的木材三切面及切片标本，可结合本地实际情况自行选择树种。

2. 木材树种识别的方法与步骤

树种识别要多实践，认真总结，积累经验，切忌不懂装懂。

① 准备好几把锋利的小刀和若干10倍放大镜（主要根据人数来定）。待鉴定木材要求是气干状态的木材，不能使用带有缺陷、腐朽或变色木材。

② 根据待鉴定木材的产地，首先收集该地区有关树种木材识别的相关资料，如各种树种木材宏观

性质的描述、木材检索表、木材穿孔检索卡或计算机检索程序等。

③ 用锋利小刀将木材局部削光，然后用肉眼或 10 倍放大镜观察木材光滑切面上所展显的特征。将清水滴在木材切面上，可以增强特征的明显度，观察是否有导管，区分针、阔叶树。有导管的是阔叶树，无导管的是针叶树。如轴向薄壁组织、波痕等。光泽度的判别需要在阳光或灯光下进行。

④ 通过木材的三个切面观察木材的主要宏观特征，横切面呈现的识别特征最多，是主要的切面；其次为弦切面，可以观察到导管、射线的粗细和排列情况、波痕、木材纹理等；径切面上的特征最少，除纹理、导管外，可以观察射线斑纹（包括银光纹理）等。

⑤ 通过木材的三个切面观察木材的次要宏观特征，包括颜色与光泽、气味与滋味、纹理与结构、树皮与材表、质量与硬度等，要进行全面观察，切忌片面性。

⑥ 将所观察到的木材特征与有关资料进行对照，一定要把握那些比较稳定的特征，分清主次。把稳定性最大的特征列在前面，从主要到次要按木材识别检索表核对直至树种名称，确定待鉴定木材的树种。

3. 识别原则与结果判定

要准确迅速识别木材，应在熟练掌握木材构造特征内涵的基础上，把握先宏观后微观、先看共性后查特性、先显著特征后潜在特征、先横切面后纵切面、先判定结果后作出结论、边观察记载边查找核对的原则，根据鉴定目的要求，观察、记载、检索、结果判定、对照标本、得出鉴定结论、出具鉴定报告，从而完成整个鉴定过程。实际工作中，应根据不同情况采取相应的步骤，先参照项目 1 进行木材宏观构造特征的识别，完成特征记载表并进行树种识别；若树种无法通过宏观特征确定下来，则需进行微观构造特征识别，参照项目 2 木材微观构造特征识别的方法进行，完成特征记载表并结合相关资料进行树种识别。

4. 实验报告要求

① 将木材未知树种标本上能描述的构造特征填入表 2-8，描述的木材树种应包括针叶材、阔叶材和进口材（至少 3 种树种，每种材质对应一个树种）。

② 结合本实验观察的内容利用检索法确定木材树种。

③ 实验报告包括以上两方面内容。

表 2-8 树种构造特征记载表

树种编号	针阔叶材	早晚材管孔	树脂道	生长轮	心边材	木射线	轴向薄壁组织	其他次要特征	识别树种名称
1									
2									
3									
4									

六、总结评价

本任务通过对进口木材宏观构造特征识别，使学生熟练掌握木材宏观构造特征描述方法；同时，完整的进行了木材树种识别任务过程，充分理解了树种识别的重要意义，木材构造特征与树种识别之间的关系，为学生从事木材检验相关工作奠定了重要的理论基础。本任务考核评价表可参照表2-9，考核报告单包括以下内容。

表2-9 "木材树种的识别"考核评价表

评价类型	任务	评价项目	组内自评	小组互评	教师点评
过程考核（70%）	木材树种的识别	进口木材宏观构造特征识别（25%）			
		特征记录（20%）			
		树种识别（15%）			
		工作态度与团队合作（10%）			
终结考核（30%）		实验报告的完成性（10%）			
		实验报告的准确性（10%）			
		实验报告的规范性（10%）			
评语	班级：	姓名：	第　组	总评分：	
	教师评语：				

七、拓展提高

1. 东北主要商品材的识别

（1）红松 *Pinus koraiensis*

松科 Pinaceae 松属 *Pinus*

别名：果松、海松、朝鲜松、东北松。

产地：长白山、小兴安岭、大兴安岭。

原木特征：树皮灰红褐色、皮层适中，老树的树皮有长方块状的开裂，其裂缝有顺树干方向和与树干垂直方向（似斧砍伤口）的纵横两种，但并不太深。树皮层呈片状脱落。树干通直，横断面比较圆，髓心呈圆形或椭圆形（直径为1~2mm），质地平滑，直径20~40cm，木材树脂含量较大（油多），采伐不久的木材端面上，常有大量白黄色黏性树脂（松树油子）流出。特别是气温比较暖和的季节经过一段大气干燥后常淤积于边材端面形成黄白色树脂圈。

木材识别要点：边材与心材区别明显，边材黄白色，心材黄红褐色，木材松脂气味浓郁。年轮比较窄，早晚材的界限不太明显，节子因致密，所以呈红褐色，油亮。如原木经过夏季（气温较高）边材受变色菌侵蚀后，颜色由黄白色变成青灰色（即所谓"青皮"）。径切板面有时常见树脂囊，弦切板有时可见树脂斑。木材一旦发生腐朽时，多呈蜂窝状白腐（蚂蚁哨）和块状红腐（红糖包），前者似乎像被蚂蚁咬后出现的一种蜂窝眼，在眼中又有白色斑点，后者呈深红色块状。

（2）鱼鳞云杉 *Picea jezoensis*

松科 Pinaceae 云杉属 *Picea*

别名：鱼鳞松、白松、兴安鱼鳞云杉。

产地：小兴安岭、牡丹江。

原木特征：树皮微灰褐色略带紫色，其开裂类似鲤鱼鳞片状，每当其鳞片脱落后则有黄白色圆痕显现。边心材区别不明显（隐心材类），材色白略带微黄，树干较直，横断面比较圆，直径 30cm 较多，原木有时形成树脂圈，但比红松少得多，年轮整齐明显。早晚材界限比红松略急。节子较多而硬，且又立生（多与木纹垂直），节周围木纹也不平整，沿节子方向突起，其质地带有黄色树脂（比红松色浅）。遇有腐朽时，常呈鳞片状脱落。

木材识别要点：木材浅驼色，略带黄白，木材略轻软，纹理直，结构中等略粗，有树脂气味，纵切面有光泽，年轮明显，早材到晚材渐变，晚材色深，树脂道横切面上肉眼下不明显，数目少，木射线细，初制成的板方材材面有隐约的粉红色，其晚材的宽度比一般白松稍密，材面常有宽 2~5mm，长 2~6cm 的树脂囊出现（又名油眼），节子质地多有黄色树脂斑点。

（3）红皮云杉 *Picea koraiensis*

松科 Pinaceae 云杉属 *Picea*

别名：红皮臭、白松。

产地：小兴安岭、牡丹江。

原木特征：树皮灰褐色略带黄色，较红松偏于灰色；薄而脆，起层开裂，易脱落，裂片不规则，边沿略有翘起，云片周围翘离，较鱼鳞云杉薄。内皮粉白色，很薄约 1~2mm。其他与鱼鳞云杉相似。

木材识别要点：心、边材区分不明显或略明显，浅驼色。木材纹理直，材质略有松脂气味，有光泽。年轮分界明显，早材至晚材过渡略急变，树脂道小而少，木射线细。

（4）臭冷杉 *Abies nephrolepis*

松科 Pinaceae 冷杉属 *Abies*

别名：臭松、东陵冷杉、华北冷杉。

产地：小兴安岭、长白山及山西、河北。

原木特征：树皮灰白色，不起层，幼树皮光滑无裂，中龄树皮有横向浅裂纹(基部)和顺树干的纵裂，表皮常有皮瘤（油包），划破时树脂外流，有极浓的松油气味。干燥后皮脆弱呈块状剥落。心、边材区别不显明，材色白、微带黄，材质轻软，且无树脂，树干极直，横断面轮廓较周正，20~30cm 直径者较多。年轮明显，在横断面上早材与晚材在色泽上无大区别。大型节子浓黄色，节子周围树皮呈皱纹状。

木材识别要点：木材淡黄白色略带有褐色，轻软（气干材密度 138g/cm^3）。木材纹理直，结构中等，气味不显著，纵切面稍有光泽，不易刨光。年轮分界明显，宽窄均匀；早材至晚材过渡渐变。木射线细，放大镜下可见。板方材色浅而无树脂，材面早晚材所形成的花纹宽大，小黑死节表现得明显，遇有腐朽则起层。

（5）樟子松 *Pinus sylvestris* var. *mongolica*

松科 Pinaceae 松属 *Pinus*

别名：海拉尔松、蒙古赤松。

产地：大兴安岭。

原木特征：外皮树干基部灰褐色，块状开裂，呈条带状，裂块的表面呈铁灰色，稍平宽，剥落后呈浅驼色，裂片内层黄棕色至红棕色；树干中部以上的外皮呈薄片状不规则剥离，无裂沟，裂片淡黄褐色，内侧金黄色。内皮薄，为 0.2~2mm；浅驼色，树干上部为嫩绿色。

木材识别要点：心、边材区分略明显。边材浅驼色带黄，心材浅黄褐色。木材纹理通直，结构中等，材质略轻软（气干材密度 0.46g/cm^3 左右），有松脂气味。早、晚材过渡略急至急变，年轮分界明显，平滑，宽窄均匀。木射线细，数目少至中。树脂道较多，横切面上分布在晚材带中，呈黄白色小斑点状。

（6）落叶松 Larix gmelinii

松科 Pinaceae 落叶松属 Larix

别名：兴安落叶松、意气松。

产地：内蒙古、黑龙江。

原木特征：外皮粉红色带灰，鳞片有长条状或小块状，易脱落，折断后横断面肉眼可见褐色针状体。内皮淡肉红色，干后呈黄褐色，厚2~3mm，材质在针叶材中最硬重，虽含有树脂，但较红松少。

木材识别要点：心、边材区分甚明显。边材黄白色微带褐，为针叶材中颜色最深者之一，通常宽2~3cm；心材黄褐至棕褐色，有时略带黄绿色。晚材带色暗，呈棕褐色，与早材带区分极为明显；早材到晚材过渡急变。木材纹理通直或斜，材质坚硬，结构粗，略重（气干材密度0.70g/cm³）。

（7）蒙古栎 Quercus mongolica

壳斗科 Fagaceae 栎属 Quercus

别名：蒙古柞、柞树、柞栎、蒙栎。

产地：东北、华北、山东。

原木特征：外皮灰褐色至暗灰黑色。树皮较厚，纵向深沟裂（沟底为黑色），裂块肥厚，呈宽条状，表面平整不翘离；皮质稍有韧性，老龄树大径裂脊上横旬裂纹加深，与纵裂构成龟裂状。内皮淡褐色；横切面上可见明显的宽韧皮射线。

木材识别要点：心、边材区分明显。边材淡黄白带褐色，宽约2cm；心材褐色至暗褐色，有时略带黄色。木材纹理直或斜，结构粗，材质略重、硬（气干材密度0.76g/cm³），有光泽。年轮略呈波浪状。早材管孔大，排成1~3列，有少量的侵填体；晚材管孔小至甚小，辐射状排列。轴向薄壁组织环管状及离管带状。木射线在三个切面上十分明显，木射线有宽、窄两种，径切面具射线斑块。

（8）榆木 Ulmus pumila

榆科 Ulmaceae 榆属 Ulmus

别名：山榆、裂叶榆、青榆。

产地：小兴安岭、长白山。

原木特征：树皮灰褐色，呈不规则的纵裂，内皮含有丰富的黏液，剥离时成整线脱落，不易断，并有比较强烈的酸臭气味。心材与边材区分明显，心材浅灰褐色，边材白黄色（麦黄色），在楞场存放一个时期后，端面心部呈现焦黄色（黄心）。

木材识别要点：环孔材，年轮明显，多为波浪状。早材导管1~3列。晚材管孔甚小，成管孔团状，沿年轮方向呈断续的波浪状排列。木射线细，木射线在横断面隐约可见。材质较硬重，易生环裂或弧裂（沿年轮方向开裂）。端部轮廓呈椭圆或不正圆形，横断面有夹皮现象，一般直径较大，多在30cm左右。心、边材区别明显，边材黄色，心材浅黄褐色，比春榆浅。木材纹理直或斜行，结构粗，质量及硬度中等（气干材密度0.55/cm³）。年轮宽窄不均匀。

（9）黄波罗 Phellodendron amurense

芸香科 Rutaceae 黄柏属 Phellodendron

别名：黄檗、黄柏。

产地：大兴安岭、小兴安岭、长白山及华北。

原木特征：外皮灰白色至灰褐色，老树多变暗褐色，木栓层发达，有弹性，质厚，具深沟裂。内皮鲜黄色，故有黄檗之称，味苦，纤维质，可入药。树干断面近波浪形。

木材识别要点：心、边材区分明显。边材淡黄色，甚窄，一般为 2~5mm。心材灰褐色带黄至绿褐色。木材纹理直，结构粗，质略轻软（气干材密度 0.45g/cm^3），具苦味，有光泽。年轮宽窄较均匀。早材管孔大，数目中等，2~3 列，管孔中有棕褐色的树胶状沉积物；晚材管孔小至甚小，单独至团状，在年轮中部管孔呈散点状分布，至近轮缘处多团聚，呈断续的弦向波浪排列。轴向薄壁组织环管状。木射线细，数少，色浅。

（10）水曲柳　*Fraxinus mandschurica*

木犀科　Oleaceae　白蜡属　*Fraxinus*

别名：水曲吕木、渠柳、秦皮。

产地：东北、华北。

原木特征：外皮灰白色透黄，至黄白色，味苦，干后呈浅驼色；石细胞呈方格网状，韧皮纤维不发达，质较硬。树皮厚度中等，质略硬，不易剥离。材表平滑。髓心小。

木材识别要点：心、边材区别明显。边材黄白色，宽 1.5~2cm；心材灰褐色。木材纹理直或斜，结构粗，光泽强，有特殊的酸味；质量及硬度中等（气干材密度 0.69g/cm^3）。年轮分界明显，宽窄均匀。年轮明显。显心材，边材狭，黄白色，心材浅褐色。早材管孔中至大，为北方环孔材中最粗大的一种，肉眼下明显，数目少；排列 1~3 列，部分含有侵填体。晚材单管孔或复管孔，星散分布。轴向薄壁组织为傍管型环管状。木射线细，径面光泽强。

（11）胡桃楸　*Juglans mandshurica*

胡桃科　Juglandaceae　胡桃属　*Juglans*

别名：山核桃、楸子、胡桃楸。

产地：东北。

原木特征：树皮厚，外皮暗灰黑色，交叉纵裂，裂沟梭形，脊面呈交错；分歧的条状，裂块不易剥落，剥皮后树干上有大鼓棱，成大张剥落（不护皮）。内层水湿后呈紫黑色。导层次明显。内皮栗褐色。髓心空，大；（1cm 左右），色黑，年轮明显。树干略有弯曲，端部轮廓为多边棱形。髓心大而明显，为 2~5mm 的空洞，洞内有薄片隔膜。

木材识别要点：心、边材区白带褐色；心材淡褐色至灰褐色，稍带绿。木材纹理直，结构中等，重量及硬度中等（气干材密度 0.53g/cm^3），无特殊气味，纵切面略具光泽。年轮轮界具棱角，呈蜘蛛网状。管孔直径中等，多为单独，数目少，星散分布；管孔内含有晶亮的侵填体。轴向薄壁组织轮界状及切线状。木射线细，径切面上呈暗褐色斑点状。

（12）山杨　*Populus davidiana*

杨柳科　Salicaceae　杨属　*Populus*

别名：响杨。

产地：东北、华北、西北、华中、西南。

原木特征：外皮薄而光滑，呈灰绿色，有浅沟裂黑色表面常覆盖一层白灰，具菱形皮孔，多数横排成行，皮质较硬，不易脱落。老树基部色暗而粗糙，皮坚硬而不易剥离。

木材识别要点：木材灰白色略带红褐，有绢丝光泽；纹理直，结构细至甚细，材质略轻软（气干材密度 0.49g/cm^3）。年轮稍有起伏，轮界晚材带色深。管孔小而多，单独或大多呈 2 至数个径向复管孔。木射线细。木材有呈黄白色至黄褐色的髓斑。

（13）白桦　　*Betula platyphylla*
桦木科　Betulaecae　桦木属　*Betula*
别名：粉桦、兴安白桦。
产地：东北、西北、西南、华北、中南。
原木特征：外皮平滑，粉白色并带有白粉，老树常转变为灰白色，光滑无裂，最外的皮层膜状，可以单层或多层剥离。外皮层剥离后，内皮较厚，内皮层呈肉红色。外皮具明显棕色横生长纺锤形线形皮孔。内皮较厚，3~8mm。横切面上肉眼可见色较深的石细胞群，甚为明显，小块状密集，弦向排列。内皮暴露于空气中久变为栗棕色，质坚硬，原木端部轮廓周正；开裂时沿木射线方向多为"S"型。
木材识别要点：木材黄白略带褐色。具光泽，材质质量及硬度中等（气干材密度0.57g/cm³），结构细，常见有髓斑。散孔材，管孔肉眼不可见，年轮不显明。木射线细，不易见，数目中等。放大镜下管孔多为2~3个径向相连的复管孔，单管孔星散分布。木射线甚细，径切面上通常呈斑点状。

（14）枫桦　　*Betula costata*
桦木科　Betulaceae　桦木属　*Betula*
别名：硕桦、千层桦、黄桦。
产地：东北。
原木特征：外皮黄白色，带有银光，多层反卷剥落，裂片纸质，老皮暗黄褐色，成碎片状破裂，极不规整，内皮层肉红色，常呈单层翘起反卷爆裂。皮孔横生，长纺锤形或线形。内皮淡黄褐色，厚2~5mm，质脆硬。横切面可见明显的小块状石细胞群，呈弦向不规则的排列。
木材识别要点：散孔材，木材颜色较白桦深，稍硬重，同白桦相近，但木材质量较白桦稍重和硬（气干材密度0.65g/cm³），有时常带红褐色的水心材。

（15）色木　　*Acer mono*
槭树科　Aceraceae　槭树属　*Acer*
别名：色木槭、色树、五角槭、水色槭。
产地：东北、华北及长江流域各省份。
原木特征：外皮灰褐色至褐色，浅纵裂（有长条浅裂沟）；裂沟近于平行或呈交叉状，裂脊常有横裂纹，表面呈碎片翘离，易成块状剥落，表皮磨掉后，内皮浅黄褐色，质脆易折断。材表具棱条，并有卵圆形的瘤状凸起。
木材识别要点：木材肉红色，常有灰紫色夹有绿斑的假心材。径切面上有明显的浅红褐色木射线，纹理直，结构细，有光泽。髓斑显著，具大理石状变色及条纹。木质较重且硬（气干材密度0.71g/cm³）。年轮略明显，较狭而均匀，轮界具棱角，略呈蜘蛛网状。管孔甚小，肉眼不见。木射线细，色浅；径切面上射线斑纹显明。

（16）紫锻　　*Tilia amurensis*
椴树科　Tiliaceae　椴树属　*Tilia*
别名：籽椴、椴树、小叶椴。
产地：东北、小兴安岭、长白山、山西、河北、山东、河南。
原木特征：树皮浅灰褐至土黄棕色，老时纵向开裂，裂沟浅、平行，裂纹距离较宽，表面单层翘离，内皮有横向小裂纹，内外皮紧密连接，石细胞不明显，当把皮剥掉后，顺树干有不平的鼓棱，花纹火焰状或兰花状，韧皮纤维发达，柔韧，质略软；材表棱条，具波痕，树干断面多边形。髓实心，小，近圆形。

木材识别要点：心、边材区别不明显。木材浅黄褐色微红或浅红褐色，纹理直，结构甚细，均匀，有光泽。生长轮略明显，宽狭略均匀，轮间有浅色细线。管孔数多，甚小至小，大小略一致，分布均匀，散生，径列或斜列。木射线细，径切面上浅色的木射线斑纹显明可见，材面花纹清晰，有射线斑纹，弦面上有波痕。稍有腻子气味。

2. 南方主要商品材的识别

（1）马尾松 *Pinus massoniana*

松科 Pinaceae 松属 *Pinus*

别名：松树、丛树、松柏、青松、山松。

产地：湖北、安徽、四川、福建、广东、广西。

原木特征：外皮红褐色至灰褐色，幼树不规则浅裂，老树树皮甚厚，不规则深纵裂，易薄块状剥落。内皮棕褐色，石细胞层状排列，韧皮纤维不发达。树皮硬脆。

木材识别要点：心、边材区别明显。边材黄白色至浅黄褐色，宽，最易感染蓝变色；心材黄褐色至浅红褐色。木材有光泽，松脂气味浓，纹理直或斜；结构粗，不均匀，材质质量及硬度中等（气干材密度 $0.499 \sim 0.648 g/cm^3$）。生长轮明显，宽度不均匀，早材至晚材急变。树脂道大而多，肉眼下可见，在横切面上常呈白点状或小孔，多分布于晚材带。木射线细，放大镜下明显，径切面上射线斑纹线状。

（2）杉木 *Cunninghamia lanceolata*

杉科 Taxodiaceae 杉木属 *Cunninghamia*

别名：江木、杉木刺、泡杉、秃杉。

产地：秦岭、长江流域以南温暖地区。

原木特征：外皮灰褐色至红褐色，深纵裂，条状脱落。内、外皮不易区分，韧皮纤维发达，组织疏松，质较脆，层状分离，易折断，树皮断面具白色树脂，杉木香气浓。材表平滑，具枝刺。

木材识别要点：心、边材区别明显或不甚明显。边材浅黄褐色或黄白色，通常宽 2~3cm；心材黄褐色或灰红褐色。木材有光泽；有杉木香气，无特殊滋味；纹理直且均匀，结构中；质轻而软（气干材密度 $0.39g/cm^3$）。生长轮明显，宽窄不均匀，轮间有不连续生长轮出现。早材带甚宽，早材至晚材渐变。木射线细，径切面射线斑纹可见。

（3）南方红豆杉 *Taxus chinensis* var. *mairei*

红豆杉科 Taxaceae 红豆杉属 *Taxus*

别名：美丽红豆杉、杉公子、血柏、海罗松。

产地：西南、湖北、甘肃、陕西、湖南、广西、安徽。

原木特征：外皮灰红褐色，内皮红褐色。外皮不规则微裂至浅裂，薄条片状脱落。内外皮不易区分，韧皮纤维发达，组织细密，易层状分离。材表平滑。树干断面圆形至椭圆形。髓实心，小，近圆形。

木材识别要点：心、边材区别甚明显木材纹理直或斜，结构细，均匀；有光泽。生长轮明显，呈波浪形；晚材带狭至甚狭，色深，早材至晚材渐变。木射线细，径面上有射线斑纹。

（4）水杉 *Metasequoia glyptostroboides*

杉科 Taxodiaceae 水杉属 *Metasequoia*

别名：水松。

产地：四川东部、湖北西南部及湖南西北部。

原木特征：外皮暗灰褐色，浅纵裂，条状脱落。内、外皮颜色不易区分，石细胞层状排列，韧皮纤维发达，柔韧，不易层状分离。树皮厚度中，质松软。材表平滑。树干断面近圆形，基部常肥大。髓实心，小，圆形。

木材识别要点：心、边材区分明显。边材黄白色或浅黄褐色，宽；心材红褐色或浅黄色带紫。木材纹理直而不匀，结构粗至甚粗；略有香气，有光泽。生长轮明显，轮间晚材带色深，略宽；早材至晚材略急变至急变。木射线细，径面上有射线斑纹。不具正常树脂道，但轴向创伤树脂道有时出现，常在早材部分。

（5）铁杉 *Tsuga chinensis*

松科 Pinaceae 铁杉属 *Tsuga*

别名：假花板、刺柏、仙柏、铁林刺、铁杆松、铁杆杉。

产地：四川、贵州、湖北、江西、甘肃、陕西、河南。

原木特征：外皮深灰褐色，内皮棕色。外皮不规则纵裂，块片状脱落；与内皮间隔处有一紫红色的环层圈，石细胞颗粒状排列，韧皮纤维不发达。材表平滑。树干断面近圆形。髓实心，小，圆形。

木材识别要点：心、边材区别不明显。木材浅褐或黄褐色带红，晚材带紫红色。纹理直而略均匀，结构中，有光泽。生长轮明显，宽窄不均匀，晚材带狭至较宽，色深，早材至晚材急变。木射线细，放大镜下可见，径面上有射线斑纹。无正常树脂道，间或有轴向创伤树脂道。管胞内含有草酸钙，常呈白色小点，此为肉眼识别上的显著特征。

（6）柏木 *Cupressus funebris*

柏科 Cupressaceae 柏木属 *Cupressus*

别名：垂丝柏、柏香树、扫帚柏、密密柏、柏树。

产地：四川、贵州、湖北、江西、河南、湖南、安徽、广东、广西、福建、浙江。

原木特征：外皮红褐色，外皮浅纵裂；内皮黄褐色，狭条状脱落。石细胞小粒状，放大镜下可见，韧皮纤维发达，质脆、易折断，层状分离。树皮薄，质软，易剥离。树皮断面有白色树脂，柏木气味淡。树干断面近圆形。材表平滑。髓实心，小，圆形。

木材识别要点：心、边材区别明显。边材黄褐色带红，略宽；心材浅橘黄微带红色。常有假生长轮或不连续生长轮。木材纹理直或斜，结构细，柏木气味显著；味苦，有光泽，生长轮明显，宽窄不均匀，晚材带狭，色深；早材至晚材渐变，木射线数少甚细，放大镜下可见。轴向薄壁组织数多，散生或弦向排列，肉眼下略可见，常具髓斑。

（7）檫木 *Sassafras tzumu*

樟科 Lauraceae 檫木属 *Sassafras*

别名：檫树、梓木、黄楸树。

产地：长江以南各省份。

原木特征：外皮灰红褐色，网状深纵裂。内皮棕褐色，韧皮纤维不发达。材表面细条纹。髓心大，6~10mm。树皮与木质部间具黑色环圈。

木材识别要点：心、边材区别明显，边材黄褐色至浅褐色，3~4轮；心材黄褐色至金黄褐色。木材光泽强；有香气，具辛辣滋味；纹理直，结构中至粗；质略轻软（气干材密度约为0.532g/cm^3）。生长轮宽窄不均匀。早材管孔数多，中至甚大，肉眼下甚明显，密集，带宽2~5列管孔；心材具丰富的侵填体；晚材管孔略少，甚小至略小，散生，单独及复管孔（2~3个），斜列或短弦列。轴向薄壁组织围管状。木射线少至中，细，径面上有射线斑纹。

（8）刺槐　*Robinia pseudoacacia*

蝶形花科　Papilionaceae　刺槐属　*Robinia*

别名：洋槐。

产地：全国均有栽培。

原木特征：外皮深灰褐色，薄；网状深纵裂；条状脱落；内皮黄白色，石细胞环状排列，放大镜下可见，韧皮纤维发达，薄片状分离。树皮中至厚，质硬，易剥离。材表具枝刺。

木材识别要点：心、边材区别明显。边材黄白色或浅黄褐色，宽 1～2cm；心材暗黄褐或金黄褐色。木材纹理直或斜，结构粗，不均匀；光泽强。生长轮明显，每厘米 1～3 轮。早材管孔 2～3 列；心材管孔内全部充满侵填体，晚材管孔小，肉眼下可见，斜列，常与薄壁组织侧向相连成折断的同心带或波浪形。轴向薄壁组织肉眼下可见，环管状、翼状及聚翼状。木射线细，肉眼下可见。

（9）榉木　*Zelkova schneideriana*

榆科　Ulmaceae　榉属　*Zelkova Spach*

别名：榉树、血榉、面皮树、红株树、红榉、大叶榉。

产地：黄河流域以南、华中、华南及西南各省区。

原木特征：外皮灰棕色，幼树平滑，老树为不规则浅裂，块状脱落（近似鳞状），具斑痕。内皮棕黄色，石细胞色深，韧皮纤维发达，易层片状分离。材表细纱纹。

木材识别要点：心、边材区别明显或略明显。边材黄褐色，靠心材部分微带红，宽 2～4cm；心材浅栗褐色带黄。木材有光泽；纹理直，结构中，不均匀；质重而硬，强度高（气干材密度 0.792g/cm^3）。生长轮宽窄略均匀，早材管孔中至略大，连续排列明显的早材带，宽 1～2（稀 3）列，密集；晚材管孔略多，甚小至略小，簇集，排列呈连续或不连续弦向带状或波浪形，早材管孔内含有侵填体。轴向薄壁组织多，环管状。木射线少至中，细至中，径面上射线斑纹明显。

（10）漆树　*Rhus verniciflua*

漆树科　Anacardiaceae　漆树属　*Rhus*

别名：大木漆、小木漆、山漆。

产地：陕西、福建、湖南。

原木特征：外皮灰黑褐色，皮孔菱形，浅纵裂；内皮灰褐色，石细胞层状排列，韧皮纤维略发达，性脆。内皮与木质部交界处具黑色环圈。树皮厚度中，质硬，不易剥离。材表为细条纹。髓心大，常遭虫蛀形成中空。

木材识别要点：心、边材区别明显。边材浅黄白色，久则变灰褐色，甚狭；心材深黄色，木材纹理斜或交错，结构中，略均匀；有光泽，有苦味。生长轮明显，宽狭略均匀。早材管孔中等，带宽 1～3 列；晚材管孔小，常为散生状，在晚材带略呈短弦线；具侵填体。轴向薄壁组织围管状、翼状及聚翼状，偶见轮界状。木射线细，径面上有射线斑纹。髓斑常见。

（11）毛泡桐　*Paulownia tomentosa*

玄参科　Scrophulariaceae　泡桐属　*Paulownia*

别名：泡桐、水桐树、紫花泡桐、青京泡桐。

产地：河北、江西、河南、山东、安徽、浙江、江苏、辽宁等。

原木特征：外皮幼树青灰褐色，近平滑，皮孔圆形至椭圆形或菱形；老树灰褐色，块状脱落；外皮木栓层发达，网状深纵裂。内皮黄褐色，石细胞粒状及片状，色浅，混合排列，韧皮纤维不发达。树皮质软，易剥离。材表断面近圆形。髓心显著，髓心大（直径可达10mm以上）而中空。

木材识别要点：心、边材区别不明显。木材灰白或灰褐色微红。木材纹理直，结构粗，不均匀；有光泽。生长轮明显，宽窄不均匀，每厘米常为1～3轮。早材管孔数少，大，带宽3列以上；侵填体丰富；晚材管孔数少，小，簇集，短弦列及短斜列，单独及稀径列复管孔（2～3个）。轴向薄壁组织数多，多呈翼状或聚翼状。木射线数少至中，细至中，肉眼下可见。

（12）柚木　*Tectona grandis*

马鞭草科　Verbenaceae　柚木属　*Tectona*

别名：麻栗、胭脂树、紫柚木。

原木特征：外皮浅灰色至灰色，浅纵裂。内皮黄褐色，石细胞层状排列，韧皮纤维发达，柔韧。树皮略薄。材表平滑。髓心四角形，大小中等。

木材识别要点：心、边材区别甚明显。边材黄褐色微红，心材交叉细纵裂，裂块较碎；内皮浅黄褐色至暗褐色。木材纹理直，结构粗，不均匀；有光泽；微具皮革气味。生长轮明显，环孔材至半环孔材，宽窄不均匀，略呈波浪形。早材管孔1～2列，连续排列成早材带，具侵填体和白色沉积物。晚材管孔单管孔及短径列复管孔，散生或斜列。轴向薄壁组织环管状、轮界状。木射线细至中，径面上射线斑纹明显。

（13）白青冈　*Cyclobalanopsis glauca*

壳斗科　Fagaceae　青冈属　*Cyclobalanopsis*

别名：青冈、青冈栎、铁槠、铁椆、石棒。

产地：云南、安徽等。

原木特征：外皮青灰褐色，粗糙不开裂，具瘤状凸起，皮孔纵向成串排列，似裂隙内状；内皮黄褐色，石细胞混合状排列，韧皮纤维不发达。材表槽棱小纺锤形，排列整齐，槽底尖具分隔。树干断面微波浪形。树皮较厚，不易剥离。

木材识别要点：心、边材区别不明显。近树干中心部分常略深。木材纹理直，结构细；光泽弱。生长轮略明显，轮间有时呈深色纤维带，遇宽射线微向内凹。管孔，单管孔分布不均匀，径列，心材管孔内含少量侵填体。轴向薄壁组织量多，离管带状及傍管状。木射线分宽、细两类，细木射线在材身上呈斑点状；宽木射线在材身上成沟状，弦切面上呈纺锤形及长条状；径面上射线斑纹明显。中等大小木材微红浅褐色。宽射线在径面上呈灰色，弦面上呈长纺锤形。

（14）黄杞　*Engelhardtia roxburghiana*

核桃科　Juglandaceae　黄杞属　*Engelhardtia*

别名：山榉、溪榉、黄久、黄皮皂。

产地：海南、福建。

原木特征：外皮灰黄色带微绿，微纵裂，皮孔纵向成串排列。内皮深棕褐色，纤维交错，质柔韧。树皮有碘酒和甘蔗气味。

木材识别要点：木材灰褐色至淡红褐色，纹理斜，结构细；材质质量及硬度中等（气干材密度0.56g/cm^3）。生长轮明显，轮间有深色晚材带，宽度略均匀；早材管孔小，肉眼可见；晚材管孔很小，放大镜下可见，斜径列。轴向薄壁组织围管状、离管带状、切线状。木射线细，径面有射线斑纹。

（15）荷木　*Schima superba*

茶科　Theaceae　荷木属　*Schima*

别名：木荷、荷树、拐木、果槁。

产地：江西、福建、湖南、广东、广西、台湾、浙江、贵州、安徽。

原木特征：外皮薄，灰褐至灰黑色，呈不规则纵裂；内皮石细胞呈片状排列。树皮内及材表常有针状草酸盐的结晶体，对皮肤有强烈刺激作用。

木材识别要点：木材浅黄褐色至浅红褐色，有光泽。纹理直或斜，结构细。质量及硬度中等（气干材密度 $0.623g/cm^3$）。生长轮略明显，轮界有深色晚材带。管孔小，多数单独，分布均匀。木射线甚细，径面有细密棕红色的木射线斑纹。

（16）江南桤木 *Alnus trabeculosa*

桦木科 Betulaeae 赤杨属 *Alnus*

产地：长江以南省份。

原木特征：外皮青灰褐色，薄；具灰白色斑块，近平滑，不开裂；内皮浅黄褐色，石细胞颗粒状及短条状，大小不均匀，混合状蛛网排列，韧皮纤维不发达，性脆。材表沟槽稀疏。树皮薄至中，质硬，不易剥离。树干断面近圆形。髓实心，小，近三角形，色略深。

木材识别要点：心、边材区别不明显。木材黄色，日久后带浅红褐色，纹理直，结构细而疏松，光泽。生长轮明显，波浪形，遇宽射线时弯曲向内弯曲。管孔数多而小，分布均匀，单独或呈2至数个径列复管孔。轴向薄壁组织未见。木射线具宽、细两种，径面上有宽射线斑纹，略同材色，常具髓斑。

（17）桢楠 *Phoebe sheareri*

樟科 Lauraceae 楠木属 *Phoebe*

产地：西南省份。

原木特征：外皮有皮孔。内皮黄褐色，断面花纹火焰状，韧皮纤维不发达，性脆。树皮厚度薄至中，与木质部间具黑色环圈。材表有细条纹。树干断面近圆形。髓实心。

木材识别要点：心、边材区别不明显。木材浅黄褐色带绿，纹理直或斜，结构细，有光泽和香气。生长轮略明显，宽窄略均匀，轮界有深色细线。管孔小，大小一致，分布均匀。轴向薄壁组织环管状。木射线细，径面上有射线斑纹。

（18）紫楠 *Phoebe sheareri*

樟科 Lauraceae 楠木属 *Phoebe*

别名：紫金楠、金心楠、金丝楠。

产地：西南部分省份。

原木特征：外皮棕褐色，薄；皮孔近圆形，小，不规则微裂，薄片状脱落，略具斑痕。髓心近三角形。

木材识别要点：木材新切面有香气、易消失。管孔单独，径列或倾向斜列。靠近生长轮末端较少，较小。木射线细至中。

3. 主要进口商品材的识别

（1）松木

松科 Pinaceae 松属 *Pinus*

欧洲赤松 *Pinus sylvestris*

商用名或别名：松木、赤松。

产地：俄罗斯西部边界至东部我国黑龙江、乌苏里江等地。

原木特征：树干基部外皮灰黄褐色，块状开裂；裂片内层呈黄褐色至红棕色。树干中上部的外皮呈薄片状不规则剥落，内层金黄色。内皮浅驼色。树干上部内皮嫩绿色。节子色深有油性。

木材识别要点：心、边材区别略明显至明显。边材浅黄白色，心材浅红褐色。木材纹理直，结构粗，有松脂气味，有光泽。生长轮明显，轮间晚材带色深，狭；早材至晚材略急变至急变。木射线粗细不均匀，放大镜下可见。树脂道略多，多分布在晚材带内，纵切面树脂沟明显。

（2）雪松

松科 Pinaceae 松属 *Pinus*

红松 *Pinus koraiensis*

商用名或别名：雪松、朝鲜松、红松、海松。

产地：俄罗斯西伯利亚及远东地区。

原木特征：外皮灰红褐色，呈不规则云片状或近方形块状龟裂。内皮横切面上黑色油点可见，石细胞粒状。树皮薄至中，质硬，不易剥离。节子色深有油性。

木材识别要点：心、边材区别明显。边材黄白色，心材黄褐微红色。木材纹理直，结构中，有松脂气味，有光泽。生长轮明显，轮间晚材带色略深，狭；早材至晚材渐变。木射线细，在肉眼下可见。树脂道大而多，均匀分布在晚材带和早、晚材交界处，纵切面上树脂沟呈线状，肉眼下明显。

（3）落叶松

松科 Pinaceae 落叶松 *Larix*

兴安落叶松 *Larix gmelini*

商用名或别名：西伯利亚落叶松。

产地：俄罗斯西伯利亚及远东地区。

原木特征：外皮暗灰褐色，不规则多层纵裂，裂片两段略尖，内部鲜紫红色。内皮浅肉红色，干后呈黄褐色。树皮薄至中，质硬脆，不易剥离。横切面油点可见。

木材识别要点：心、边材区别明显。边材黄白带褐色，心材略呈棕黄褐色。木材纹理直而不匀；结构中至粗；有光泽；有松脂气味。生长轮明显，轮间晚材带色深而硬，较狭；早材至晚材急变。手摸板材有筋骨感，断面刺手。木射线细，放大镜下可见。轴向树脂道小而少，多分布于晚材带内，放大镜下明显。

（4）北美黄杉

松科 Pinaceae 黄杉属 *Pseudotsuga*

北美黄杉 *Pesudotsuga menziesii*

商用名或别名：俄勒冈松、道格拉斯云杉、红杉。

产地：北美洲。

原木特征：外皮灰褐至深灰褐色，夹有白色的栓皮层，不规则纵裂，呈块状脱落。内皮黄褐色，皮横切面具浅黄色网状花纹。材表略平滑。树干断面近圆形。在原木的断面边材常见一圈白色树脂圈。

木材识别要点：心、边材区别明显。边材稍带白色至浅黄色，或浅红色，狭（落基山类型）至数厘米宽（太平洋沿岸类型）；心材浅黄或浅红黄色（原生材）至橘红或深红色（次生材）。木材纹理直，结构中，均匀（黄色的北美黄杉）；结构粗，不均匀（红色的北美黄杉）。在新伐材中具有特殊的树脂气味。生长轮明显，常呈波浪状，轮间晚材带色深，狭（黄色的北美黄杉）至非常宽（红色的北美黄杉）；材至晚材急变。木射线细，径面上有射线斑纹。树脂道小而少，轴向树脂道在放大镜下可见，呈深色斑点或小孔，稀疏和星散分布于生长轮外部1/2处。

（5）云杉类

松科 Pinaceae 云杉属 *Picea*

恩氏云杉 *Picea engelmannii*

白云杉 *Picea glauca*

黑云杉 *Picea mariana*

商用名或别名：加拿大东部云杉、美国东部云杉。

产地：北美洲。

木材识别要点：心、边材区别不明显。木材近乎白色至浅黄褐色，纹理通常直而匀，结构中至细，有光泽。生长轮明显，晚材带狭，色略深，肉眼下可见。木射线细，肉眼下不明显或仅可见。轴向树脂道小，放大镜下呈白色斑点，单独或2至数个弦向连接，不规则分布，径向树脂道比轴向小，放大镜下可见。

（6）西部铁杉

松科 Pinaceae 铁杉属 *Tsuga*

西部铁杉 *Tsuga heterophylla*

产地：北美洲。

原木特征：外皮浅褐至深红褐色，不规则浅纵裂至深纵裂（裂沟比花旗松窄），呈不规则块状脱落，在内、外皮交界处有一层玫瑰红色。内皮棕褐色，石细胞颗粒状。原木断面不规则。

木材识别要点：心、边材区别不明显至略明显。边材微白色至浅黄褐色，心材略深。木材纹理直，结构细至中，新伐材具有酸味，有光泽。生长轮明显，呈波浪状，轮间晚材带色深，狭至宽，宽窄不均匀，早材至晚材渐变至略急变。木射线细，径面上有射线斑纹。不具正常树脂道，有创伤树脂道，分散和广泛地分离生长轮，呈弦向排列，沿着纹理呈现为深色条纹。

（7）冷杉

松科 Pinaceae 冷杉属 *Abies*

西伯利亚冷杉 *Abies sibirica*

商用名或别名：冷杉。

产地：欧洲东北部、俄罗斯西伯利亚、高加索山地、远东地区。

原木特征：外皮暗灰色，粗糙不开裂，有时呈不规则纵裂或鳞状开裂；具树脂泡，破裂后有松脂溢出，呈红褐色小穴。内皮肉红至浅褐色，石细胞大而多，肉眼下明显。树皮中至厚，质硬，易剥离。节子无油性。

木材识别要点：心、边材区别不明显。木材浅黄白色略带褐色；纹理直，结构中，略有光泽，有松软发糠的感觉。生长轮明显，晚材带狭，色较深而较密，早材至晚材渐变。木射线甚细，在放大镜下可见。无正常树脂道，偶见创伤树脂道。

（8）北美山杨

杨柳科 Salicaceae 杨属 *Populus*

黑杨 *Populus trichocarpa*

商用名或别名：毛果杨。

产地：北美洲。

原木特征：幼树树皮灰白色，平滑不开裂，皮孔明显，呈菱形；成龄树树皮灰色至棕黄色，具纵向交错深纵裂。内皮黄白色，韧皮纤维发达，成弦状分离。树皮很厚，一般在 3~5cm，最厚可达 10cm 以上。材表成微波状，原木断面常见伪心材。

木材识别要点：心、边区区别不明显。木材灰白色至浅灰褐色，纹理直，结构均匀，湿材有略明显。散孔材，管孔数多而小，多为复管孔，亦有单管孔。轴向薄壁组织为轮界状，呈狭窄而色浅细线，略明显。木射线细，放大镜下可见。

（9）印茄

豆科　Leguminosae　印茄属　*Intsia*

印茄类　*Intsia ntsia* sp.

商用名或别名：梅宝（印度尼西亚、马来西亚）、伊达尔（菲律宾）、克微拉（巴布亚新几内亚）。

产地：印度、马来西亚、印度尼西亚、菲律宾、西太平洋群岛及澳大利亚。

原木特征：外皮灰褐色，甚薄，表面平滑，片状脱落。内皮浅栗褐色，石细胞多分布于近外皮部分，颗粒状至层状排列；韧皮纤维发达。树皮厚度中等，质硬，较易剥离。材表平滑，略有波痕。树干断面近圆形，髓实心，极小。

木材识别要点：心、边区区别明显。边材浅黄白色至灰白色，心材红褐色至浅栗褐色；木材纹理深交错，结构粗，有光泽；径切面有深色带或带状花纹。生长轮略明显，有深色组织带，不甚均匀。散孔材，管孔少，略大，肉眼下明显，大小一致，星散分布，略均匀，有时与轴向薄壁组织一起连成短斜列，内含物丰富，常含硫黄色沉积物，肉眼下明显。轴向薄壁组织量多，呈环管状、翼状、聚翼状、不连续带状或轮界状，后者长短不一，分布不均匀。木射线甚细至极细，仅在放大镜下可见；弦面局部有波痕。

（10）克隆

龙脑香科　Dipterocarpaceae　双翅龙脑香属　*DipteRocarpus*

双翅龙脑香类　*Dipterocarpus* spp.

商用名或别名：克鲁因木（马来西亚、印度尼西亚）、阿匹通（菲律宾、柬埔寨）、古尔箭木（印度、缅甸）、央木（泰国）、恩格木（缅甸）。

产地：广泛分布于南亚、东南亚、（印度、印度尼西亚、菲律宾等国）热带雨林中。特殊的酸臭气味，有光泽。

原木特征：外皮灰褐色，表面略平滑，圆形皮孔明显，具不规则浅凹陷，纸片状剥落。内皮浅棕色，石细胞多密集排列呈径列废弦列，韧皮纤维发达。树皮厚度中，质硬，易剥离。材表为细彭纹。树干断面近圆形，稍有起伏，髓实心，小。

木材识别要点：心、边材在横切面上可区分，但界限不明显。边材色稍浅，灰粉红褐色，宽；心材深红褐色或带紫褐色，久则转深为巧克力色。木材纹理交错，结构中至粗，径面具带状花纹，无光泽。生长轮不明显。散孔材，管孔略大，较少，在肉眼下明显，大小一致，星散均匀分布，多含白色沉积物。轴向薄壁组织量多，环管状及环绕树胶道周围呈翼状、聚翼状，后者常连成长短不等的弦线。木射线略细至中等，放大镜下明显径面上射线斑纹明显。轴向树脂道在肉眼下为长短不等的同心带状。

（11）山樟

龙脑香科　Dipterocarpaceae　龙脑香属　*Dryobalanops*

龙脑香类　*Dryobalanops* sp.

商用名或别名：卡普木、冰片树（印度尼西亚、马来西亚）、卡普尔帕亚木、凯拉丹木（马来西亚）、婆罗洲樟木、文莱柚木、马霍巴柚木、佩吉木、山樟、凯兰索木（马来西亚）。

产地：广布于马来西亚、苏门答腊等地。

原木特征：外皮深灰褐色，幼树时平滑，老树则粗糙，表皮脱落后呈黄褐色。内皮深黄褐色，石细胞径列或弦列，有时呈同心带状，韧皮纤维发达，可层状分离。树皮厚度中等，质硬，易剥离。材表平滑，具纤维状条纹。树干断面近圆形，木材断面常渗出树胶，呈同心圆状。髓实心，小。

木材识别要点：心、边材区别明显。边材浅黄褐色或灰黄褐色，有时部分带粉红或黄色，略宽；心材玫瑰红色、橙色或暗红褐色。木材纹理直，结构细至略细，新切面有类似樟脑气味；有光泽。生长轮不明显。散孔材，管孔略多，中至略大，肉眼下明显，大小略一致，分布略均匀，散生。轴向薄壁组织多，环管状及短弦线状，分布不均匀。木射线细至中，径面上射线斑咬道多而明显，呈同心带状排列。

（12）柚木

马鞭草科　Verbenaceae　柚木属　*Tectona*

柚木　*Tectona grandis*

商用名或别名：柚木、库英（缅甸）、迪克（法国）、迪卡（西班牙）。

产地：柚木是印度、缅甸、泰国和越南等国的天然分布树种。近为斯里兰卡、尼日利亚及我国台湾、海南等地引种和生产之珍贵树种。

原木特征：外皮浅褐色，浅纵裂，薄而易剥落（进口柚木很少见树皮）。材表平滑。髓心略大，在横切面上呈四角形。在不同产区和产地它们的材色、质量和其他性质都有差异。

木材识别要点：心、边材区别明显。边材黄褐色微红，心材浅褐色或褐色略带金黄色。木材纹理直至浅交错；纵切面有黄褐色条纹，略具皮革气味及滋味，有光泽，触之有油性感。生长轮明显，宽窄略不均匀。环孔材至半环孔材，早材管孔略大至甚大，肉眼下明显，连续排列呈明显的早材带，通常 1~2 列管孔；早材至晚材略急变；晚材管孔数少，略小，放大镜下明显，散生或数个呈斜列；有内含物及白色沉积物。轴向薄壁组织多，呈环管状及轮界状，木射线甚细至中，肉眼下可见，径面上射线斑纹明显。

（13）非洲桃花心木

楝科　Meliaceae　非洲楝属　*Khaya*

非洲花心木　*Khaya ivorensia*

产地：非洲科特迪瓦。

原木特征：外皮灰褐色，不规则浅裂，片状剥落；内皮黄褐色，韧皮纤维发达。树皮薄。

木材识别要点：心、边材区别明显或略明显。边材浅暗褐色，狭；心材鲜红褐色，新切面浅红色，久置空气中转为暗红色。木材纹理通直至倾斜或交错，结构中等，均匀；有光泽。生长轮明显至不明显。散孔材，管孔小，肉眼下不可见，单独或径列，常含树胶或白色沉积物。轴向薄壁组织不明显。木射线细，径面上呈细线条或波状花纹。树胶道明显。

（14）山桂花

龙脑香科　Dipterocarpaceae　异翅香属　*Anisoptera*

异翅香类　*Anisoptera nisoptera* sp.

商用名或别名：梅萨瓦（马来西亚、印度尼西亚）、帕罗萨匹斯（菲律宾）、夫棣克（柬埔寨、越南）、盆剑南、广姆（缅甸）、喀洛瓦（巴布亚新几内亚）、克洛巴克（泰国）、山桂花。

产地：主要分布于缅甸、马来西亚、菲律宾和巴布亚新几内亚等地。

原木特征：外皮灰白色至灰褐色，表面略平滑，薄片状剥落；内皮黄褐色，石细胞层状排列；韧皮纤维发达；皮底有浅尖棱。树皮甚厚，质软，易剥离。材表为细纱纹，并有浅沟槽，长短不等。树干断面近圆形，髓实心。

木材识别要点：心、边材区别不明显，久存后变为较明显。边材比心材色浅，较宽，易染蓝变色；心材浅黄色至浅黄褐色，材面有浅粉红褐色条带，为该属特征，木材纹理交错，结构中至细，无光泽。生长轮不明显。散孔材，管孔略少，中至略大，在肉眼下略见，大小一致，主要为散生，分布均匀，多含白色沉积物。轴向薄壁组织在放大镜下可见离管带状，木射线略细至中，径面射线花纹明显。轴向树胶道在肉眼下甚明显，呈白色同心带状，间距不等，数量较多。

（15）门格里斯

豆科 Leguminosae 甘氏豆属 *Koompassia*

原木特征：外皮皮孔多，圆形及椭圆形，星散及密集分布；韧皮纤维不发达，不易剥离。树皮较厚，质硬，易剥离。材表具深沟槽，并具树瘤状的内含韧皮部，镶于木材表面，其质坚硬，可作为识别该类树种的特征。

木材识别要点：心、边材区别甚明显。边材浅黄或灰黄白色或浅黄褐色，较宽；常遇蓝变色；内含韧皮部大而明显，木质化，与木质部连接。木材纹理严重交错，结构粗，有光泽，具蜡质感。生长轮略明显至不明显，不均匀。散孔材，管孔甚少，略大，肉眼下可见，大小近一致，分布略均匀，含树胶。轴向薄壁组织多，呈翼状、聚翼状。木射线细至中，在肉眼下可见，径面上射线斑纹明显；弦面有波痕。

（16）柳桉

龙脑香科 Dipterocarpaceae 婆罗双属 *Shorea*，五齿柳桉属 *Pentacme*，柳安属 *Parashorea*

原木特征：外皮纵向开裂，呈长条状剥落。韧皮纤维发达。树皮较厚。材表较光滑。树干断面近圆形。髓实心，小。

木材识别要点：心、边材区别略明显。木材纹理交错，结构中至粗，有光泽。散孔材，管孔中至略大，大小略一致，散生或斜列。轴向薄壁组织放大镜下可见。木射线细，径面花纹明显。具树胶道。

4. 红木的识别

（1）大果紫檀 *Pterocarpus macrocarpus*（花梨木类）

蝶形花亚科 Faboideae

英文名：Padauk

俗名：缅甸紫檀、花梨木、红木。

树木及分布：大乔木，高可达 33m，直径 1.2m，通常高 10～25m，直径 0.5～1.0m，分布缅甸、泰国、老挝等地。

木材识别要点：木材散孔至半环孔。心材浅红到深砖红，带深色条纹，与边材区别明显。边材灰白，窄。生长轮略明显至明显。管孔肉眼下可见至明显，从内向外逐渐减小，管孔数目少至略少，直径略大。切板面导管沟弯曲较黄檀类大些。管孔内具深色树胶或沉积物。轴向薄壁组织数多。主要为傍管带状（主要位于生长轮外部）及环管状。木射线放大镜下可见；中至略密；甚窄。波痕放大镜下明显。胞间道未见。

木材性质：木材具光泽；无特殊滋味和气味；纹理交错；结构中，略均匀；木材重（气干密度为 $0.80\sim0.86\mathrm{g/cm^3}$），硬；强度高。木材干燥性能良好，干燥速度宜慢。很耐腐，木材干后加工很困难，而且锯末易刺激鼻子和眼睛。加工后板面光亮。

木材用途：用作高级家具、细木工、镶嵌板、地板、其他工艺品。

（2）阔叶黄檀　*Dalbergia latifolia*（黑酸枝木类）

蝶形花亚科　Faboideae

英文名：Rosewood

俗名：黑酸枝木、黑黄檀、红木、玫瑰木。

树木及分布：大乔木，但生长大小因产地而异，生长在印度北部的本德尔汗德（Bundelhand）主干高 3~4m，直径达 1m；而在比哈尔胸径可达 1.5~2m；在南部的库尔哥（Coarg）、科因巴托尔（Coimbatore）、马拉巴尔（Malabar）、特拉凡科尔（Travancore）等地主干高达 13m，直径可达 5m；在爪哇高可达 43m，直径 1.5m。树干通常不直，大部有沟槽，无板根。外皮白色，呈小片脱落。主产印度尼西亚的爪哇等。

木材识别要点：木材散孔。心材材色变异很大，以金黄褐色到深紫色，并带有深色条纹，时间久可能变成黑色。边材浅黄白色，常带有紫色窄条纹，宽 3~4cm。生长轮肉眼下略见或不见。管孔肉眼下略明显，少至略少；中等大小；大小略一致，分布欠均匀；部分管孔内含有树胶及浅色沉积物；弦切板面导管沟弯曲小，此特征也是区别黄檀类与紫檀类木材的方法之一。轴向薄壁组织放大镜下较明显，为断续带状（仅少数呈同心线），翼状及轮界状。木射线放大镜下可见，比管孔小；中至略密；甚窄至窄。波痕在放大镜下可见。胞间道未见。

木材性质：木材具光泽；微具香气；无特殊滋味；纹理交错；结构细而匀；木材重（含水率12%时密度为 0.75~1.04g/cm^3）；干缩较大，干缩率径向 2.9%，弦向 6.4%；强度高。木材干燥性能良好，与其他硬阔叶材相比，几乎不降等；在干燥过程中使材色加深，更增加其利用价值。木材不管在露天还是在水中都很耐腐，不受钻孔动物和白蚁的危害，木材硬，锯解困难，易钝刀具。

木材用途：由于木材强度大又耐腐，材色、花纹也很好，因此能满足多方面用途。主要用作家具、装饰性单板、胶合板、高级车厢、钢琴外壳、镶嵌板、隔墙板、地板等。

（3）条纹乌木　*Diospyros* sp.

柿树科　Ebenaceae

木材识别要点：木材散孔。心材黑色或巧克力色；具深浅相间条纹；与边材区别明显。边材红褐色。生长轮不明显。管孔放大镜下明显；略少；径列；散生；内含树胶。轴向薄壁组织放大镜下不见。木射线放大镜下略见；密；甚窄。波痕及胞间道未见。

木材性质：木材具光泽；无特殊气味和滋味；纹理直或略交错；结构细而匀；木材甚重；干缩甚大，干缩率从生材至炉干径向 6.2%，弦向 7.8%；密度 1.09g/cm^3，强度高。木材干燥慢，易开裂。窑干温度应在 30~50℃，而相对湿度 31%~88%。木材耐腐。木材重、硬。车旋、刨光、雕刻性能良好。

木材用途：高级家具、乐器用材、装饰单板、车工制品、雕刻、装饰艺术等。

（4）乌木　*Diospyros* sp.

柿树科　Ebenaceae

英文名：Ebony

俗名：乌木。

树木及分布：大乔木，高达 15~18m，直径 0.3~0.9m；主产于中非和西非地区，如尼日利亚、喀麦隆、加蓬、赤道几内亚等。

木材识别要点：木材散孔。心材漆黑色或黑褐色；与边材区别明显。边材红褐色。生长轮不明显。管孔放大镜下仅可见；散生；数少；略小；内含深色树胶。轴向薄壁组织放大镜下不见。木射线放大镜下隐约可见；密；甚窄。波痕及胞间道未见。

木材性质：木材具光泽；无特殊气味和滋味；纹理直或交错；结构甚细；木材甚重（含水率12%时密度为0.75~1.14g/cm³）；干缩甚大。木材干燥性能良好，木材很耐腐，抗蚁性好。加工易钝刀具，磨光亦佳。

（5）崖豆木　*Millettia* spp.（鸡翅木类）

蝶形花亚科　Faboideae

商品材名称：庭温 Thinwin、森温 Theng-weng（缅甸）；萨宗 Sathon（泰国）。

俗名：鸡翅木。

树木及分布：中等乔木，主干高7~8m，直径达0.6m；主产缅甸、泰国等。

木材识别要点：木材散孔。心材紫褐色或巧克力色；与边材区分明显，边材浅黄色。生长轮不明显或明显，后者介于较宽纤维带（几乎无导管）。管孔肉眼下明显；数少；大小中等；大小不一，分布欠均匀；散生；部分管孔内含褐色或浅色沉积物。轴向薄壁组织肉眼下明显；多数傍管带状（与机械组织相间排列，常呈同心带），环管状及轮界状。木射线放大镜下可见，密度中；窄至略宽。波痕肉眼下略见。胞间道未见。

木材性质：木材光泽弱；无特殊气味和滋味；纹理直或交错；结构中，略均匀；木材甚重（含水率12%时密度为0.9~1.02g/cm³）；硬度高，强度大。木材干燥性能良好，但有时发生表面细裂纹。木材很耐腐，心材几乎不受任何菌虫危害。木材硬，锯解困难；特别干燥以后易钝刀具。木材径切面上呈现深浅相间的条状花纹，并不特别引人注目，而在弦切面呈现羽状条纹很美丽。

木材用途：由于木材花纹很美丽，用来制作家具、装饰板、胶合板、高级车厢、地板等。

（6）大叶桃花心木　*Swietenia macrophylla*

楝科　Meliaceae

商品材名称：莫哥诺 Mogno、考巴 Caoba、美洲桃花心木 American mahogany。

地方名称：阿拉普坦加 AraFutanga，阿瓜诺 Aguano，莫哥诺 Mogno（巴西）；马拉 Mara（巴西、玻利维亚）；考巴 Caoba（玻利维亚、委内瑞拉、哥伦比亚）；查卡特 Chacalte（危地马拉）；阿瓜诺 Aguano，奥雷拉 Orura（委内瑞拉）；佐皮洛特盖蒂多 Zopilote gateado（墨西哥）；阿卡朱 Acajou（法国）；巴西桃花心木 Brasilica mahogany，桃花心木 Mahogany（英国、美国）。

树木及分布：本属7~8种，包括很有价值的木材。分布拉丁美洲、亚洲等热带地区。拉丁美洲常见树种有大叶桃花心木。大乔木，高24~46m，直径1.2~1.8m；树干圆柱状，具板根。树木生长在稀树草原林及热带雨林中。但大多数喜生肥沃的积沉土壤和沿河的混交阔叶林带，在天然分布区和其他地方都有人工种植。人工林生长迅速，好条件下20年可达小锯材标准。分布于从墨西哥南部向南至哥伦比亚、委内瑞拉、亚马逊上游的秘鲁、玻利维亚、巴西等地。

木材识别要点：木材散孔。心材金褐色或浅金褐色，与边材区别不明显。边材色浅，宽2.5~5.0cm。生长轮略明显或明显。管孔肉眼下可见；散生；数少；略大。轴向薄壁组织放大镜下不见。木射线放大镜下明显；略密；窄。波痕及胞间道未见。

木材性质：木材光泽强；无特殊气味和滋味；纹理直或略斜；结构细，均匀；木材重量中；干缩小；强度中。

（7）古夷苏木　*Guibourtia* spp.

苏木亚科　Caesalpinoideae

英文名：Bubinga

俗名：布宾佳、花梨木、红贵宝、贵宝豆。

树木及分布：大乔木；高可达 20~35m，直径可达 0.8~1.5m；分布于喀麦隆、赤道几内亚、加蓬、刚果、扎伊尔等。

木材识别要点：木材散孔。心材红褐色或红褐紫色，常具深紫色条纹；与边材区别明显。边材奶油色，宽 2~8cm。生长轮明显，界以轮界薄壁组织。单管孔放大镜下明显；散生；甚少至少。轴向薄壁组织放大镜下明显环管状，翼状及轮界状。木射线放大镜下可见；密度稀；窄。

木材性质：木材具光泽；无特殊气味和滋味；纹理直至略交错；结构细而均匀，木材重；干缩大（干缩率生材至气干材径向 5.3% 弦向 7.8%）；气干材密度 0.78~1.14g/cm^3；强度高。

木材用途：材色美丽，主要用于高级家具、装饰单板、贴面薄木、特制箱盒、楼梯扶手等。

（8）香脂木豆 *Myroxylon balsamum*

蝶形亚花科　Faboideae

英文名：Balsamo

俗名：红檀香。

树木及分布：大乔木；通常高可达 20m，直径可达 0.5~0.8m；主干直，无板根。分布于巴西、秘鲁、委内瑞拉、阿根廷等地。树木生长快，产生天然树脂称"balsam"，用作医药和香料。

木材识别要点：木材散孔。心材红褐色或红褐紫色，具浅色条纹；与边材区别明显。边材近白色，生长轮不明显，管孔放大镜下明显；散生；数少；略小。部分导管含树胶或沉淀物。轴向薄壁组织放大镜下可见；为环管状、少数翼状。木射线放大镜下可见；略密；窄。波痕不明显。

木材性质：木材具光泽；滋味微苦；具香味；木材纹理交错；结构细而匀；木材重；干缩中（干缩率生材至气干材径向 4.0%、弦 6.7%）；气干材密度 0.95g/cm^3；强度高。

木材用途：木材宜用于建筑、地板、雕刻、高级家具、装饰单板、胶合板、贴面薄木。

（9）马来甘拔豆　*Koompassia malaccensis*

苏木亚科 Caesalpinoideae

英文名：Kempas

俗名：克姆帕斯（马来西亚、印度尼西亚）、金不换、大甘拔、甘拔豆。

树木及分布：甘拔属有 4 种，分布于马来西亚，印尼至巴布新几内亚及文莱。甘拔为特大乔木，树高 30~55m，胸径可达 2~3m 以上。

木材识别要点：木材散孔。心材为粉红色至砖红色，并具窄的黄褐色条纹，与边材区别明显。边材黄白色。单管孔及径列复管孔；大小中等；散生。轴向薄壁组织肉眼下明显；多为翼状，少数聚翼状和轮界状。木射线放大镜下可见，非叠生。径面斑纹明显。

木材性质：木材具光泽，略具蜡质感；无特殊气味和滋味；纹理常交错；结构略粗至粗；均匀；重硬至甚重硬，强度高至甚高。干缩小，干缩率生材至气干材径向 2%，弦向 3%。气干密度 0.87~0.99g/cm^3，但内含韧皮部处易开裂。

木材用途：经防腐处理，后可用于重型工程结构，如枕木、码头、车辆、集装箱底板等。未防腐的心材也可用为梁柱、搁栅、地板、楼梯、室内装修等。

（10）印茄　*Intsia* spp.

苏木亚科　Caesalpinoideae

英文名：Merbau

俗名：波罗格、梅宝、婆罗洲柚木、马鲁古铁木。

树木及分布：印茄属有 9 种，分布于热带亚洲、大洋洲和非洲东部，东南亚有 5 种，尤以巨港印茄 *I.palembanica* 和四叶印茄 *I.bijuga* 最为常见。前者主产于马来西亚和印度尼西亚；后者则多见于菲律宾、巴布亚新几内亚和斐济。属特大乔木，高 45m，胸径可超 1.5m 左右；主干粗短，长度常在 18m 以下；板根常见。

木材识别要点：生长轮不明显，有时借助深色材带略可分辨。散孔材，管孔略大，肉眼下明显，大小一致，分布略均匀；单独或短径列复管孔，管孔团偶见，心材导管的内含物丰富，常见有黑褐色或硫黄色沉积物。后者为波罗格的重要识别特征。轴向薄壁组织丰富，主为翼状或聚翼状，翼端多呈钝形；离管型为不等距，微波带状或轮界状；带与射线略等宽，射线细至甚细，在放大镜下可见；径面斑纹不明显。

木材性质：材质通常重硬，强度高。气干材 0.96g/cm³（马来西亚资料则变幅甚大，0.51～1.04g/cm³）。结构略粗而均匀。纹理通常交错，有时波状。具光泽，略有油质或蜡质手感。干燥慢而干缩甚少（干缩率生材至气干材径向 0.9%～3.1%，弦向 1.6%～4.1%），干燥过程无降等现象。加工稍难，但不易钝刀具。

木材用途：波罗格材色花纹悦目，材性稳定耐久，主要用于高级家具、镶嵌饰板、贴面薄木、特制箱盒、拼花地板、乐器用材。

（11）李叶苏木 *Hymenaea* sp.

苏木亚科 Caesalpinoideae

英文名：Courbaril Algarrobo

俗名：李叶豆、红檀。

树木及分布：大乔木；高可达 30～50m，直径可达 0.6～1.2m，分布于圭亚那、墨西哥南部、中美洲、西印度群岛到巴西北部、玻利维亚、秘鲁等地。

木材识别要点：木材散孔。心材红褐色，常具深浅相间条纹；与边材界限明显。边材灰白色，宽。生长轮明显，界以轮界薄壁组织浅色线。管孔肉眼可见，放大镜下明显；散生；数甚少；略大；具沉积物。轴向薄壁组织放大镜下明显；环管状、翼状及轮界状。木射线放大镜下可见；略密；略宽。

木材性质：木材光泽强；无特殊气味和滋味；纹理常交错；结构略粗，略均匀，木材重；干缩大（干缩率生材至气干材径向 4.5%、弦向 8.5%），气干材密度 0.83～0.98g/cm³，强度高。

木材用途：主要用于建筑、室内装修、车辆、造船、家具、工具柄等。

（12）厚皮山榄 *Planchonella pachycarpa*

山榄科 Sapotaceae

英文名：Goiabao

俗名：黄檀、黄龙木。

树木及分布：大乔木；树高 25m 以上，直径可达 0.6m 以上；分布于巴西、亚马逊流域。

木材识别要点：木材散孔。心材黄色或稻草色；与边材区别不明显。边材略浅。生长轮略明显。管孔放大镜下可见。轴向薄壁组织放大镜下可见；切线状。木射线放大镜下略见；密；甚窄。

木材性质：木材光泽明显；无特殊气味和滋味；纹理直，部分有交错纹理；结构细、甚细，均匀；木材重；干缩大（干缩率生材至气干材径向 6.9%、弦向 1.30%），气干材密度 0.91g/cm³，强度高。

木材用途：重型建筑、地板、室内装修、车辆、家具、工具柄等。

（13）铁线子　*Manilkara* spp.

山榄科　Sapotaceae

英文名：Bulletwood

俗名：红檀木、古美柚、秘鲁樱檀、牛肉木。

树木及分布：大乔木；树高 30m 以上，直径可达 0.6~1.2m；分布于西印度群岛、美洲中南部、圭亚那、苏里南、委内瑞拉等地。

木材识别要点：木材散孔。心材红棕色，或浅栗色；与边材区别略明显。边材色略浅。生长轮不明显。管孔肉眼下未见，放大镜下可见，径列复管孔；散生；数略少；略小。轴向薄壁组织放大镜下可见；切线状。木射线放大镜下可见；略密；甚窄。

木材性质：木材无光泽；无特殊气味和滋味；纹理直，偶交错；结构细、均匀；木材重；干缩大（干缩率生材至气干材径向 7.1%、弦向 9.4%），气干材密度 1.0~1.1g/cm^3，强度高。

木材用途：桥梁、提琴弓、重型建筑、地板、楼梯、车辆、工具柄等。

（14）木荚豆　*Xylia* sp.

含羞草亚科　Mimosoideae

英文名：Pyinkado

俗名：品卡多、金车木、金车花梨、泰国红花梨、铁花梨。

树木及分布：落叶大乔木；高可达 30~40m，直径可达 0.8~1.2m；分布于缅甸、柬埔寨、泰国、老挝、印度、加纳、科特迪瓦、马达加斯加等地。

木材识别要点：木材散孔。心材红褐色，常具较深的带状条纹；与边材区分明显。边材红白色。生长轮不明显，界以轮界状薄壁组织线或不明显。管孔肉眼可见；略少；大小中等；散生或斜列；部分管孔内含深色树胶或白色沉积物，放久后木材管孔内深色胶状物常溢出表面产生油腻感，有时会影响漆膜附着力。轴向薄壁组织肉眼下可见；轮界状及环管状。木射线放大镜下可见；略密；甚窄。

木材性质：木材具光泽；无特殊气味和滋味；纹理不规则交错；结构细，均匀；木材甚重；质很硬；体积干缩率 11~12%；气干材密度 1.13~1.18g/cm^3，强度高。

木材用途：主要用于建筑、桥梁、地板、室内装修、车辆、造船、家具等。

（15）非洲楝　*Entandrophragma* spp.

楝科 Meliaceae

英文名：Sapele

俗名：非洲桃花心木、萨佩利、沙比利。

树木及分布：大乔木；树高 45m，树干通直，直径 1m；分布于科特迪瓦、加纳、尼日利亚、喀麦隆、乌干达、坦桑尼亚等地。

木材识别要点：木材散孔。心材新切面粉红色，时间长后变成桃花心木的红褐色；与边材区分明显。边材浅黄色。生长轮不明显。管孔肉眼可见；散生，数略少；大小中等。轴向薄壁组织放大镜下可见；环管状或带状。木射线放大镜下明显；略密；甚窄至窄。

木材性质：木材具光泽；新切面有雪松气味，无特殊滋味；纹理交错，弦切面有咖啡色 U 形纹，径切面有咖啡色细条纹，径切面木射线红褐色；结构细至中，均匀；木材重量中等（气干材密度 0.67g/cm^3）；干缩大（干缩率生材至气干材径向 4.6%、弦向 7.4%），强度高。

木材用途：作高级装饰材料、单板、高级家具、乐器，地板等。

(16) 欧洲水青冈 *Fagus* sylvatica

壳斗科 Fagaceae

英文名: beech

俗名: 欧洲山毛榉、榉木、红榉、白榉。

树木及分布: 乔木; 高达到 30m, 胸径 80~130cm, 树干通直, 皮浅灰或灰色, 薄而平滑; 主要分布欧洲的英国、法国、德国、意大利、丹麦、罗马尼亚、波兰等地。

木材识别要点: 木材浅褐或红褐色, 心边材区分不明显, 木材有光泽; 无特殊气味和滋味。生长轮明显, 轮界间具深色带(管孔少或无管孔), 遇宽木射线微向内凹, 宽度略均匀。管孔甚多; 甚小, 在放大镜下明显或略明显; 半环孔材; 散生。轴向薄壁组织在放大镜下不见或略见; 呈细短弦线或斑点状。具宽、窄两类木射线。横切面及弦切面上射线明显。

木材性质: 气干密度 $0.67g/cm^3$, 干缩差异大, 干燥时容易发生开裂、劈裂及翘曲等缺陷, 耐腐性弱至中。

木材用途: 宜作钢琴上的弦轴板、打弦器、键子底盘, 又可做弦乐的琴桥; 仪器箱盒、高级家具、贴面单板及胶合板、地板、墙板及走廊扶手、运动器械(如冰球拍、网球拍)等。

八、思考与练习

1. 什么叫作木材树种的识别?
2. 简述木材树种识别的方法。
3. 简述针、阔叶材宏观构造特征识别要点。
4. 简述针、阔叶材微观构造特征识别要点。
5. 红木包括哪几类木材?
6. 利用木材检索表查出核桃楸、刺槐、椴木、水青冈、落叶松、柏木、杉木和银杏的主要识别特征。

项目三
原木标准及检验

知识目标
1. 理解原木检验的基本内容和操作步骤，了解现行国家各项原木检验标准。
2. 掌握原木缺陷的类型，理解原木缺陷产生原因、检验方法和计算规则。
3. 掌握各种原木缺陷的本质特征和识别方法，了解现行原木缺陷标准。
4. 掌握锯切用原木检尺长、检尺径的检量方法及原木材质的评定方法。
5. 了解特级原木、次加工原木和其他用原木的相关标准和检量检验方法。

技能目标
1. 能根据《原木缺陷》国家标准识别原木缺陷类型并能计算各类缺陷的允许限度。
2. 能根据《原木检验》国家标准对各类原木进行长度、直径和材质的检量与检验。
3. 能根据各类原木国家标准明确树种、尺寸、材质标准和技术要求，并对照尺寸检量结果进行评定，能进行材积计算，并按照标准对已检验原木进行标记。
4. 能明确原木检验的内容和意义，理解各种原木现行国家标准的内涵，并能根据具体实例进行原木树种识别、材种区分、尺寸检量、材质评定与材积计算的实际操作。

 任务 7　原木缺陷认知与检验

一、任务目标
木材缺陷既是木材质量与等级评定的影响因素，也是木材检验的主要内容。通过本任务学习，使学生能够根据《原木缺陷》国家标准理论知识并结合实践，掌握原木缺陷种类及其识别方法，了解原木缺陷的检量与计算方法并能简述重要缺陷的产生原因，为学好后续原木检验任务奠定良好的理论与实践基础。

二、任务描述
原木缺陷的认知与检验，对指导原木的材质评定及合理利用具有重要意义。本任务通过给定相关图片资料、标本及学生搜集相关材料，结合《原木缺陷》国家标准，学习原木缺陷的基本理论知识，并能结合原木楞场具体实物确定原木缺陷类型，进行缺陷的检量与计算，并能分析缺陷产生的原因，每人完成原木缺陷认知与检验报告单。

三、工作情景

教师以原木楞场各用途用原木实物为例，学生以小组为单位担任木材检验员。根据相关资料及图片对原木缺陷类型进行识别，并记录缺陷主要特征；依据《原木缺陷》国家标准要求逐步进行缺陷的检量与计算操作，并进行缺陷产生原因分析，进行原木缺陷识别与检验的完整工作过程，完成实验报告后进行小组汇报，教师针对学生的工作过程及成果进行评价与总结，按教师要求，学生进行修订并最终上交检验报告单。

四、知识准备

（一）木材缺陷概述

1. 木材缺陷概念

树木在生长过程中因生理的、病理的原因或者在生产过程中由于人为的原因，使其造成的各种损伤和非正常组织结构，称为木材缺陷，包括原木缺陷和锯材缺陷两种。

在木材检验过程中，我国木材标准对木材缺陷定义有以下几种提法：

（1）GB/T 15787—2006《原木检验术语》将原木缺陷定义　凡呈现在原木上降低质量、影响使用的各种缺点。

（2）GB/T 155—2006《原木缺陷》对可见缺陷定义　从原木材身用肉眼可以看到的影响木材质量和使用价值或降低强度、耐久性的各种缺点。

（3）GB/T 4823—1995《锯材缺陷》对可见缺陷的定义　包括能影响木材质量和使用价值或降低强度或耐久性的各种缺点。

木材缺陷存在于任何树种中，影响着木材的性质、降低木材的利用率。通过了解木材缺陷种类、形成原因及计算和检验方法，可以确定木材缺陷严重程度进而使木材得到合理、充分使用，同时木材缺陷标准所作的规定也是正确鉴别木材质量和评定木材等级的重要依据。

2. 木材缺陷产生原因及分类

木材缺陷形成的原因可归纳为生理、病理及人为三方面，与之相对应的将木材缺陷分为生长缺陷、生物危害缺陷和加工缺陷三类。

① 生长缺陷　树木在生长过程中由于生理原因而形成的缺陷，其与活立木生长活动有密切关系，包括节子、心材变色与腐朽、裂纹、树干形状缺陷、木材构造缺陷和伤疤等。

② 生物危害缺陷　树木在生长过程中，受到真菌、细菌、昆虫和海洋昆虫等生物因子危害，由于病理原因形成的缺陷，包括变色、腐朽和虫害等。

③ 加工缺陷　立木在伐倒、锯解及干燥等加工过程中由于人为原因形成的缺陷。

同时木材缺陷可按其形成的时间分为立木缺陷和伐倒木缺陷；按缺陷形成的原因分为寄生性缺陷和非寄生性缺陷。

(二)原木缺陷定义

原木各类缺陷定义与检量计算方法均参照 GB/T 155—2006《原木缺陷》规定进行。

1. 节子

(1)定义 包含在树干或主枝木质部中的枝条部分。

(2)节子的种类

① 表面节 暴露在原木表面上的节子,按照木材的状况分为健全节和腐朽节。其中:健全节指节子材质完好,无腐朽迹象;腐朽节指节子本身已腐朽,但并未透入树干内部,其周围木材完好,用材时按死节处理(图 3-1)。

② 隐生节 没有暴露在原木表面的节子,可通过过渡生长的迹象来发现表面隆起,或由损伤引起的色斑(图 3-2)。

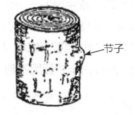

图 3-1 腐朽节　　　　　　　　　　图 3-2 隐生节

③ 活节 节子年轮与周围木材紧密连生,质地坚硬,构造正常,系树木的活枝条所形成的节子,也称健全节(图 3-3)。

④ 死节 节子年轮与周围木材脱离或部分脱离,由树木枯死枝条所形成的节子(图 3-4)。

⑤ 漏节 节子不仅本身已腐朽,而且深入树干内部,引起内部材质腐朽。因此,漏节常成为树干内部腐朽的外部特征(图 3-5)。

图 3-3 活节　　　　　　图 3-4 死节　　　　　　图 3-5 漏节

(3)形成原因及对材质影响 节子形成于树木生长过程中,是正常生理现象,在各类树木中都存在,是木材最普遍的自然缺陷。树木在生长过程中,树干分生树枝后,只要枝条是活的,树干和树枝的形成层就相连并逐年分生,但分生结果不同导致树干不断加粗,枝条被包藏形成树节。随着时间的推移,树枝枯死后,树枝形成层停止生长,但绕过树枝的主干形成层还继续分生,使得树枝和树干间木材连续性破裂,节子与周围木材产生脱离,形成死节;当树干连续添加生长层,使节子深藏在木质部内,在树木表面上形成鼓包或外表上看不出,形成了隐生节。

节子在树干纵向和横断面分布不均匀,其中在树干树梢位置多数为外部节且密集;在树干中部节子的分布较均匀,为隐生节;在树干下部,节子特别少或几乎没有。

节子是评定木材等级的重要因子,木材等级70%~90%的评定取决于节子。其中,漏节影响最大,死节、腐朽节次之,活节较小。节子的存在会破坏木材结构的均匀性和完整性,增加切削阻力、影响锯材及制品的外观质量、降低木材的物理力学性能、影响木材利用率和成品质量。综上所述,在使用木材时要尽量降低节子的缺陷程度来提高木材的等级。

2. 裂纹

(1) 定义　木材纤维沿纹理方向发生分离所形成的裂隙,也称开裂。

(2) 裂纹的种类　按裂纹在原木上的位置分为端裂和纵裂。

① 端裂　在原木一个或两个端面上发生的开裂。可分为径裂和环裂。

a. 径裂　从髓心沿半径方向的开裂。常产生在立木中,伐倒后在干燥过程将继续扩展。径裂又分为单径裂和复径裂(星裂)。

单径裂指在原木端面内出现的沿同一直径或半径的一条或两条裂隙(图3-6)。

复径裂指在原木端面出现的若干条裂隙从髓心向各方辐射呈星状的开裂(图3-7)。

b. 环裂　沿年轮方向的端裂,裂纹为圆弧状或圆周状,其特点是沿圆木纵向有明显的裂隙。开裂占年轮圆周的一半或一半以上者为环裂,开裂占年轮圆周不到一半者为轮裂(图3-8)。

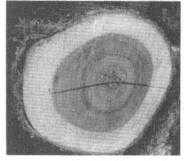
图3-6　单径裂

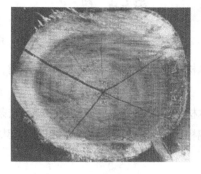
图3-7　复径裂

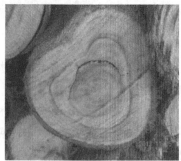
图3-8　轮裂

② 纵裂　在原木的材身或材身与端面同时出现的裂纹。纵裂按形成方式分为冻裂(震击裂)和干裂。按穿透原木的深度分为浅裂、深裂、贯通裂和炸裂。

按形成方式分:

a. 冻裂(震击裂)　由于低温或雷击引起的径向纵裂,其特点是沿原木纵向有明显裂隙,冻裂的木质部和树皮常出现梳状翻卷(图3-9)。

b. 干裂　原木在干燥过程中,端面和材身由于干燥不均匀出现在原木表面的径向开裂。干裂分为浅裂和深裂(图3-10)。

按穿透深度分:

a. 浅裂　原木端面直径小于或等于70cm,纵裂深度小于相应原木端面直径1/10的裂纹;原木直径大于70cm,纵裂深度小于或等于7cm的裂纹。

b. 深裂　原木直径小于或等于70cm,纵裂深度大于相应原木端面直径1/10的裂纹;原木直径大于70cm,纵裂深度大于7cm的裂纹。

图 3-9 冻裂和震击裂　　　　　　图 3-10 干 裂

c. 贯通裂　贯通在端面上的开裂（图 3-11）。

d. 炸裂　因应力作用原木端面径向开裂成 3 块或 3 块以上，其中有 3 条裂口的宽度均等于或大于 10mm（图 3-12）。

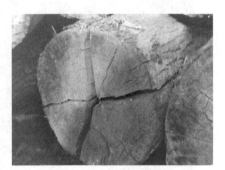

图 3-11 贯通裂　　　　　　图 3-12 炸 裂

（3）形成原因及对材质影响　树木在立木状态或伐倒时受到撞击、震动或重力等作用而发生震（劈）裂；木材在干燥过程中，所有木材都能产生裂纹，大多是由木材表面向内开裂，并先沿木射线产生；在寒冷气候下生长树种常出现冻裂；因生长应力的作用，树木或伐倒木在采伐、造材、干燥等作业中会产生炸裂。

裂纹中的贯通裂，不仅破坏木材的完整性，影响木材的利用和装饰价值，而且降低木材物理力学性能和木材的利用率，又由于木腐菌易从裂缝侵入，导致木材变色和腐朽，减少木材使用寿命。同时，劈裂和炸裂对原木的破坏性最大，降低出材率。所以，在不影响原木等级的同时缩小裂纹的影响，形成较小的裂纹。

3. 干形缺陷

（1）定义　树木在生长过程中受到环境条件的影响，使树干形成不规则的形状。

（2）干形缺陷的种类

① 弯曲　由于树干变形使原木纵轴偏离两端面中心连接的直线所产生的缺陷。按形状分为单向弯曲和多向弯曲。

a. 单向弯曲　在一个平面内产生的弯曲（图 3-13）。

b. 多向弯曲　在一个或多个平面内产生两个或多个弯曲（图 3-14）。

图3-13 单向弯曲

图3-14 多向弯曲

② 树包 树干局部明显凸起，木纤维卷曲增厚（图3-15）。

③ 根部肥大 树干基部直径方向上明显增大。按照树干基部的形状分为大兜和凹兜。

a. 大兜 原木根部横断面呈规则圆形或椭圆形肥大（图3-16）。

b. 凹兜 原木根部横断面呈不规则星形肥大。

④ 椭圆体 原木横断面的长径与短径有明显不同（图3-17）。

⑤ 尖削 因原木两端直径相差悬殊，其粗度从大头至小头逐渐减小的程度明显（图3-18）。

图3-15 树 包

图3-16 大 兜

图3-17 椭圆体

图3-18 尖 削

（3）形成原因及对材质影响 弯曲现象所有树种均会出现，形成原因较多，其产生与树木自身及生长环境有关，会影响木材的强度及出材率，在生产中采用见弯取直、变大弯为小弯的方法降低弯曲对木材影响。树包通常是隐生节或小树瘤引起的树干局部凸起现象，影响木材的加工性能；根部肥大是由于树木保持直立稳定性的生理需求所形成的现象，多是正常的树木生长习性，不仅影响木材质量，也降低木材的出材率，一般不进行检量，但其是根雕、高级工艺品及刨切微薄木的重要材料；椭圆体原木常出现在双心材、双丫材或椭圆形树干中，对木材材性和利用影响不大；尖削是孤立木或林木稀疏地带生长的树木产生的现象，是树木保持直立稳定性的生理需求，会降低木材强度，影响质量并增大废材量。干形缺陷可通过营林措施进行预防和控制。

4. 木材结构缺陷

（1）定义　由于不正常的木材构造所形成的各类缺陷。

（2）木材结构缺陷的种类

① 扭转纹　原木材身木纤维排列与树干纵轴方向不一致，形成的呈螺旋状纹理，其形成多与树木自身及生长环境有关。扭转纹的存在降低了木材的力学强度，所得锯材易翘曲、变形（图3-19）。

② 应力木　在倾斜或弯曲的树干、树枝部分因拉伸或压缩所形成的一种非正常结构和性质特征的木材。针叶材的应力木称为应压木，阔叶材的应力木称为应拉木。应力木不多见，材表暗淡无光泽，在木材干燥过程中易翘曲和开裂。

　a. 应压木　针叶材在倾斜或弯曲树干、枝条的下方受压部位所形成的一种应力木，在其断面上，受压部位的年轮明显加宽（图3-20）。

图3-19　扭转纹

　b. 应拉木　阔叶材在倾斜或弯曲树干、枝条的上方受拉部位所形成的一种应力木。在其断面上，受拉部位的年轮明显加宽（图3-21）。

图3-20　应压木　　　　　图3-21　应拉木

③ 双心或多心木　原木的一端有两个或多个髓心并伴随独立的年轮系统，而外部被一个共同的年轮系统所包围，其特点是横截面多呈椭圆形（图3-22）。其由于不合理造材形成，多出现在双桠材分桠处，增加了木材的不均匀性和加工的困难程度，一般不作检量。

④ 偏心材　树木的髓心明显偏离树干的中轴。

⑤ 偏枯　树木在生产过程中，树干局部受创伤或烧伤后，因表层木质枯死裸露而形成。通常沿树干纵向伸展，并径向凹进去。偏枯常伴有树脂漏、变色或腐朽（图3-23）。

图 3-22 双 心

图 3-23 偏 枯

⑥ 夹皮 树木受伤后继续生长,将受伤部分的树皮和纤维全部或部分包入树干而形成的,伴有径向或条状的凹陷。其破坏了木材完整性,锯解易形成裂隙。可分为内夹皮和外夹皮。

a. 内夹皮 夹皮部分已被生长木质所包含,仅在原木端面可见的夹皮(图 3-24)。

b. 外夹皮 在原木材身或在原木材身和端面同时可见的夹皮(图 3-25)。

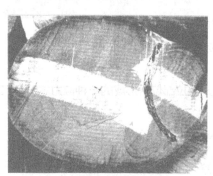

图 3-24 内夹皮

图 3-25 外夹皮

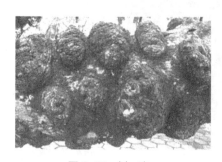

图 3-26 树瘤

⑦ 树瘤 因真菌或细菌的作用,在活树表面产生的局部凸起,多呈球状。瘤内主要为夹皮、涡纹,很少有腐朽,多出现在阔叶树,主要是树木在生长过程中其木材组织因局部受伤或生理影响刺激细胞分裂增生而形成。其会使木材密度和硬度增大,局部强度降低(图 3-26)。

⑧ 伪心材 因某种外部因素的影响,心材颜色变深且不均匀,形状多样,不规则,主要有圆形、星形、铲状等。常见于心材结构不规则的阔叶树。其是由于各种真菌侵入木材,破坏其构造导致变色,会损害木材的外观,渗透性下降,降低顺纹抗拉强度,并增加脆性,但与边材相比,具较高的耐腐性。

⑨ 内含边材 心材中几个相邻的年轮具有与边材外观和性质接近的木材,其力学强度基本不改变,但渗透性较高,耐腐性下降。

5. 真菌造成的缺陷

(1)定义 在变色菌和腐朽菌的作用下,使木材产生不正常的变色或腐朽的现象。

(2)变色的种类

① 化学变色 伐倒木在生物和化学作用下产生浅棕红色、褐色等不正常的颜色,一般都比较均匀

存在于木材表层，对木材物理化学性质影响小，只影响木材外观。

② 真菌性变色　由于真菌侵入引起的变色，分为霉菌变色、变色菌变色和腐朽菌变色。其中，腐朽菌变色会降低木材韧性和耐腐性，将向腐朽方面发展。

按所在部位可分为心材变色和边材变色。

A. 心材变色及条斑　活立木在变色真菌和腐朽真菌的作用下心材区产生不正常的变色及条纹，但硬度并不降低。

B. 边材变色　在木材变色真菌的影响下，原木或锯材的边材部分出现的变色，边材变色可分为青变和边材色斑（图3-27）。

a. 青变　边材因青变菌的作用所引起的变色，边材呈蓝灰色至黑色，有时呈蓝色或浅绿色，对针叶树和某些阔叶树其木材性质和密度没有明显变化。

图3-27　边材变色

b. 边材色斑　原木边材出现的橘、黄、粉红、浅紫和褐色等颜色。

c. 窒息木　阔叶伐倒木的边材出现灰棕色的变色，色泽或深或浅，有时由于真菌的存在而使木材的性质有所变差。

（3）腐朽的种类

① 腐朽　木材由于木腐菌侵入分解，使细胞壁受到破坏，木材色泽异常，结构及物理、力学、化学性质等发生变化，最后使木材变得松软易碎。严重腐朽影响木材物理和力学性质，木材重量减轻，吸水性增大，强度和硬度降低，在腐朽后期，木材强度基本丧失，失去了木材的使用价值，应严格加以限制。

按腐朽位置分为边材腐朽和心材腐朽。

a. 边材腐朽　边材部分的腐朽，其特点是边材呈不正常的黄棕色或粉棕色，多发生在过熟林被采伐的针叶树，而对阔叶树边材变色则像大理石的花纹。边材腐朽可能深入到心材（图3-28）。

b. 心材腐朽　腐朽产生在活立木的心材部分（包括弧状、环状等形态腐朽），多数心材腐朽在树木伐倒后，不会继续发展（图3-29）。

图3-28　边材腐朽　　　　图3-29　心材腐朽

② 空洞　由于木腐菌的作用，木材内部组织完全被破坏而出现空心。

6. 伤害

（1）定义　木材受到各种昆虫、鸟兽的蛀蚀，或者人为的烧伤、机械损伤而造成的损害。

（2）伤害的种类

① 昆虫伤害（虫眼）　昆虫蛀蚀木材而留下的沟槽和孔洞。按照侵入木材的深度分为表层、浅层和深层伤害。

a. 表层虫眼　昆虫蛀蚀的虫眼在木材上的径向深度小于3mm。
b. 浅层虫眼　昆虫蛀蚀的虫眼在木材上的径向深度小于15mm。
c. 深层虫眼　昆虫蛀蚀的虫眼在木材上的径向深度大于或等于15mm。按深层虫眼直径的大小又分为小虫眼和大虫眼。小虫眼：深层虫眼的直径小于3mm（图3-30）。大虫眼：深层虫眼的直径大于或等于3mm（图3-31）。

图3-30　小虫眼

图3-31　大虫眼

大多木材虫眼的形成原因是幼虫蛀蚀木材，在木材中形成各种虫孔。表面虫眼可通过刨削去除，对加工利用影响较小；而深、大的虫眼及稠密的小虫眼，既破坏木材的完整性和外观，又会降低木材的物理力学性能，影响加工性能和使用。

② 寄生植物引起的伤害　原木表层由于寄生植物的作用形成的凹陷或凸起（寄生、附生植物等）。

③ 鸟眼　原木因鸟类啄食所形成的孔洞。

④ 夹杂异物　木材的内部侵入非木质的外界物体（石头、电线、钉子、金属碎片等）形成局部隆起或呈现皱褶或孔洞等损伤。

⑤ 烧伤　原木表层被火烧焦所造成的损伤。

⑥ 机械损伤　在调查、采伐、运输、归楞、造材等再加工过程中，原木因各种工具或机械造成的损伤。其破坏了木材的完整性，降低了木材强度和质量，包括：

a. 树皮剥伤　通常由于意外的机械损伤使原木表层的树皮被剥落。

b. 树号　由于调查砍号而引起的树干伤害，伤口出现变色并伴有树脂溢出。

图3-32　抽心

c. 刀伤　因刀斧等砍在树木表面所造成原木的局部损伤。

d. 锯伤　因使用锯或绞盘机等工具造成的原木表面局部损伤。

e. 撕裂　因外力作用引起的从一端沿树干出现材身穿透的裂隙。

f. 剪断　由于切割工具的作用，造成在接近端面部分木材与材身断离。

g. 抽心　树木伐倒时，根干未锯透的部分产生抽拔或撕裂所造成的损伤（图3-32）。

h. 锯口偏斜　圆木截断面与轴心线不垂直而形成的偏斜（图3-33）。

I. 风折木　树木在生长过程中，受强风气候因素的影响，使其部分纤维折断后，又继续生长而愈合所形成。因其外观类似竹节，故又称为竹节木（图3-34）。

图 3-33 锯口偏斜

图 3-34 风折木

(三) 原木缺陷的检验和计算方法

1. 节子的检验

① 表面节(健全、腐朽节)检验　应检测节子的最小直径,节子愈合组织不包括在节子尺寸中(图 3-35)。

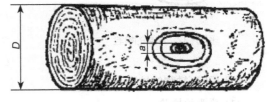

图 3-35 表面节的检验

按公式(3-1)进行计算:

$$k = \frac{a}{D} \times 100\% \quad (3-1)$$

式中: k——节径比率,%;
　　　a——节子直径,量至毫米,cm;
　　　D——检尺径,cm。

② 隐生节　不检测,但它的存在应注明。

③ 针叶树活节　应检测颜色较深、质地较硬部分的直径。

④ 阔叶树活节　断面上的腐朽或空洞,按死节计算。将腐朽或空洞部分调整成圆形,量其直径作为死节最小直径。

⑤ 漏节　不论其直径大小,均应查定在全材长范围内的个数,在检尺长范围内的漏节,还应计算其节子直径。

(2) 裂纹的检验

① 端裂(径裂和环裂)的检验　单径裂的宽可用裂纹度 a_1 或它与原木直径的比表示,如图 3-36(a)。复径裂应检测最大裂纹的宽度 a_2、长度及数目,如图 3-36(b)。

环裂应检测断面最大一处的环裂(指开裂自半环以上的)半径 r 或弧裂(指开裂不足一半的)拱高 a_3 再与检尺径相比,所检量的尺寸以厘米计算,如图 3-36(c)。

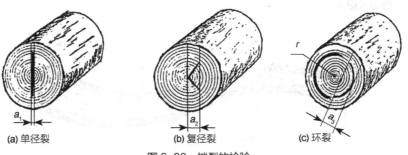

(a) 单径裂　　(b) 复径裂　　(c) 环裂

图 3-36 端裂的检验

② 纵裂(冻裂、震击裂、干裂、浅裂、深裂、贯通裂、炸裂)的检验　应检测端面裂纹深度和沿材身方

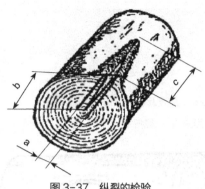

图 3-37 纵裂的检验

向的长度,用深度与检尺径的比值来表示,也可用长度(材身方向)与检尺长的比值来表示。只允许使用所检测的一种参数(图 3-37)。

按公式(3-2)计算:

$$e=\frac{b}{D}\times 100\% \quad 或 \quad e=\frac{c}{L}\times 100\% \quad (3\text{-}2)$$

式中:e——裂纹的比值;
　　　b——裂纹深度(量至毫米),cm;
　　　D——检尺径,cm;
　　　c——裂纹的长度(量至毫米),cm;
　　　L——检尺长,cm。

(3)干形缺陷的检验

① 弯曲的检验

a. 单向弯曲的检验　检测最大弯曲处在全长度偏离直线的拱高,用拱高与内曲水平长的百分比或拱高与检尺径的比来表示(图 3-38)。

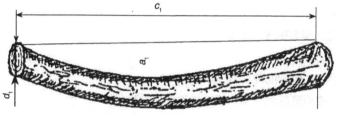

图 3-38 单向弯曲的检验

按公式(3-3)计算:

$$z_1=\frac{a_1}{c_1}\times 100\% \quad 或 \quad z_1=\frac{a_1}{d_1}\times 100\% \quad (3\text{-}3)$$

式中:z_1——弯曲度,%;
　　　a_1——拱高,cm;
　　　c_1——内曲水平长,cm;
　　　d_1——检尺径,cm。

b. 多向弯曲的检验　检测检尺长度内最大弯曲处的拱高,用拱高与内曲水平长的百分比或与检尺径比值来表示(图 3-39)。

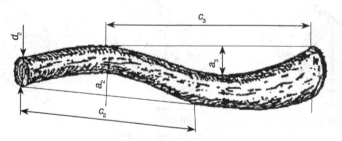

图 3-39 多向弯曲的检验

按公式（3-4）计算：

$$z_2 = \frac{a_3}{c_3} \times 100\% \quad 或 \quad z_2 = \frac{a_3}{d_2} \times 100\% \tag{3-4}$$

式中：z_2——弯曲度，%；
$\quad\quad a_3$——拱高，cm；
$\quad\quad c_3$——内曲水平长，cm；
$\quad\quad d_2$——检尺径，cm。

检测大兜材单向弯曲和多向弯曲时，根部下端1m内的肥大部分让去。

② 树包检验　检测树包的长度和高度，用检测的高度、长度表示或用树包的长度和高度与原木的长度和检尺径的比值表示（图3-40）。

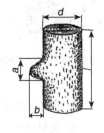

图3-40　树包的检验

按公式（3-5）计算：

$$z_1 = \frac{a}{l} \times 100\% \quad 或 \quad z_2 = \frac{b}{d} \times 100\% \tag{3-5}$$

式中：z_1——树包占长度的比值；
$\quad\quad z_2$——树包占直径的比值；
$\quad\quad a$——树包的长度，cm；
$\quad\quad l$——原木长度，cm；
$\quad\quad b$——树包的高度，cm；
$\quad\quad d$——检尺径，cm。

③ 根部肥大（板根）检验

a. 大兜的检验　应检测计算粗端的平均直径 a_1 和距粗端1m处断面的平均直径 b_1。用 a_1 与 b_1 的差值 z_1 或 a_1 与 b_1 比值的百分率 z_2 表示（图3-41）。

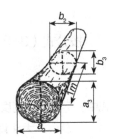

图3-41　大兜的检验

按公式（3-6）计算：

$$z_1 = a_1 - b_1 \quad 或 \quad z_2 = \frac{a_1}{b_1} \times 100\% \tag{3-6}$$

式中：z_1——粗端的平均直径 a_1 与距粗端1m处断面的平均直径 b_1 的差值，cm；
$\quad\quad z_2$——粗端的平均直径 a_1 与距粗端1m处断面的平均直径 b_1 的比值的百分率，%；
$\quad\quad a_1$——粗端的平均直径，cm：

$$a_1 = \frac{a_2 + a_3}{2}$$

$\quad\quad b_1$——距粗端1m处断面的平均直径，cm：

$$b_1 = \frac{b_2 + b_3}{2}$$

$\quad\quad a_2$——粗端铅垂直径，cm；
$\quad\quad a_3$——粗端水平直径，cm；
$\quad\quad b_2$——距粗端1m处断面铅垂直径，cm；
$\quad\quad b_3$——距粗端1m处断面水平直径，cm。

b. 凹兜的检验　应检测大头端面外切圆直径 a_2，内切圆直径 c 与距大头端面1m处的外切圆直径 b_2。

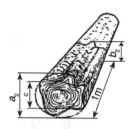

图3-42 凹兜的检验

用大头内、外切圆直径的差值 z_4 或两外切圆直径的差值 z_3 表示（图3-42）。

按公式（3-7）计算：

$$z_3 = a_2 - b_2 \quad 或 \quad z_4 = a_2 - c \tag{3-7}$$

式中：z_3——两外切圆直径的差值，cm；

z_4——大头内、外切圆直径的差值，cm；

a_2——大头端面外切圆直径，cm；

b_2——距大头端面1m处的外切圆直径，cm；

c——大头端内切圆直径，cm。

④ 椭圆体检验　应检测原木相应端面的长径与短径。用长径与短径的差值或长径与短径的比值来表示。

⑤ 尖削检验　应检测大头直径和检尺径，以其差值占检尺长的百分比表示（图3-43）。

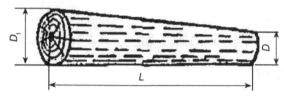

图3-43 尖削度的检验

按公式（3-8）计算：

$$T = \frac{D_1 - D}{L} \times 100\% \tag{3-8}$$

式中：T——尖削度，%；

D_1——大头直径，cm；

D——检尺径，cm；

L——检尺长，cm。

（4）木材结构缺陷的检验

① 扭转纹的检验　在小头或任意1m范围内或扣除大头1m以外的任意材长1m范围内检量扭转纹起点至终点的倾斜高度（在小头断面表现为弦长）或弧长与检尺径或圆周长相比，以百分率表示（图3-44）。

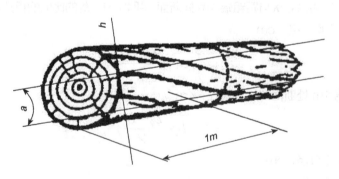

图3-44 扭转纹的检验

按公式（3-9）计算：

$$z_1 = \frac{h}{D} \times 100\% \qquad z_2 = \frac{a}{\pi D} \times 100\% \qquad (3\text{-}9)$$

式中：z_1、z_2——扭转程度，%；
　　　h——扭转纹的倾斜高度，cm；
　　　a——扭转纹的倾斜弧长，cm；
　　　D——检尺径，cm；
　　　πD——圆周长，cm。

② 应力木的检验　一般不加限制。特种用材或高级用材可检量缺陷部位的宽度、长度或面积，与所在断面的相应尺寸或面积相比，以百分率计；或检量断面几何中心与髓心间的直线距离，与断面长径或平均径或检尺径相比，以百分率计（图3-45）。

图3-45　应力木的检验

按公式（3-10）计算：

$$R = \frac{L}{D} \times 100\% \qquad (3\text{-}10)$$

式中：R——应力木的偏心程度或偏心率，%；
　　　L——原木断面几何中心与髓心间的直线距离，cm；
　　　D——检尺径，cm。

③ 双心或多心木的检验　不检测，但它的存在应予以注明。

④ 偏心材的检验　应检测髓心距原木端面几何中心的最大偏距，用最大偏距或最大偏距与相应端面直径的百分比表示。

⑤ 偏枯的检验　检测其径向深度，与检尺径相比，以百分率计；或检测偏枯的宽度和长度，与相应尺寸相比，以百分率计（图3-46）。

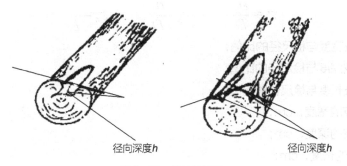

图3-46　偏枯的检验

按公式（3-11）计算：

$$s = \frac{h}{D} \times 100\% \qquad (3\text{-}11)$$

式中：s——偏枯深度比率，%；
　　　h——偏枯径向深度，cm；
　　　D——检尺径，cm。

⑥ 夹皮的检验

a. 内夹皮的检验　应检测内夹皮的最大厚度 a_1，用最大厚度或最大厚度与检尺径 D 的比值表示（图3-47）。

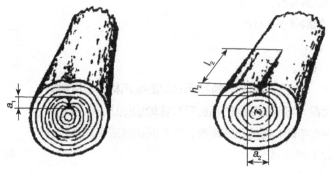

图3-47　夹皮的检验

按公式（3-12）计算：

$$z_1 = a_1 \quad 或 \quad z_1 = \frac{a_1}{D} \qquad (3-12)$$

式中：z_1——内夹皮最大厚度或最大厚度与检尺径的比值；

　　　a_1——内夹皮最大厚度，cm；

　　　D——检尺径，cm。

b. 外夹皮的检验　应检测外夹皮的长度、宽度和深度。用宽度、深度与检尺径的比或用长度与检尺长的比来表示（图3-47）。

按公式（3-13）计算：

$$z_2 = \frac{a_2} {D} \qquad z_3 = \frac{h_2}{D} \qquad z_4 = \frac{l_2}{L} \qquad (3-13)$$

式中：z_2——外夹皮宽度与检尺径的比值；

　　　z_3——外夹皮深度与检尺径的比值；

　　　z_4——外夹皮长度与检尺长的比值；

　　　a_2——外夹皮的宽度，cm；

　　　h_2——外夹皮的深度，cm；

　　　l_2——外夹皮的长度，cm；

　　　D——检尺径，cm；

　　　L——检尺长，cm。

⑦ 树瘤的检验　外表完好的，一般不加限制，但如有空洞或腐朽或引起树干内部腐朽时，则按死节或漏节计算。

⑧ 伪心材的检验　应检测伪心材部分的外切圆直径 a，用该直径或该直径与所在端面直径 d 的百分比表示（图3-48）。

⑨ 内含边材的检验　检测内含边材年轮（生长轮）环带部分的宽度，用该宽度或该宽度与检尺径的百分比表示（图3-49）。

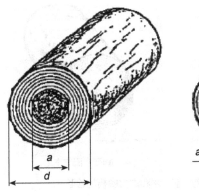 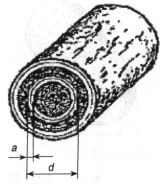

图 3-48　伪心材的检验　　　图 3-49　内含边材的检验

（5）真菌引起的缺陷检验

① 心材变色和条斑、心材腐朽、空洞的检验　应检测缺陷所影响的面积，用该面积与端面面积的百分比来表示。也可检测将缺陷包围在内的外切圆的直径，用该外切圆的直径与端面直径的百分比表示。在同一断面内有多块各种形状（弧状、环状、空心等）的分散腐朽，均合并相加，调整成圆形量其腐朽直径与检尺径相比（图3-50）。

按公式（3-14）计算：

$$HR_1 = \frac{a}{A} \times 100\% \quad 或 \quad HR_2 = \frac{d}{D} \times 100\% \tag{3-14}$$

式中：HR_1，HR_2——心材变色、心材腐朽和空洞等缺陷率，%；
　　　a——心材变色、心材腐朽和空洞面积，cm^2；
　　　A——检尺径断面面积，cm^2；
　　　d——心材变色、心材腐朽和空洞直径，cm；
　　　D——检尺径，cm。

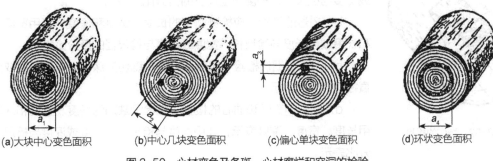

(a)大块中心变色面积　(b)中心几块变色面积　(c)偏心单块变色面积　(d)环状变色面积

图 3-50　心材变色及条斑、心材腐烂和空洞的检验

② 边材变色、窒息木和边材腐朽的检验　应检测缺陷的面积或距材身的距离（a_1，a_2）。用距离或缺陷面积占所在断面面积的百分比表示，对剥皮原木还应检测缺陷所影响的长度（图3-51）。

按公式（3-15）计算：

$$S_R = \frac{d}{D} \times 100\% \tag{3-15}$$

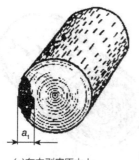
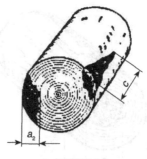

(a) 在未剥皮原木上　　　　　　(b) 在剥皮原木上

图 3-51　边材变色、窒息木和边材腐朽的检验

式中：S_R——边腐程度，%；
　　　d——边腐最大厚度，mm；
　　　D——检尺径，mm。

（6）伤害的缺陷检验

① 由昆虫导致的伤害的检验

a. 表面虫眼　不必检验，但它的存在应予以注明。

b. 浅层虫眼和深层虫眼的检验　应检测虫眼的大小和深度，记录检尺范围内虫眼最多部位 1m 范围内的个数和全材长的虫眼个数。遇大块虫眼时按影响的长度计算。

② 由寄生植物和鸟类造成的损伤　不检测，但它的存在及所影响的面积应予以注明。

③ 异物侵入伤害　不必检验，但它的存在应予以注明。

④ 烧伤的检验　烧伤应检测所影响区域的长度、宽度和深度，用宽度、深度和长度或面积表示，也可采取深度或宽度与检尺径、长度与检尺长、端面烧伤面积与端面面积的百分比来表示（图 3-52）。

⑤ 机械损伤的检验

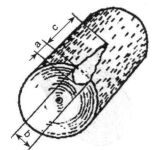

图 3-52　烧伤的检验

a. 树皮刮伤的检验　应检测刮伤所影响区域的宽度和长度，用长度或宽度与检尺径或长度与检尺长的百分比来表示。

b. 树号的检验　应检测树号的长度、宽度和深度，可用宽度、深度和长度或用长度与检尺长、宽度或深度与检尺径的百分比表示。

c. 刀伤和锯伤检验　应检测刀伤和锯伤的深度，可用深度或深度与直径的百分比表示。

d. 撕裂、剪断和抽心的检验　应检测缺陷的长度、宽度和深度，可用长度、宽度、深度表示，或用长度与检尺长、宽度或深度与检尺径的百分比表示。

e. 锯口偏斜的检验　锯口偏斜应检测大小两端断面之间相距最短处和最长处，取直检量，其差用厘米表示。

f. 风折木的检验　按是否允许存在或查定个数，按允许个数计算。

五、任务实施

原木缺陷识别与检验步骤如下：

1. 了解原木的种类与用途

原木缺陷的检验对象为各用途原木，了解原木的种类及用途对原木检验的材种区分具有重要意义。根据《木材工业实用大全·制材卷》，原木按用途可分为直接用原木和加工用原木。加工用原木又分为特级原木、普通加工用原木、次加工原木等，用于制材生产的原木称为锯切用原木，见表3-1。

表3-1　原木的种类与用途

种　类	用　途
直接用原木（不经过木材加工，直接投入使用的原木）	用于矿井作支柱、支架的坑木；民建房屋的檩条、桁架；铁路货车装载木材用车立柱；通信架线用木电杆
锯切用原木（经过锯切、铣削等设备加工成板、方材产品所用的原木）	分为针叶树锯切原木和阔叶树锯切原木两类，这种原木是制材生产中的主要原料，用于加工各种用途的木材
特级原木（用于高级建筑、装修、文物装饰及各种特殊用途的优质原木）	高级建筑、装修、文物装饰及各种特殊需要用材
次加工原木（材质低于针、阔叶材加工用原木最低等级，但还具有一定利用价值的原木）	南方及其他一些地区可供造纸、人造纤维，木制成品、半成品及其他用途；东北、内蒙古林区可供作锯材原料和其他用料
小径原木（直径小于加工用原木和次加工原木的原木）	造纸（含人造纤维）、农业、轻工业、手工业、木制品及其他用材
造纸用原木（作制造各种纸浆及其他木质纤维所使用的原木）	制造各类纸浆及木质纤维用料
刨切单板用原木（用于装饰材料贴面的刨切单板原料，不适用于制作人造木质板的原料）	制作装饰材料贴面的刨切单板
旋切单板用原木（用于制作胶合板的旋切单板用原木）	制作胶合板的旋切单板

2. 掌握原木缺陷的类型

我国2006年发布的国家标准GB/T 155—2006《原木缺陷》，将原木缺陷分为节子、裂纹、干形缺陷、木材结构缺陷、由真菌造成的缺陷和伤害六大类，各大类又分成若干分类和细类，见表3-2。原木缺陷标准所作的规定是正确鉴别原木质量和评定等级的重要依据。

表3-2　原木缺陷的分类

类　别	种　类	细　目	
1　节子	1.1　表面节 1.2　隐生节 1.3　活节 1.4　死节 1.5　漏节	1.1.1　健全节 1.1.2　腐朽节	
2　裂纹	2.1　端裂 2.2　纵裂	2.1.1　径裂 2.1.2　环裂 2.2.1　冻裂和震击裂 2.2.2　干裂 2.2.3　浅裂	2.1.1.1　单径裂 2.1.1.2　复径裂（星裂）

（续）

类别	种类	细目	
		2.2.4 深裂	
		2.2.5 贯通裂	
		2.2.6 炸裂	
3 干形缺陷	3.1 弯曲	3.1.1 单向弯曲	
		3.1.2 多向弯曲	
	3.2 树包		
	3.3 根部肥大	3.3.1 大兜	
		3.3.2 凹兜	
	3.4 椭圆体		
	3.5 尖削		
4 木材结构缺陷	4.1 扭转纹		
	4.2 应力木	4.2.1 应压木	
		4.2.2 应拉木	
	4.3 双心或多心木		
	4.4 偏心材		
	4.5 偏枯		
	4.6 夹皮	4.6.1 内夹皮	
		4.6.2 外夹皮	
	4.7 树瘤		
	4.8 伪心材（只限阔叶）		
	4.9 内含边材		
5 由真菌造成的缺陷	5.1 心材变色及条斑		
	5.2 边材变色	5.2.1 青变	
		5.2.2 边材色斑	
	5.3 窒息木（只限阔叶）		
	5.4 腐朽	5.4.1 边材腐朽	
		5.4.2 心材腐朽	
	5.5 空洞		
6 伤害	6.1 昆虫伤害（虫眼）	6.1.1 表层虫眼	
		6.1.2 浅层虫眼	
		6.1.3 深层虫眼	6.1.3.1 小虫眼
			6.1.3.2 大虫眼
	6.2 寄生植物引起的伤害		
	6.3 鸟眼		
	6.4 夹杂异物		
	6.5 烧伤		
	6.6 机械损伤	6.6.1 树皮剥伤	
		6.6.2 树号	
		6.6.3 刀伤	
		6.6.4 锯伤	
		6.6.5 撕裂	
		6.6.6 剪断	
		6.6.7 抽心	
		6.6.8 锯口偏斜	
		6.6.9 风折木	

3. 明确各用途原木材质评定需计算的缺陷类型

常见需要计算的缺陷包括：活节、死节、漏节、裂纹、弯曲、扭转纹、双心、夹皮、偏枯、偏心、边材腐朽、心材腐朽、虫眼、外伤、抽心和风折等。根据原木用途不同，对原木缺陷等级要求也不同，材质评定时所需计算的缺陷也不同，见表3-3。

表3-3 不同用途原木材质评定所需计算的缺陷

缺陷名称		直接用原木	锯切用原木	特级原木	小径原木	刨切单板用原木	旋切单板用原木
节子	活节		*（针叶材）	*		*	*
	死节		*	*		*	*
	漏节	*	*	*	*	*	*
裂纹		*（炸裂）	*	*		*	*
干形缺陷	弯曲		*	*	*	*	*
木材结构缺陷	扭转纹		*	*		*	
	双心			*		*	*
	夹皮		*	*		*	*
	偏枯	*	*	*		*	*
	偏心			*			
由真菌造成的缺陷	边材腐朽	*	*	*		*	*
	心材腐朽	*	*	*	*	*	*
伤害	虫眼	*	*	*	*	*	*
	外伤	*	*	*		*	*
	抽心			*		*	
	风折	*	*	*			

4. 原木缺陷的识别与计算

根据不同用途原木所需计算的缺陷类型，依据GB/T 155—2006《原木缺陷》国家标准进行缺陷特征识别与检验，并分析产生此缺陷的原因，完成报告单表3-4。

表3-4 原木缺陷认知与检验报告单

试材编号与用途	缺陷名称	识别特征	缺陷计算			产生原因	图片展示
			尺寸	个数	所占%		

六、总结评价

本任务通过将GB/T 155—2006《原木缺陷》国家标准基本理论同相关图片、原木楞场实物相结合的方式，依据操作步骤了解了原木及原木缺陷的分类，明确各用途原木需检验的缺陷类型；通过现场感官实践训练，熟悉了原木各类型缺陷的识别特征、产生原因及对材质的影响，并了解了原木缺陷的检验与计算方法，同时也掌握了区分易混淆缺陷的方法。通过对原木缺陷认知与检验任务的学习，为接下来学习原木的材质评定奠定了理论与实践基础。

"原木缺陷认知与检验"任务考核评价表可参照表3-5。

表3-5　"原木缺陷认知与检验"考核评价表

评价类型	任务	评价项目	组内自评	小组互评	教师点评
过程考核（70%）	原木缺陷认知与检验	缺陷识别与原因分析（30%）			
		缺陷计算（20%）			
		工作态度（10%）			
		团队合作（10%）			
终结考核（30%）		报告单的完成性（10%）			
		报告单的准确性（10%）			
		报告单的规范性（10%）			
评语	班级：		姓名：	第　　组	总评分：
	教师评语：				

七、思考与练习

1. 什么是原木缺陷？
2. 根据GB/T 155—2006《原木缺陷》国家标准规定，原木缺陷共有几大类？每大类又包含哪些缺陷？
3. 原木的种类有哪些并列举用途？
4. 什么是节子？包括哪些类型？如何进行检量？
5. 如何区分纵裂和环裂？如何进行纵裂的检验？
6. 如何区分大兜和凹兜？如何检验尖削？
7. 如何区分活节与死节、偏枯与夹皮、树包和树瘤？
8. 如何区分木材的变色与腐朽？
9. 什么叫虫眼？如何进行检验？

任务 8　锯切用原木检验

一、任务目标

木材检验作为木材流通领域内一项十分重要的工作，对企业计算产品生产数量、产品质量、产品品种区分、产品产值和成本核算具有重要指导作用，是木材生产、调运及使用等企业部门实现木材经营管理必不可少的重要环节。本任务以原木楞场锯切用原木为例，结合《原木缺陷》《原木检验》和《锯切用原木》国家标准基础知识，使学生了解原木检验术语、所涉及原木检验国家标准内涵及原木检验操作步骤；掌握原木尺寸检量方法、材积计算；能结合原木缺陷检验结果进行材质评定并对已检验原木进行标记；能结合《锯切用原木》国家标准，独立完成锯切用原木检验的实际操作，了解木材检验员的职责与任务。

二、任务描述

木材检验既是一项技术性较强的工作，又是一项细致的经济工作，一般都是按照有关国家标准或行业标准来执行的，其检测手段一般采用检验人员人工检定和目视评定。本任务通过原木楞场给定的不同树种、等级锯切用原木实物为对象，结合《锯切用原木》《原木缺陷》和《原木检验》3 个国家标准，对原木进行检验。依据木材识别内容的学习，进行树种识别和材种区分；利用检验工具参照检尺长、检尺径和原木缺陷的检验方法对原木实际长度、直径和缺陷进行检量、计算并记录；结合锯材用原木的技术要求，对检验结果进行材质评定，得到原木的标准尺寸和材质等级，并完成原木材积计算和检验号印等工作，完成锯切用原木最终的检尺长、检尺径、材质等级、材积计算的检验报告。

三、工作情景

教师以原木楞场不同树种、等级锯切用原木为例，学生以小组为单位担任木材检验员。根据相关资料对原木进行树种识别和材种区分，通过国家标准进行原木的尺寸检量、材质评定、材积计算和号印加盖等完整的原木检验工作过程，完成检验报告后进行小组汇报，教师针对学生的工作过程及成果进行评价与总结，按教师要求学生进行修订并最终上交检验报告。

四、知识准备

（一）木材标准概述

木材标准是对木材的树种、用途、尺寸和品质以及检验方法等方面所作的统一技术规定。凡对森林采伐产品（如原条、原木）和木材加工产品，主要是指机械加工产品（如板方材、枕木、胶合板等）统一制订的技术规定，都属木材标准。它是经过国家木材标准化行政主管部门审批和发布的木材标准化工作的成果，以木材科学技术和木材检验实践经验的综合成果为基础，由木材标准化机构组织专业人员起草，经标准执行部门和单位协商同意，上报国家标准化行政主管部门（国家质量监督检验检疫总局）审批后，以文件形式发布，作为有关方面共同遵守的技术规则。木材标准是整个标准化工作的组成部分，它是随着国民经济的发展、科学技术的进步和整个标准化工作的改革而不断发展和完善的。

木材标准分类也同通常标准分类一样，即按审批权限和发布的程序不同分为国家标准、部标准（又称行业标准）和地方标准（省、企业标准）3 级；按规定内容的性质不同分为基础标准、材种标准（产品标准）和木制品标准 3 类；按适用范围分为国际标准（ISO 组织发布的木材标准）、地区标准、国家标准、行业标准、地方标准和企业标准 6 级。

我国木材标准还分为强制性标准和推荐性标准，凡是标准代号为 GB/T 的是推荐性标准。截至目前，我国现行的涉及木材检验标准如下。

1. 木材的标准名称标准

GB/T 16734—1997《中国主要木材名称》

GB/T 18513—2001《中国主要进口木材名称》

GB/T 18107—2000《红木》

2. 基础检验标准

GB/T 155—2006《原木缺陷》

GB/T 18000—1999《原木缺陷图谱》

GB/T 17662—1999《原木缺陷术语符号》

GB/T 15787—2006《原木检验术语》

GB/T 144—2003《原木检验》

GB/T 4814—1984《原木材积表》

GB/T 17659.1—1999《原木批量检查抽样、判定方法》

LY/T 1511—2002《原木产品 标志 号印》

GB/T 4823—1995《锯材缺陷》

GB/T 4822—1999《锯材检验》

GB/T 449—2009《锯材材积表》

GB/T 17659.2—1999《锯材批量检查抽样、判定方法》

3. 原木检验标准

GB/T 4812—2006《特级原木》

GB/T 143—2006《锯切用原木》

GB/T 142—1995《直接用原木——坑木》

GB/T 11716—2009《小径原木》

GB/T 15779—2006《旋切单板用原木》

GB/T 15106—2006《刨切单板用原木》

LY/T 1369—2011《次加工原木》

LY/T 1503—2011《加工用原木 枕资》

GB/T 11717—2009《造纸用原木》

LY/T 1157—2008《檩材》

LY/T 1158—2008《椽材》

LY/T 1506—2008《短原木》

LY/T 1507—2008《木杆》

LY/T 1793—2008《木纤维用原木》

4. 锯材检验标准

GB/T 153—2009《针叶树锯材》

GB/T 4817—2009《阔叶树锯材》

GB 154—1984《枕木》

GB 4818—1984《铁路货车锯材》

GB 4819—1984《载重汽车锯材》

LY 1200—1997《机台木》

GB 4820—1995《灌道木》

GB/T 20445—2006《刨光材》

GB/T 20446—2006《木线条》

LY/T 1351—1999《指接材》
GB/T 1909—1999《造纸木片》
LY/T 1352—2012《毛边锯材》
LY/T 1794—2008《人造板木片》

（二）原木的尺寸检量

将原木的尺寸检量过程称为检尺，包括对原木检尺长和检尺径的检量，在实际检尺过程中，由于原木的形状和尺寸不一，欲确定准确的检尺长和检尺径，需了解并解决以下两个问题：一是原木的实际长度和直径如何量取，二是怎样将量取的原木实际长度和直径核定为检尺长和检尺径，需参照现行的GB/T144—2003《原木检验》国家标准。

1. 与原木尺寸检量相关的术语（摘自 GB/T 15787—2006《原木检验术语》）

（1）长度方面

① 尺寸检量　指对原木检尺长和检尺径的检量和确定。

② 材长　指原木两端端面之间相距最短处检量的实际长度尺寸，也叫原木长度，本书中用 L_0 表示。

③ 全材长　指原木两端头之间检量的最大尺寸。

④ 检尺长　指原木按标准规定经过进舍后确定的标准长，也叫长级，是材积计算依据的长度分档尺寸，本书中用 L 表示。

⑤ 长级公差　指材长相对于检尺长所允许的尺寸变动量。

（2）直径方面

① 原木直径　指通过原木断面中心检量的尺寸。

② 短径　指通过原木断面中心的最短直径。本书中用 D_1 表示。

③ 长径　指通过短径中心与之垂直的直径。本书中用 D_2 表示。

④ 平均径　指长径与短径的平均值。

⑤ 检尺径　指原木的直径按标准规定经过进舍后的标准径，也叫径级，是材积计算依据的直径分档尺寸，本书中用 D 表示。

2. 原木检尺长的检量

原木在尺寸检量时应注意：原木的检尺长、检尺径进级及公差，均按原木产品标准的规定执行；检量原木的材长量至厘米止，不足厘米者舍去；检量原木直径、长径、短径、径向深度，一律扣除树皮、树腿和肥大部分。

原木的材长是通过在大小头两端断面之间相距最短处取直检量。检量方法：若检量的材长小于原木标准规定的检尺长，但不超过负公差，仍按标准规定的检尺长计算；如超过负公差，则按下一级检尺长计算。材长量至厘米为止，不足厘米的尺寸舍去。

对于一些特殊情况，按以下规则检量：

（1）断面偏斜原木的材长　原木的实际长度应让去偏斜部分，以非偏斜的最小长度计量（图3-53）。

（2）有伐木楂口的原木　伐木楂口锯切断面的短径不小于检尺径的，材长自大头端部量起（图3-54）；小于检尺径的，材长应让去小于检尺径部分的长度见（图3-55），大头呈圆兜或尖削的材长应自斧口上缘量起。

（3）靠近端头打有水眼的原木（指扎排水眼）　检量材长时，应让去水眼内侧至端头的长度，再确定检尺长（图3-56）。

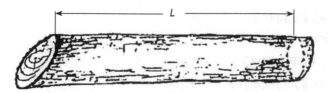

图 3-53　断面偏斜原木材长检量

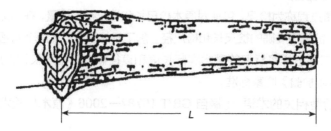

图 3-54　伐木楂口短径不小于检尺径的材长检量

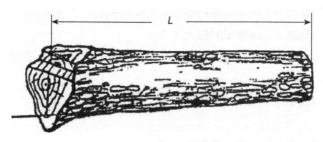

图 3-55　伐木楂口短径小于检尺径的材长检量

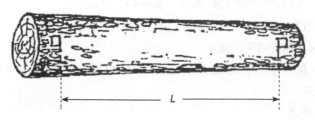

图 3-56　有水眼原木的材长检量

3. 原木检尺径的检量

原木检尺径的检量方法（包括各种不正形的断面）：是通过小头断面中心先量短径，再通过短径的中心，垂直量取长径（带皮者去其皮厚），如图 3-57，其长短径之差在 2cm 以上，以其长短径的平均数经进舍后作为检尺径，长短径之差小于 2cm 者，以短径经进舍后为检尺径。

原木的检尺径不足 14cm 的，以 1cm 为一个增进单位，实际尺寸不足 1cm 时，足 0.5cm 增进，不足 0.5cm 舍去；检尺径自 14cm 以上（直径 13.5cm 可进为 14cm），以 2cm 为一个增进单位，实际尺寸不足 2cm 时，足 1cm 增进，不足 1cm 舍去。检尺径以偶数为尾数，精确至厘米。

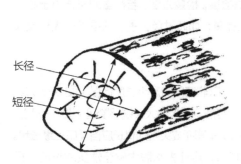

图 3-57　检尺径检量

例1： 一根锯切用原木，量得短径实际尺寸为 33.6cm，长径 36.2cm（图 3-58），求此检尺径。

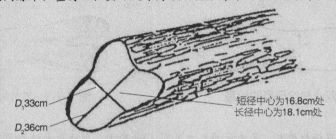

图 3-58 例1图示

解： 对实际量得的短、长径进行取舍后得到短、长径原有直径分别为 $D_1=33$cm，$D_2=36$cm。

由于长、短径之差＝D_2-D_1＝36－33＝3cm＞2cm，所以，长、短径的平均数进、舍后为检尺径，所以检尺径 D＝（33＋36）/2＝34.5cm，因为长短径均大于 14cm，原木检尺径以 2cm 为一个增进单位且尾数为偶数，故原木的实际检尺径为 34cm。

对于一些特殊情况，按下列规则进行检尺径测量。

（1）原木小头下锯偏斜　检尺径检量应将尺杆保持与材长成垂直的方向检量，即尺杆保持与材长呈垂直方向，不能检量偏斜的锯口长度（图 3-59）。

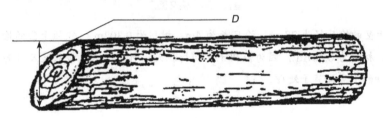

图 3-59 小头下锯偏斜时检尺径的检量

（2）小头因打水眼让去材长的原木（原木的实际长度超过检尺长）　检尺径仍在小头断面检量（图 3-60）。

（3）小头断面有偏枯、外夹皮原木　如检量检尺径须通过偏枯、夹皮处时，可用尺杆横贴原木表面检量（图 3-61）。

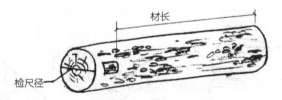 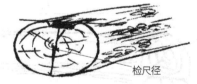

图 3-60 小头打水眼检尺径的检量　　图 3-61 带偏枯外夹皮断面检尺径的检量

（4）小头断面节子脱落　检量检尺径时应恢复原形检量。

（5）双心材、三心材以及中间细两头粗的原木　其检尺径应在原木正常部位（最细处）检量（图 3-62）。

（6）双丫材　以较大断面的一个干岔检量检尺径和检尺长，另一个分岔按节子处理（图3-63）。

图3-62　双心材检尺径的检量　　　　　图3-63　双丫材的尺寸检量

例2：有一根双桠材原木，其测量的尺寸见图3-64所示，求此原木的检尺长和检尺径。

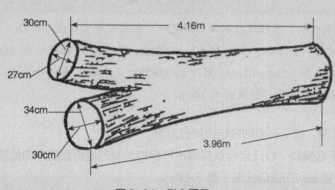

图3-64　例2图示

解：较细干岔的检尺径为28cm，检尺长为4m，材积为$0.302m^3$；较粗干岔的检尺径为32cm，检尺长为3.8m，材积为$0.367m^3$。因为较粗干岔的材积大，所以这根双桠材检尺径为32cm，检尺长为3.8m，而较细的干岔按节子处理。

（7）两根原木干身连在一起的　应分别检量计算（图3-65）。

（8）劈裂材（含撞裂）　按下列方法检量。

① 未脱落的劈裂材　顺材长方向检量劈裂长度，按纵裂计算。检量检尺径，如须通过裂缝，其裂缝与检尺径形成的夹角自45°以上，应减去通过裂缝长1/2处的裂缝垂直宽度；不足45°应减去裂缝长1/2处的裂缝垂直宽度的1/2（图3-66）。

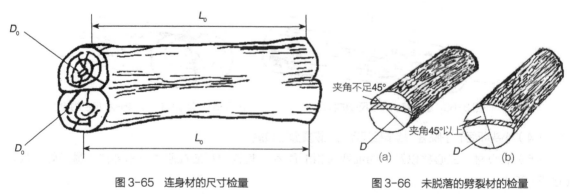

图3-65　连身材的尺寸检量　　　　图3-66　未脱落的劈裂材的检量

（a）夹角不足45°劈裂材的检尺径检量
（b）夹角自45°以上劈裂材的检尺径检量

例3： 有一根云杉原木，小头断面有未脱落劈裂一处，量得短径26.8cm，长径34.4cm，其短长径均斜向通过裂缝，其夹角均小于45°，通过裂缝长1/2处的裂缝所量取的垂直宽度分别为1.2cm和1.4cm，如图3-67所示，求此材的检尺径。

解： 因为短长径均斜向通过裂缝，其夹角均小于45°，所以应减去裂缝长1/2处的裂缝垂直宽度的1/2。即：短径：26.8－1.2/2＝26.2cm，取26cm；长径：34.4－1.4/2＝33.7cm，取33cm。平均径：（26＋33）÷2＝29.5，以平均径进舍后为检尺径，检尺径为30cm。

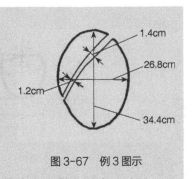

图3-67 例3图示

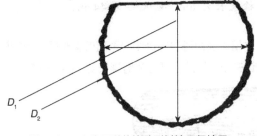

图3-68 小头已脱落的劈裂材检尺径检量

② 小头已脱落的劈裂材 劈裂的厚度不超过小头同方向原有直径10%的不计；超过10%的应予让尺。劈裂材让尺时，让检尺径或检尺长，应以损耗材积较小的因子为准。

让检尺径：先量短径，再通过短径垂直检量最长径，以长短径的平均数经进舍后为检尺径（图3-68）。让检尺长：检尺径在让去部分劈裂长度后的检尺长部位检量。

例4： 一根材长4.38m的云杉锯切用原木，小头有块脱落劈裂，劈裂厚度为3.3cm，其他尺寸见图3-69，求此原木的检尺长和检尺径。

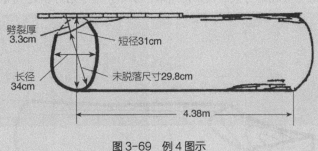

图3-69 例4图示

解： 劈裂厚＝3.3cm。同方向原有直径＝29.8＋3.3＝33.1cm，取33cm。因为3.3/33×100%＝10%，所以不必让尺。检尺长＝4.4m（检尺长不变）。检尺径＝32cm（以短径进舍后为检尺径）。所以，此原木的检尺长为4.4m，检尺径为32cm。

例5： 一根材长6.2m、小头有一块脱落劈裂的冷杉锯切用原木，有关尺寸见图3-70所示，请按两种让尺方法求此原木的检尺长和检尺径。

解：（1）判断小头断面劈裂是否超过10%。劈裂厚＝4.4cm，同方向原有直径＝4.4＋39.5＝43.9cm，取43cm。因为4.4/43×100%＝10.2%＞10%，所以应让尺。

（2）小头让径级：其检尺长检量位置不变，所以检尺长＝6.2m，检尺径按（44＋39）÷2＝41.5cm，进舍后检尺径为42cm。

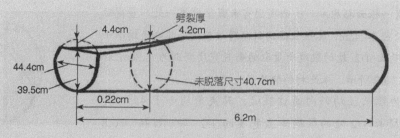

图 3-70　例 5 图示

（3）小头让长级：让去劈裂长 22cm 后，材长为 5.98m。劈裂厚=4.2cm，同方向原有直径=4.2+40.7=44.9cm，取 44cm，因为 4.2/44×100%<10%，所以不必让尺。此处直径=44cm，进舍后检尺径=44cm，检尺长：6m。所以此原木的检尺长为 6m，检尺径为 44cm。

③ 大头已脱落的劈裂材　如该断面的长短径平均数（先量短径再通过短径中心垂直检量长径），经进舍后不小于检尺径的不计；小于检尺径，以大头为检尺径或让去小于检尺径部分的劈裂长度（图 3-71）。

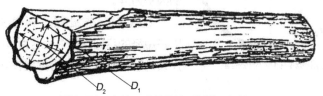

图 3-71　大头已脱落的劈裂材检尺径检量

例 6：一根大头有一块脱落劈裂的锯切用原木，各部分尺寸见图 3-72 所示，求此原木的检尺长和检尺径。

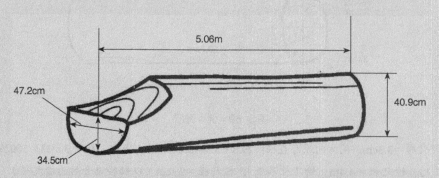

图 3-72　例 6 图示

解：小头直径 40.9cm，检尺径 40cm。大头直径（47+34）÷2=40.5cm，进舍后为 40cm，不小于小头检尺径，所以不作让尺处理。所以，此原木的检尺长为 5m，检尺径为 40cm。

例 7：有一根水曲柳原木，材长 5.99m，小头断面直径为 36.5cm，该原木大头有一处脱落的劈裂，见图 3-73 所示，求其检尺长和检尺径。

解：（1）判断是否让尺：小头直径 36.5cm，进舍后为 36cm，大头直径为（42+18）÷2=30cm，进舍后为 30cm，经判断大头需让尺。

（2）让径级：以大头为检尺径的检量部位，检尺长为 6m，检尺径为 30cm。

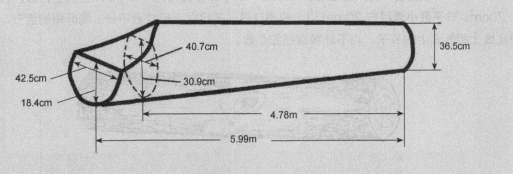

图 3-73 例 7 图示

（3）让长级：大头让去小于检尺径部分长度 1.2cm 后，(40+30)÷2=35cm，进舍后为 36cm，不小于小头检尺径，所以检尺长 4.8m，检尺径 36cm。所以，此原木的检尺长为 4.8m，检尺径为 36cm。

④ 小头断面自两块以上脱落的劈裂材　劈裂厚度不超过同方向原有直径 10% 的不计；超过 10% 的，按小头已脱落的劈裂材的规定让尺处理。

⑤ 大、小头同时存在劈裂的　应分别按上述的各项规定处理。

劈裂材让尺时，让检尺长或检尺径，应以损耗材积较小的因子为准。

集材、运材（含水运）中，端头或材身磨损的，按下列方法检量：

原木小头磨损，不超过同方向原有直径 10% 的不计；超过 10% 的让尺处理，让尺方法按劈裂材小头已脱落的劈裂材的规定处理。

原木大头磨损，按劈裂材大头已脱落的劈裂材规定处理。

原木材身磨损的，按外伤处理。

（三）原木的材质评定

原木的材质评定需利用现行的 GB/T 155—2006《原木缺陷》和 GB/T 144—2003《原木检验》这两个国家标准对缺陷进行识别、检验和计算，并根据各类原木的材质检验标准对其进行分等。而原木各种缺陷的允许限度，按原木标准的规定执行，评定原木等级时，有两种或几种缺陷的，应以降等最低的一种缺陷为准。

1. 原木等级评定基本规定

（1）原木各种缺陷的允许限度，按原木产品标准规定执行。

（2）评定原木等级时，有两种以上缺陷的，以降等最低的一种为准。

（3）检量各种缺陷的尺寸单位规定为：纵裂长度、外夹皮长度、弯曲拱高、内曲水平长度、扭转纹倾斜高度、环裂半径、弧裂拱高、外伤深度、偏枯深度均量至厘米，不足厘米者舍去。其他缺陷均量至毫米止，不足毫米者舍去。

（4）检尺长范围外的缺陷，除漏节、边材腐朽、心材腐朽外，其他缺陷不予计算。

2. 节子的评定

主要针对表面节（健全、腐朽）、隐生节、活节、死节和漏节进行检验，检验与评定包括计算节子尺寸和查定节子个数两个内容。

（1）节子直径的检量，检量节子最小直径与检尺径相比，以百分率表示，计算公式见任务一

（图 3-74）。节子直径：检尺径自 20cm 以上，节子最小直径自 30mm 以上应予计算；检尺径不足 20cm，节子最小直径自 20mm 以上应予计算，不足以上尺寸者不计。阔叶树的活节、检尺长终止线上和断面上的节子，均不计算直径和个数。

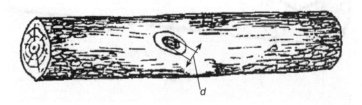

图 3-74 节子直径检量

（2）针叶树的活节，应检量颜色较深，质地较硬部分的直径。节子愈合组织不包括在节子尺寸中。

（3）节子基部呈凸包形的，应检量凸包上部的节子正常部位直径（图 3-75）。

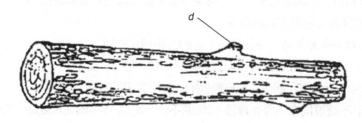

图 3-75 凸包形节子的检量

（4）阔叶树活节断面上的腐朽或空洞，按死节计算。将不规则形状的腐朽或空洞部分调整成圆形，量其直径作为死节直径。

（5）大头连岔，指在树干两个分岔下部造材形成，断面有两个髓心并呈两组年轮系统，不论连岔部位有无缺陷均不计算；如不构成两组年轮系统或因一般节子形成者，则按节子计算（图 3-76）。

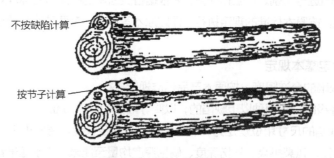

图 3-76 大头连岔的检量

（6）节子个数的统计，在检尺长范围内任意节子个数最多的 1m 中查定，对跨在该 1m 长的交界线上不足二分之一的节子不计（图 3-77）。统计 1m 中的节子个数时，针叶树原木的活节、死节、漏节相加计算；阔叶树原木的死节、漏节相加计算。

（7）漏节不论其尺寸大小，均应查定在全材长范围内的个数，在检尺长范围内的漏节，还应计算其直径。

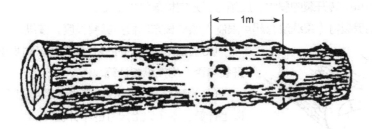

图 3-77 节子个数统计

例 8：一根材长为 6.14m 的水曲柳原木，小头直径为 30.5cm，材身中部有一漏节，尺寸为 10.6cm，距小头断面 1m 范围内有 3 个活节、3 个死节，其中较大死节尺寸为 9.8cm，其余节子均足 30mm，位于检尺长范围内。计算此材的检尺尺寸、缺陷百分率。

解：此材长为 6.14m，经进舍后该原木检尺长为 6m。此材直径为 30.5cm，按规定其检尺径为 30cm。因树种为阔叶树，应计最大节子尺寸为 10.6cm，节子个数为 4 个（漏节作为死节查定）。$K=10.6/30\times100\%\approx35\%$。所以此材检尺径 30cm，检尺长 6m，节径比率 35%。

例 9：一根双丫锯切用红松，各部分尺寸如图 3-78 所示，计算检尺长、检尺径、缺陷百分率并评定等级。

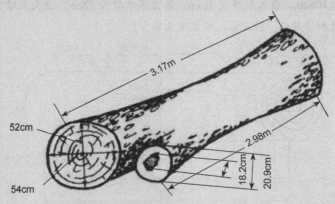

图 3-78 例 9 图示

解：按双丫材的尺寸检量方法处理，检尺径 52cm，检尺长 3m。材长 2.98m 的较细的分岔作为节子处理。因为此原木为红松，应计节子尺寸为 20.9cm，所以 $K=20.9/52\times100\%=40.2\%$，按节子尺寸评为三等。

3. 裂纹的评定

（1）针叶树原木材身的纵裂宽度自 3mm 以上计算，阔叶树原木材身的纵裂宽度自 5mm 以上计算，不足以上尺寸的不计。

（2）纵裂是以其裂纹长度与检尺长相比，以百分率表示。

（3）原木材身自两条以上纵裂，彼此相隔的木质宽度不足 3mm 的，应合并为一条计算长度，自 3mm 以上的，应分别计算其长度。

（4）沿原木材身扭转开裂的裂纹，应顺材长方向检量纵裂长度。

（5）未脱落的劈裂材（裂缝没有起点限制）顺材长方向检量劈裂长度，按纵裂评定等级。

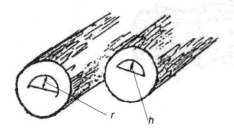

图 3-79 裂纹的检验

（6）松木材身的油线长度和阔叶材身的冻裂长度，不论开裂与否，均按纵裂计算。

（7）原木断面的环裂、弧裂的裂缝最宽处的宽度自 1mm 以上计算，不足以上尺寸的不计。

（8）环裂、弧裂，以断面最大一处环裂（指开裂自半环以上的）半径或弧裂（指开裂不足半环的）拱高与检尺径相比（图 3-79）。

（9）原木断面的环裂、弧裂，在 25cm² 的正方形中通过 3 条者（裂缝没有起点限制），可按环裂、弧裂评定等级后再降 1 等处理，评为 3 等的降为次加工原木。

（10）阔叶树原木断面径向开裂自三块以上，其中有三条裂口的宽度表现在该端材身上均足 10mm，称为"炸裂"，应按纵裂评定等级后再降一等处理，评为 3 等的，降为次加工原木。

例 10：一根水曲柳锯切用原木，材长 4.12m，小头短径 26.4cm，长径 30.1cm。自小头断面至材身有三根纵裂彼此接近，其中有一根纵裂延伸到小头断面。第一根纵裂长 90.9cm，最大裂缝宽 4mm；第二根纵裂长 108cm，最大裂缝宽 3mm；第三根纵裂长 92cm，最大裂缝宽 5mm，其他尺寸见图 3-80 所示，问此材检尺径、检尺长、纵裂度为多少？

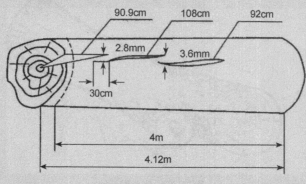

图 3-80 例 10 图示

解：此材小头短径 26.4cm，长径 30.1cm，按规定检尺径为 28cm；此材材长 4.12m，按规定检尺长为 4m。按规定，第一根纵裂和第二根纵裂合并计算，第三根纵裂单独计算。纵裂检量在检尺长范围内进行，所以第一根与第二根纵裂总长为 90+108－30－12=156cm，第三根纵裂长度为 92cm；LS=156/400×100%=39%。所以检尺径为 28cm，检尺长为 4m，纵裂度为 39%。

例 11：一根锯切用原木，材长 3.23m，小头直径 17.5cm。大头断面有 3 条径向贯通的大裂缝，表现在材身上，其长度分别为 92cm、116cm、73cm；离大头断面 3cm 处裂缝宽均足 10mm。评定此材的等级。

解：检尺长 3.2m。检尺径 18cm。根据规定，大头断面裂纹属于炸裂。最大纵裂长为 116－3=113cm。LS=113/320×100%=35.3%，所以按纵裂评为二等，按炸裂应评为三等。

4. 干形缺陷中弯曲的评定

① 检量弯曲拱高　应从大头至小头拉一直线，其直线贴材身两个落线点间的距离为内曲水平长，与该水平直线呈垂直量其弯曲最大拱高；加工用原木以最大弯曲拱高与检尺径或内曲水平长相比；直接用原木以最大弯曲拱高与检尺长相比或按检尺长限定弯曲拱高尺寸（图 3-81）。

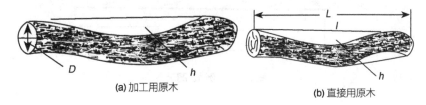

图 3-81　弯曲的检量

② 量内曲水平长　遇有节子、树包等应当让去，取正常部位检量。因双心、肥大部分等形成树干外形弯曲，均不按弯曲计算。

例 12：一根蒙古栎原木，材长 3.16m，检尺径 20cm，离小头断面 10cm 的材身有一个死节，其尺寸 8.4cm，另大头沿小头方向有一条宽度为 5mm 的裂纹，其长度为 60.8cm，在检尺长范围内有两处弯曲，其中一个弯曲拱高为 6.9cm，内曲水平长为 2m；另一个弯曲拱高为 6.2cm，内曲水平长为 1.2m。问此原木的检尺长，按节子、裂纹、弯曲分别评为几等，最后评为几等材。

解：原材长 3.16m，其检尺长按规定为 3m。因为锯切用原木检尺长范围外和终止线上节子不计，如检尺长自大头起取 3m，则死节可以不计，按节子评为一等材。

因裂纹长取 60cm，纵裂度＝60/300×100%＝20%，未超过一等材纵裂 20% 的限度，评为一等材。由于有两处弯曲，在量至厘米时拱高均为 6m，以内曲水平长较小（降等最低）的弯曲计算，弯曲度＝6/120×100%＝5%，超过二等材 3% 的限度，但未超过三等材 6% 的限度，评为三等材。所以此原木的检尺长为 3m，按节子评为一等材，按裂纹评为一等材，按弯曲评为三等材，最后评为三等材。

---

5. 木材结构缺陷的评定

① 扭转纹的评定　检量原木小头 1m 长范围内的纹理扭转起点至终点的倾斜高度（在断面上表现为弦长），与检尺径相比，以百分率表示（图 3-82）。

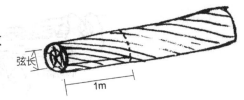

图 3-82　扭转纹的检量

例 13：有一根松木，见图 3-83，小头直径 26.8cm，材长 2.64m。小头 1m 范围内扭转纹纹理倾斜高为 14.2cm，材身虫眼最多 1m 范围有足计算起点的虫眼 5 个，无其他缺陷，问此材等级。

解：由题意得该原木检尺长 2.6m，检尺径 26cm。因为该原木符合特级原木的锯切用原木，所以扭转程度＝14/26×100%＝53.8%，虫眼 5 个，按锯切用原木评等时，按虫眼评为二等，按扭转纹评为三等，最后定为三等材。

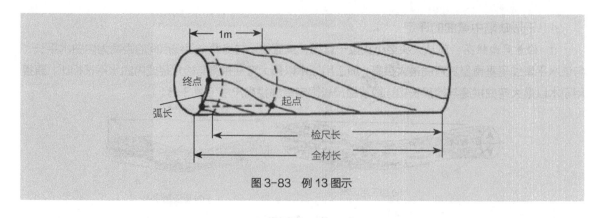

图 3-83 例 13 图示

② 外夹皮的评定 外夹皮的计算起点：径向深度不足 3cm 的不计，自 3cm 以上的，则检量其夹皮全长与检尺长相比，以百分率表示（图 3-84）。

外夹皮顺材方向长呈沟条状，有的沟条底部裸露枯死木质，近似偏枯。为了便于区别检量，凡沟条最宽处的两内侧或底部最窄处的宽度，不超过检尺径 10% 的，按外夹皮计算；超过检尺径 10% 的，按偏枯计算（图 3-85）。

断面上外夹皮处木质腐朽，如腐朽位于沟条内侧或底部的，按外夹皮、心材腐朽降等最低一种缺陷计算；腐朽位于沟条外侧的，按外夹皮、边材腐朽降等最低一种缺陷计算（图 3-86）。

材身外夹皮沟条处木质腐朽，按外夹皮、漏节降等最低一种缺陷计算。

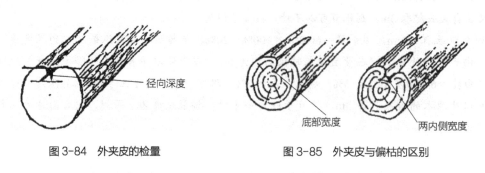

图 3-84 外夹皮的检量   图 3-85 外夹皮与偏枯的区别

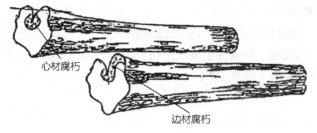

图 3-86 外夹皮木质腐朽的计算

例 14：一根白杨原木，材长 4.12m，小头直径 33cm，材身有一个沟条贯通到小头断面，沟条长 97.9cm，按规定量的检尺长范围内沟条两内侧宽为 3.4cm，深 3cm，求此材缺陷百分比和等级。

解：检尺长为 4m，检尺径为 34cm。因沟条两内侧宽度与检尺径比为 3.4/34×100%＝10%，所以按外夹皮计算。外夹皮深度为 3cm，足计算起点，检尺长范围内夹皮长＝97－12＝85cm，外夹皮程度为 z4＝85/400×100%＝21.3%，超过锯切用原木一等限度（20%），但未超过二等限度（40%），所以评为二等材。

③ 偏枯的评定　偏枯是检量其径向深度与检尺径相比，以百分率表示。

已腐朽的偏枯，按偏枯、腐朽两种缺陷降等最低一种缺陷计算。检量偏枯或边材腐朽深度，应以尺杆横贴原木表面径向检量；如腐朽位于尺杆横贴原木表面内侧或底部的，应将腐朽调整成圆形量其直径，按心材腐朽计算（图 3-87）。

6. 真菌引起的缺陷的评定

① 心材腐朽的评定　以腐朽直径与检尺径相比，以百分率表示。

在同一断面内有多块各种形状（弧状、环状、空心等）的分散腐朽，均应合并相加，调整成圆形量其直径与检尺径相比。

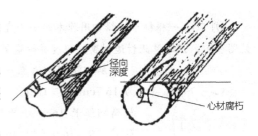

图 3-87　偏枯的检量

在同一断面同时存在心材腐朽和边材腐朽，如两种腐朽均评为锯切用原木二等材者应降为三等，若评为三等者应降为次加工原木。

已脱落的劈裂材劈裂面上的腐朽，如贯通材身表面的按边材腐朽计算，通过腐朽部位径向检量腐朽最大深度；未贯通材身表面的，按心材腐朽计算，与材长方向呈垂直检量腐朽最大宽度作为心材腐朽直径（并视为圆形）与检尺径相比（图 3-88）。腐朽露于断面的，以断面上的腐朽直径与检尺径相比。

② 边材腐朽的评定　断面上的边材腐朽，以通过腐朽部位径向检量的最大厚度与检尺径相比，以百分率表示（图 3-89）。

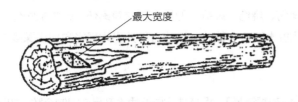

图 3-88　劈裂材腐朽的评定　　　　图 3-89　边材腐朽的评定

材身上的单块边材腐朽，以弧长最宽处径向检量的边材腐朽最大深度与检尺径相比。断面上或材身上的边材腐朽，如腐朽弧长不超过该断面圆周长 1/2 者，则以边材腐朽深度的 1/2 与检尺径相比。检量材身边材腐朽深度时，应以尺杆顺材长贴平材身表面，与尺杆呈垂直径向检量。

表现在断面的多块边材腐朽，其各块边材腐朽的弧长应相加计算。

在材身表面的多块边材腐朽，以弧长最大一块的最宽处检量边材腐朽最大深度为准。计算弧长时，应将该处同一圆周线上的多块边材腐朽弧长相加（图 3-90）。

材身、断面均有边材腐朽（含材身贯通到断面的），应以降等最低一处为评定依据。断面上边材腐朽与心材腐朽相连的，按边材腐朽评定；断面上边材部分腐朽未露于材身外表的，按心材腐朽评定。

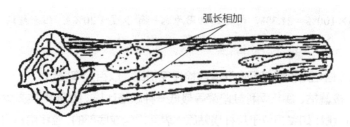

图 3-90 多块边腐的评定

例 15：一根樟子松锯切用原木，小头直径 29cm，小头断面边材腐朽径向最大厚度为 6.9cm，见图 3-91，试计算此材边材腐朽程度并评定等级。

解：此材小头直径为 29cm，按规定其检尺径为 30cm。边材腐朽弧长为 16.7cm，取 16cm。断面半周长为 3.14×29/2＝45.5cm，取 45cm。因边材腐朽弧长 16cm 小于所在断面半周长 45cm，所以按实际最大厚度的一半计算。S_R＝6.9/(2×30)×100%≈12%，所以此材边材腐朽程度为 12% 评为三等材。

图 3-91 例 15 图示

7. 伤害的评定

① 虫眼的评定　原木检尺长范围内，任意选择虫眼最多的 1m 中查定个数。虫眼应计算最小径自 3mm 以上，不足 3mm 的虫眼和表面虫沟不计。

虫眼直径以贴平原木材身表面检量最小直径为准。

查定虫眼个数时，跨在 1m 长交界线上和检尺长终止线上以及原木断面上的虫眼，均不计算。

② 外伤的评定　外伤包括割脂伤、摔伤、烧伤、风折、刀斧伤、材身磨伤、寄生植物伤、锯口伤和其他机械损伤（刨勾眼不计），外伤除风折木查定个数外，其他各种外伤均量径向损伤深度与检尺径相比，以百分比表示。

8. 其他缺陷的评定

① 原木材身树包和树瘤外表完好的，不按缺陷计算，但特殊需要的原木产品应限制个数。如树包、树瘤上有空洞或腐朽的（应将腐朽部分调整一圆）量其直径按死节计算；已引起内部木质腐朽的按漏节计算。

② 原木材身的啄木鸟眼按虫眼和外伤计算。如引起树干内部木质腐朽的，按漏节计算；引起树干外表木质腐朽的，按边材腐朽计算。

③ 原木大头抽心：其抽心直径不超过检尺径 30% 的不计；不超过检尺径 60% 的应评为二等；超过检尺径 60% 的评为三等。

④ 同一条外夹皮自两处以上木质腐朽的，按一个漏节计算，其他部位另有外夹皮、啄木鸟眼、树包等，引起材质内部腐朽，则分别计算漏节个数。

⑤ 原木小头断面偏心距离以断面检量为准。

⑥ 因双心或让尺处理的原木，如确定大头作检尺径，评定等级时原木原大小头不变。

⑦ 白蚂蚁蛀蚀，其深度不足 10mm 的不计；自 10mm 以上的，在材身上的按边材腐朽计算；在断面上的按心材腐朽计算。

（四）锯切用原木的检验标准

现行的 GB/T143—2006《锯切用原木》国家标准规定了锯切用原木的常用树种及其主要用途、尺寸、材质指标、检验方法及材积计算等技术要求，适用于全国木材生产、加工、经销等行业。其中选取的树种为针叶材和阔叶材。

（1）尺寸上的要求

对于普通锯材（一般针、阔叶材）和专用锯材（如枕木、机台木、罐道木、车辆材等）及特种锯材（包括行业专用锯材），都应按照标准选择原木，锯切用原木尺寸选择要根据锯材板宽、标准下锯图、锯材是否有特殊要求等来确定并符合表3-6的规定。

表3-6 锯切用原木尺寸及允许公差要求

检尺长（m）	长级允许公差（cm）	尺寸进级		检尺径（cm）
		检尺长（m）	检尺径（cm）	
针叶2~8 阔叶2~6	+6 -2	0.2	2	东北、内蒙古和新疆产区自18以上 其他产区自14以上

（2）材质上的要求

针、阔叶锯切用原木按缺陷的允许限度各分为三个等级，各等级的材质指标见表3-7。

表3-7 锯切用原木材质指标

缺陷名称	检量方法	树种	允许限度		
			一等	二等	三等
活节（仅记针叶，阔叶不限）、死节	节子直径不得超过检尺径的	针叶	15%	40%	不限
		阔叶	20%		
	任意材长1m范围内的个数不得超过	针叶	5个	10个	不限
		阔叶	2个	4个	
漏节	全材长范围的个数不得超过	针阔	不允许	1个	2个
边材腐朽	腐朽厚度不得超过检尺径的	针阔	不允许	10%	20%
心材腐朽	腐朽直径不得超过检尺径的	针阔	小头不允许，大头15%	40%	60%
虫眼	虫眼最多的1m范围内的个数不得超过	针叶	不允许	25个	不限
		阔叶		5个	
纵裂、外夹皮	长度不得超过检尺长的	针阔	阔叶、杉木20%，其他针叶10%	40%	不限
环裂、弧裂	环裂最大半径（或弧裂拱高）不得超过检尺径的	针阔	20%	40%	不限
弯曲	最大弯曲拱高不得超过内曲水平长的	针阔	1.5%	3%	6%
扭转纹	小头1m长范围的纹理倾斜高不得超过检尺径的	针阔	20%	40%	不限
偏枯	径向深度不得超过检尺径的	针阔	20%	40%	不限
外伤	径向深度不得超过检尺径的	针阔	20%	40%	60%
风折木	检尺长范围内的个数不得超过	针叶	不允许	2个	不限

注：本表未列缺陷不予计算。

3. 抽样方法、检验方法、材积计算及产品标志
① 尺寸检量　按 GB/T 144—2003《原木检验》有关规定执行。
② 材质评定　除本标准已作规定，其他按 GB/T 144—2003《原木检验》有关规定执行。
③ 材积计算　按 GB/T 4814—1984《原木材积表》有关规定执行。
④ 抽样判定方法　按 GB/T 17659.1—1999《原木批量检查抽样判定方法》有关规定执行。
⑤ 原木产品标志号印　按 LY/T 1511—2002《原木产品标志号印》有关规定执行。

4. 锯切用原木常用树种主要用途
锯切用原木应根据锯材产品的用途来确定树种，其原则是只要满足锯材生产的基本要求，尽量选用普通及价格低的树种，特级原木应生产特殊需要的锯材产品，按照现行 GB/T143—2006《锯切用原木》国家标准规定，常用树种及主要用途为：

① 针叶树种及主要用途
落叶松　建筑、纺织机械部件、机台木、木枕、船舶、车辆维修。
樟子松　建筑、罐道木、胶合板、家具、模具、船舶、车辆维修。
马尾松　建筑、造纸、胶合板、火柴、木枕、车辆维修。
海南五针松、广东松　建筑、体育器具、家具、工艺美术、罐道木、船舶、车辆。
红松、华山松　建筑、乐器、家具、模具、工艺美术、罐道木、船舶、车辆维修、纺织机械部件、桥梁木枕。
云南松、思茅松、高山松　建筑、胶合板、木枕、罐道木、机台木、家具、造纸、船舶、车辆维修。
鸡毛松　建筑、家具、造纸、铅笔、船舶维修、车辆维修。
云杉　建筑、乐器、罐道木、造纸、跳板、木枕、车辆维修、家具。
冷杉、铁杉　建筑、造纸、木枕、车辆维修、家具。
杉木、柳杉、水杉　建筑、船舶、跳板、家具。
柏木　装饰、工艺美术、雕刻制品、模具、家具。

② 阔叶树种及主要用途
樟木、楠木　高级装饰、家具、工艺雕刻、胶合板。
黄檀　高级装饰、家具、纺织木梭、体育器具。
檫木　船舶维修、建筑、装饰、家具、文教用具。
麻栎、柞木　船舶维修、体育器具、装饰、家具、纺织机械部件、木枕、机台木。
红锥、栲木、槠木　纺织机械部件、船舶维修、体育器具、木枕、机台木、高级装饰、家具、模具、包装。
荷木　胶合板、文教用具、家具、体育器具、乐器。
水曲柳　胶合板、高级装饰、家具、体育器具。
核桃楸、黄波罗　高级装饰、家具、体育器具、胶合板、家具。
榆木、榉木　装饰、家具、胶合板、木枕、机台木。
红青冈、白青冈　纺织木梭、体育器具、机台木、文教用具。
槭木（色木）　纺织木梭、乐器、家具、体育器具、文教用具。
栗木　纺织机械部件、家具、船舶、车辆维修。
山枣、桉木　船舶、车辆维修、家具、文教用具。

椴木　胶合板、铅笔、火柴、工艺雕刻。
拟赤杨　火柴、铅笔、胶合板、包装。
枫香　胶合板、家具、木枕、包装。
枫杨　造纸、火柴、包装、木枕。
杨木　火柴、造纸、胶合板、民用建筑。
桦木　胶合板、家具、木枕、机台木、文教用具。
泡桐　装饰、胶合板、乐器、体育器具、家具。
注：以上未列树种及主要用途由各省（区）林业部门作出规定。

五、任务实施

木材检验指对木材所进行的树种识别、材种区分、尺寸检量、材质评定、材积计算、号印加盖工作的总称，包括原木检验和锯材检验两部分内容，故锯切用原木检验包括以下步骤：

1. 树种识别

树种是根据树木分类学上所分的种别，主要依据木材学基本原理，根据木材的结构和性质，对所检验的木材进行正确的树种判断，这是完成木材检验的重要一环，因此，检验木材首先确定木材树种。由于木材标准中所列的树种名称是商品材名称，它与树木分类学上所分的树种名称既有联系又有区别，对于商品材名称是依据原木外貌特征相仿、构造和性质相似的原则分类；而树木分类学的树种名称则是根据树木的花、果、枝、叶的形态特征进行分类，这些就要求木材检验人员一定要掌握本地区常见木材构造特征，了解中国主要流通木材的商品名称，按商品材树种对木材做出准确的识别。

在识别树种的过程中，由于木材树种和种类繁多，构造又十分复杂，要善于观察和分析木材的主要特征，从中找出规律性的东西，应掌握木材构造的基本理论知识和各种常见树种的主要特征及识别方法（木材识别内容所学，这里不做重述），结合具体实物进行分析比较。

2. 材种区分

材种是木材根据木材商品学上的分类法而分的种别，即木材产品的种类。在确定木材树种后，要根据木材不同用途、规格尺寸和经济价值，确定所需要的规格或品种。依据现行木材标准规定，材种的区分分为：

① 原条　包含杉原条、马尾松原条和阔叶树原条、小圆条等。

② 原木　包含直接用原木的坑木、旋切单板用原木、刨切单板用原木、造纸用原木、锯切用原木、特级原木、小径原木、次加工原木等。

③ 锯材　包含针、阔叶树锯材的板材、方材、船舶锯材、乐器锯材等。

由于本任务对象为锯切用原木，材种已经明确，故此步骤可以省略。

3. 尺寸检量

尺寸检量指木材检验人员对木材，包括原木及锯材，按照现行国家木材标准，用国家统一规定的检量工具对其进行尺寸测量，包括长度、直径、宽度、厚度尺寸的测定，并按标准规定的正负公差进行舍取和进位，核定为标准尺寸。尺寸计量单位规定为：

① 木材长度　以米（m）为计量单位。

② 圆材直径　以厘米（cm）为计量单位。

③ 锯材宽度和厚度　以毫米（mm）为计量单位。

④ 木材材积　以立方米（m^3）为计量单位。

⑤ 锯材面积　以平方米（m²）为计量单位。

而尺寸进级是木材标准对各材种（品种）规定的尺寸进位分级，按尺寸进级得出的长度、直径、宽度、厚度系列分别称为检尺长、检尺径、检尺宽和检尺厚等。检量方法参照现行的 GB/T144—2003《原木检验》国家标准。

对于原木的尺寸检量包括原木检尺长和检尺径两项内容。

（1）原木检尺长的检量：用皮尺或尺杆在原木大小头两端面之间量取最短的直线长度，量至厘米，不足 1cm 尺寸舍去，按前述课程内容中原木尺寸检量规定，经进舍后取检尺长。

（2）原木检尺径的检量：用钢卷尺在通过原木的小头断面中心先量取短径，再通过短径中心垂直量取长径（带皮者去其皮厚），其长短径之差≥2cm，以长短径的加权平均数，经进舍后为检尺径。对于长短径之差小于上述规定的，直接按短径进舍后为检尺径。检量时要量至毫米，不足 1mm 尺寸舍去，直径在 14cm 以上，以 2cm 为一个增进单位，足 1cm 就可进位，直径在 14cm 以下，则按 1cm 为一个增进单位，足 0.5mm 进位。

4. 材质评定

材质评定指木材检验人员对木材，包括原木及锯材，要按照现行国家木材标准，用国家统一规定的检量工具对木材上所存在的缺陷进行正确的检量，并做出准确的判断，评定出木材的等级。木材缺陷是评定材质（等级）高低的重要因子，评定材质等级时，先参照木材标准规定检量存在的各种木材缺陷尺寸，找出影响材质等级最严重或降等最低的一种缺陷，通过计算出所影响的百分率（%），将该缺陷百分率与该材种标准中的缺陷限度各等级对照，判断材质是否超过标准所规定的等级限度，并进行评定。木材缺陷的检量计算方法按木材缺陷相关标准执行。

在进行原木的评等时，按针、阔叶树各自标准中所规定的各种缺陷的允许限度进行评定。评等前对原木材身及断面的不同缺陷检量和计算，然后结合国家原木标准，以降等最严重的一种缺陷为准来评定原木的等级，各种原木缺陷的检验方法见本章相关内容。

5. 标志工作

标志工作即号印加盖工作，对于所检原木或锯材，要采用一定的方式，即用特制的钢印或毛刷将尺寸、等级标识在原木或锯材上的工作。具体加盖方法按原木检验标准 LY/T 1511—2002《原木产品　标志　号印》规定执行。

原木检验号印，原则上使用钢印或铸铁印。根据各地不同情况，也可以使用色笔，毛刷和勾字方法，标志在木材断面或靠近端头的材身上。号印分长级、径级、等级、材种、树种分类和检验小组号印等。

① 长级号印　用 1 至 5 头号印，分为一、二、三、四、五，即代表 1m、2m、3m、4m、5m。长级可以用色笔或毛刷以阿拉伯 1、2、3……数字来标志，也可以用勾字方法来标志，写明整根检尺长。

② 径级号印　用 1 至 5 头号印以 0、2、4、6、8 分别代表检尺径，其代表符号见表 3-8。

表 3-8　径级号印代表符号

径级（cm）							符　号
10	20	30	40	50	60	…	0
12	22	32	42	52	62	…	2
14	24	34	44	54	64	…	4
16	26	36	46	56	66	…	6
18	28	38	48	58	68	…	8

③ 等级号印 用 1 至 4 头号印，分别代表原木的一、二、三等和等外原木，见表 3-9。

表 3-9 等级代表符号

一等	二等	三等	等外
△	⊖	⊜	⌺

④ 材种号印 用 1 至 5 头号印以其名称汉语拼音的第一个字母表示，见表 3-10。

表 3-10 材种号印代表符号

产品名称	特级原木	电杆	坑木	造纸材	次加工原木	小径原木	枕木
代表符号	T	D	K	Z	C	X	Zh

⑤ 检验小组号印 为了便于交接和分清木材检验工作中的责任，原木上应加盖检验小组的号印。其代表符号以阿拉伯数字表示，从 01 开始按顺序编号，由各省林业部门统一排号和制作。

（六）材积计算

材积计算是对原木或锯材做出的材积计量核算。对于原木要核算出原木的体积数值，通常采用直接按原木的检尺径及检尺长查定相对应的原木材积表的方法进行；对于锯材则依据锯材的长、宽、厚标准尺寸或按锯材材积表查定锯材材积。不同材种木材具有与其相对应的材积计算公式和材积表国家标准。而原木的材积计算可根据 GB/T4814-1984《原木材积表》规定执行。即：

检尺径在 4~12cm 小径级原木材积按公式（3-16）计算：

$$V=0.7854L(D+4.5L+0.2)^2 \div 10000 \quad (3-16)$$

检尺径在 14cm 以上的原木材积则按公式（3-17）计算：

$$V=0.7854L[D+4.5L+0.005L^2+0.000125L(14-L)^2(D-10)]^2 \div 10000 \quad (3-17)$$

式中：V—材积，m^3；L—检尺长，m；D—检尺径，cm。

在实际生产中，由于计算烦琐，可依据原木检尺长和检尺径直接查阅原木材积表，确定原木材积。检尺径 4~6cm 的原木材积数字，保留 4 位小数；检尺径在 8cm 以上的原木材积数字，保留 3 位小数。

原木检验工具：尺杆、卡尺、卷尺、皮尺和箍尺。检量工具一般按米制（m，cm，mm）标准刻度。

所有检量工具应在省林业主管部门专业工厂生产，或委托有关部门制作，刻度必须准确。在使用过程中发现检量工具有误差或质量问题，必须及时校正和更换。

使用箍尺围量原木直径，应将直径换成圆周长度，并根据增进单位需要进行刻度，以直径表示。即：直径＝圆周长÷3.1416＝0.3183×圆周长。

学生以小组为单位，利用原木检量工具，参照对应的原木检验相关国家标准规定，按以上步骤进行锯切用原木的检验，并完成检验报告单（表 3-11）。记录木材缺陷特征并检量与计算各类型缺陷；量取原木的实际长度和直径获得检量尺寸，得出原木的检尺长和检尺径等标准尺寸；参照材质指标标准进行材质评定、分等；参照原木材积表进行材积计算；参照原木标志号印标准完成对检量原木的产品标志与号印。

表 3-11　锯切用原木检验报告单

试材编号	缺陷类型	原木尺寸				原木材积（m³）	缺陷检量		计算与评等	
		检量尺寸		标准尺寸						
		原木长度（m）	原木直径（cm）	检尺长（m）	检尺径（cm）		尺寸	个数	所占%	等级

六、总结评价

本任务以原木楞场给定的不同树种、等级锯切用原木为检验对象，利用原木检验工具，结合《原木缺陷》和《原木检验》国家标准对原木的实际长度、直径、缺陷的尺寸进行量取与计算；并参照《锯切用原木》标准，根据原木实际长度和直径核定其检尺长和检尺径；根据材质指标要求，进行材质的评定和分等；能在原木尺寸和材质评定后，参照原木材积表的标准进行材积计算，参照原木产品 标志号印标准完成对检量原木的产品标志与号印。通过对锯切用原木检验任务学习，掌握了原木检验的基本内容和步骤，熟悉了原木检量和材质评定的基本方法，同时也了解了各类型缺陷原木的检量与评定方法，这些知识均为学生将来从事木材检验工作奠定基础。

本任务考核评价表可参照表 3-12。

表 3-12　"锯切用原木检验"考核评价表

评价类型	任务	评价项目	组内自评	小组互评	教师点评
过程考核（70%）	锯切用原木检验	树种识别与尺寸检量（30%）			
		材质评定与材积计算（30%）			
		工作态度（5%）			
		团队合作（5%）			
终结考核（30%）		报告单的完成性（10%）			
		报告单的准确性（10%）			
		报告单的规范性（10%）			
评语		班级：	姓名：	第　　组	总评分：
		教师评语：			

七、拓展提高

1. 木材检验的工作内容

根据国家木材标准的各项规定和木材产品检验工作过程，其工作内容主要有：

（1）对国家木材标准和木材检验有关政策、法规的宣传、贯彻及实施工作。

（2）对木材生产过程的合理砍伐、合理造材、合理制材、合理利用木材工作进行技术指导。

（3）对木材材种或产品品种的识别区分。

（4）对木材产品（采运工业产品——原条和原木；木材机械加工半产品——锯材、胶合板、纤维板）进行尺寸（长级、径级、宽度、厚度）检量和材积计算。

（5）对木材产品质量（等级）评定、材性的测定、试验工作。

（6）对木材产品进行野账记码、货额的统计计算工作。

（7）对木材产品号印的标志工作。

要做好木材检验工作，不但要熟练地掌握运用木材标准，还必须全面掌握木材检验工作的各项内容及检验过程的技术和技能。

2. 木材检验员的职责和任务

凡在木材生产、经营、管理及使用部门从事木材检验业务工作的人员，经省区级林业主管机关组织进行木材标准技术培训，考核成绩合格，并取得主管机关颁发的《木材检验技术证》的人员，均有责任贯彻执行木材检验法规及其政策规定。其职责和任务如下：

（1）本着对国家和人民负责的精神，对自己所担负的检验或检验技术指导工作尽职尽责。严格执行国家木材标准，按标准规定认真行使检验工作，以维护国家及消费者的利益。

（2）认真宣传和贯彻执行《标准化法》、《产品质量法》及木材标准，与违犯标准化和木材标准的行为作坚决斗争。

（3）遵守职业道德，严格检验，数据准确，确保林农用户和企业的利益。

（4）认真学习木材检验技术，不断提高自身业务水平。

八、思考与练习

1. 什么是木材检验？木材检验包括哪些内容？
2. 什么是原木长度和检尺长？什么是短径、长径和检尺径？
3. 锯切用原木的尺寸及尺寸允许公差是怎样规定的？
4. 现有一根锯切用原木，量取短径 25cm，长径 27cm，按国家标准其标准检尺径应为多少？
5. 有一根锯切用水曲柳原木，小头断面有脱落劈裂，量取的有关尺寸见图 3-92，求检尺长和检尺径。

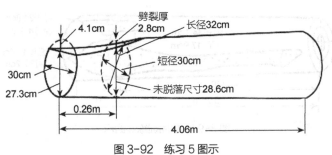

图 3-92 练习 5 图示

6. 在一根检尺径为 32cm 针叶原木上,在最严重 1m 范围内有三个直径大于 30mm 的节子,其直径分别是 40mm、50mm 和 70mm,按国家标准这根原木应评为哪个等级?

九、巩固训练

1. 一根材长 4.27m 的榆木原木,小头短径 27.8cm,长径 31.1cm。材身中部有一漏节,尺寸为 12.6cm;距小头断面 1m 范围还有 6 个活节,其中较大的活节尺寸为 11.4cm,且位于检尺长终止线上;其余节子均足 30mm,位于检尺长范围内。计算此材的检尺尺寸、缺陷百分率,并评定等级。

2. 一根樟子松原木,材长 6.02m,小头直径 37.2cm,自大头断面至材身有 3 根纵裂彼此接近。纵裂 a 长度 82cm,最大裂缝宽 2mm;纵裂 b 长 123cm,最大裂缝宽 5mm;纵裂 c 长度 106cm,最大裂缝 3mm,其他尺寸如图 3-93 所示,计算此材的尺寸,纵裂程度和等级。

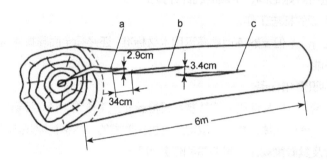

图 3-93　巩固训练 2 图示

3. 一根锯切用楠木原木,材长 3.46m,小头短径 31cm,长径 40cm,大头部位有一处偏枯,偏枯在断面上径向深度为 12cm,距大头断面 6cm 处径向深度为 7.9cm,计算检尺长、检尺径及偏枯程度和等级。

4. 有一根冷杉锯切用原木,材长 4.58m,小头直径 23.5cm,全材长弯曲,拱高为 9cm,大头断面有心材腐朽,直径为 3.5cm,(1)确定标准尺寸,(2)计算各缺陷百分率并评定等级。

5. 有一根杨木原木,小头短径 12cm,长径 15cm,材长 3.99m,大头有一处不规则的心腐,调整成圆面积后直径为 3.2cm,判定此材等级。

6. 一根冷杉原木,材长 3.98m,小头直径 26cm,材身有一处风折,大头断面有抽心,其抽心直径为 15.8cm,判定此材等级。

7. 一根水曲柳原木,材长 4.18m,检尺径 40cm,材身中部有一磨伤,其损伤深度 4.3cm,大头 10cm 处一锯口伤,深度 6cm,判定此材等级。

8. 一根落叶松锯切用原木,量取的基本尺寸为小头直径 39cm,由小头至大头每米长度直径增加 1cm,材身有两块边材腐朽,各部位腐朽弧长和腐朽深度如图 3-94,问这根原木可评为几等材?

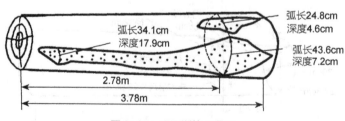

图 3-94　巩固训练 8 图示

9. 一根锯切用红松原木，量的基本尺寸为：材长4.15m，小头短径35.7cm，长径37.5cm。缺陷记录为：小头检尺长终止线上有一死节，尺寸为9.6cm，靠近大头有一活节，尺寸为7.8cm。检尺长范围内节子最多1m内有活节三个，尺寸分别为4.8cm、3.4cm、2.9cm，跨1m线上有一活节，尺寸为3.2cm，死节三个，尺寸分别为5.2cm、3.2cm、2.4cm，如图3-95所示，求原木的检尺尺寸、缺陷百分率及等级各为多少？

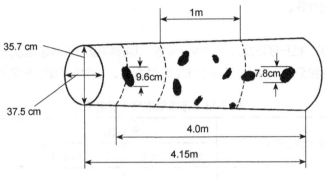

图3-95 巩固训练9图示

任务9 其他用途原木检验

一、任务目标

本任务以原木楞场不同用途原木为例，参照《原木缺陷》和《原木检验》国家标准规定，巩固练习原木检验的基本内容和步骤；并能参照不同用途原木国家标准，掌握各种原木的尺寸检量和材质评定的技术要求和检验方法；掌握阅读和使用各类原木标准的能力。

二、任务描述

本任务以原木楞场给定的不同用途原木为对象，结合《原木缺陷》和《原木检验》国家标准，巩固与强化对原木的检验技术。能利用检验工具进行尺寸检量、材质评定、材积计算和产品标志等工作，并完成检验报告。

三、工作情景

教师以原木楞场不同用途原木为例，学生以小组为单位担任木材检验员。根据相关资料对原木进行树种识别、材种区分、尺寸检量、材质评定、材积计算和号印加盖等完整的原木检验工作过程，完成检验报告后进行小组汇报，教师针对学生的工作过程及成果进行评价与总结，按教师要求学生进行修订并最终上交检验报告。

四、知识准备

（一）特级原木的检验

特级原木指用于高级建筑、装修、文物装饰及各种特殊用途的优质原木。检验方法参见GB/T 4812—2006

《特级原木》，本标准规定了特级原木树种、尺寸规格、材质指标、检验及材积计算等。

1. 树种

我国规定的特级原木树种有红松、云杉、沙松、樟子松、华山松、柏木、杉木、落叶松、马尾松、水曲柳、核桃楸、檫木、黄樟、香椿、楠木、榉木、槭木、麻栎、柞木、青冈、荷木、红锥、榆木、椴木、枫桦、西南桦、白桦等。

2. 尺寸

特级原木的检尺长、检尺径以及尺寸进级及公差，均按特级原木的标准规定执行（表 3-13）。检量原木的材长和直径均量至厘米为止，不足厘米的尺寸舍去。尺寸检量规定参见《原木检验》国家标准。

表 3-13　特级原木尺寸规格表

检尺长（m）	长级允许公差（cm）	尺寸进级		检尺径（cm）
		检尺长（m）	检尺径（cm）	
针叶 4~6 阔叶 2~6	+6 0	0.2	2	自 24 以上（柏木、杉木自 20 以上） 自 24 以上

3. 材质评定指标

对于特级原木的质量要求很高，对缺陷限度和原木的外观也有较严格的要求，其特级原木的缺陷限度见表 3-14 所示，而对于特级原木的材质检验参阅锯切用原木材质检验的方法。

表 3-14　特级原木材质指标

缺陷名称	允许限度	
	针叶材	阔叶材
活节、死节	任意 1m 材长范围内，节子直径不超过检尺径 15%的允许：	
	2 个	1 个
树包（隐生节）	全材长范围内凸出原木表面高度不超过 30mm 的允许：1 个	
心材腐朽	腐朽直径不得超过检尺径的： 小头不允许　大头—10%	
边材腐朽	距大头端面 1m 范围内，大头边腐厚度不得超过检尺径的 5%，边材腐朽弧长不得超过该断面圆周的 1/4，其他部位不允许	
裂纹	纵裂长度不得超过检尺长的：杉木 15%　其他树种 10% 贯通断面开裂不允许 断面弧裂拱高或环裂半径不到超过检尺径的 20% 断面的环裂、弧裂的裂缝在 25cm^2 的正方形中允许有 2 条(裂纹没有起点限制）	
劈裂	大头及小头劈裂脱落厚度不得超过同方向直径的 5%	
弯曲	最大拱高与该段内弯曲水平长相比不得超过	
	1%	1.5%
扭转纹	小头 1m 长范围内，倾斜高度不得超过检尺径的 10%	

（续）

缺陷名称	允许限度	
	针叶材	阔叶材
偏心	小头断面中心与髓心之间距离不得超过检尺径的 10%	
外伤	径向深度不得超过检尺径的 10%	
外夹皮	距大头端面 1m 范围内，长度不得超过检尺长的 10% 其他部位不允许	
抽心	小头断面不允许 大头抽心直径不得超过检尺径的 10%	
虫眼	全材长范围内及端面自 3mm 以上的均不允许	

注：除本表所列缺陷外，如漏节、树瘤、偏枯、风折木、双心，在全材长范围内均不允许，其他未列入缺陷不计。

（4）检验、材积计算、抽样判定及产品标志方法

① 尺寸检量　按 GB/T 144—2003《原木检验》执行。

② 材质评定　除本标准已作规定外，其他按 GB/T 144—2003《原木检验》执行。

③ 材积计算　按 GB/T 4814—1984《原木材积表》执行。

④ 抽样判定方法　按 GB/T 17659.1—1999《原木批量检查抽样、判定方法》执行。

⑤ 原木产品标志号印　按 LY/T 1511—2002《原木产品 标志 号印》执行。

（二）直接用原木——坑木的检验

坑木是指用于矿井作支柱、支架等用途的原木。检验方法参见 GB/T 42—1995《直接用原木 坑木》，本标准规定了坑木的树种、尺寸规格、材质指标、检验及材积计算等。

1. 树种

松科树种、杨木及其他硬阔叶树种。杉木、冷杉、泡桐、拟赤杨、枫香、桤木、青榨槭、漆木、盐肤木不可用作坑木。

2. 尺寸规格

表 3-15 为直接用原木的尺寸及允许公差。

表 3-15　直接用原木尺寸规格表

树种	检尺径（cm）	检尺径进级（cm）	检尺长（m）	长级公差（cm）
针、阔叶树	12~24	2	2.2~3.2 4、5、6	+6 -2

3. 材质评定指标，见表 3-16

表 3-16　直接用原木材质指标

缺陷名称	检量方法及允许限度
漏节	在全材长范围内，尺寸不超过检尺径的 15%
边材腐朽	在全材长范围内不许有
心材腐朽	在检尺长范围内不许有

（续）

缺陷名称	检量方法及允许限度
虫眼	在检尺长范围内不许有
弯曲	最大拱高不得超过该弯曲内曲水平长的：检尺长自 3.2m 以下的 3%；4、5、6m 的 5%。
外伤、偏枯	深度不得超过检尺径的 10%
炸裂、风折木	在检尺长范围内不许有

注：上表未列的缺陷不计。

4．检验方法与材积计算

① 尺寸检量　按 GB/T 144—2003《原木检验》执行。

② 材质评定　按 GB/T 144—2003《原木检验》执行。

③ 材积计算　按 GB/T 4814—1984《原木材积表》执行。

（三）加工用原木（枕资）的检验

枕资原木是指用于加工标准轨所需的专用原料，检验方法参见 LY/T 1503—2011《加工用原木 枕资》，标准规定了枕资的技术要求、抽样方法、检验方法、材积计算及产品标志等内容，适用于铁路标准轨普通木枕加工用原木。

1．树种

落叶松、马尾松、云南松、云杉、冷杉、铁杉、樟子松、辐射松、枫香、桦木及其他适用的树种。

2．尺寸，表 3-17 为枕资原木的尺寸及允许公差。

表 3-17　枕资原木的尺寸规格表

树种	检尺径（cm）	检尺长（m）	尺寸进级		长级公差（cm）
			检尺径（cm）	检尺长（m）	
针、阔叶树	自 26 以上	2.5 5.0 7.5	2	2.5	+6 -2

3．材质评定指标

对于加工用原木的材质评定标准可见表 3-18，其他未列缺陷不计。

表 3-18　加工用原木允许限度

缺陷名称	允许限度			
漏节	在全材长范围内			不许有
边材腐朽	检尺径	26~28cm	边腐厚度不超过检尺径的	不许有
		30~38cm		5%
		自 40cm 以上		10%
心材腐朽		26~38cm	心腐直径不超过检尺径的	不许有
		自 40cm 以上		10%
弯曲	最大拱高不超过该弯曲内曲水平长的			4%

（4）抽样、检验、材积计算及产品标志
① 抽样、判定方法　按 GB/T 17659.1—1999《原木批量检查抽样、判定方法》执行。
② 检验方法　按 GB/T 144—2003《原木检验》执行。
③ 材积计算　按 GB/T 4814—1984《原木材积表》执行。
④ 产品标志　按 LY/T 1511—2002《原木产品 标志 号印》执行。

（四）次加工原木的检验

材质低于针、阔叶材加工用原木最低等级，但还具有一定利用价值的原木称为次加工原木。南方及其他一些地区的次加工原木可供造纸、人造纤维、木制成品和半成品及其他用途。东北、内蒙古林区的次加工原木可供作锯材原料和其他用途。检验方法参见 LY/T 1369—2011《次加工原木》，标准规定了次加工原木的树种、用途、尺寸及缺陷限度。

1. 树种
所有针、阔叶树种。

2. 尺寸
表 3-19 所示，对于次加工用原木的尺寸检量可参照制材用原木尺寸检量的规定执行。

表 3-19　次加工原木的尺寸规格表

树种	检尺径（cm）	检尺长（m）	尺寸进级		长级公差（cm）
			检尺径（cm）	检尺长（m）	
针、阔叶树	自 14 以上	2~6	2	0.2	+6 -2

（3）材质评定指标

在对次加工用原木的材质要求方面，只对腐朽加以限制，其他缺陷不计；云杉、冷杉、铁杉的筛状腐朽不限；以两端面和材身上腐朽程度严重的一处作为评定依据。材质评定以检量原木断面上的优良部分尺寸为依据。其缺陷允许限度见表 3-20。

表 3-20　次加工原木允许限度

缺陷名称	允许限度
边材腐朽	检尺径 14~18cm，边材腐朽厚度不超过检尺径 35%； 检尺径自 20cm 以上，边材腐朽厚度不超过检尺径 40%
心材腐朽	检尺径 14~18cm，心材腐朽直径不超过检尺径 70%； 检尺径自 20cm 以上，针叶树心材腐朽直径不超过检尺径 80%； 检尺径自 20cm 以上，阔叶树心材腐朽直径不超过检尺径 85%

（4）检验、材积计算及产品标志方法
① 检验方法　按 GB/T 144—2003《原木检验》执行。
② 材积计算　按 GB/T 4814—1984《原木材积表》执行。
③ 产品标志　按 LY/T 1511—2002《原木产品 标志 号印》执行。

（五）小径原木的检验

小径原木是指直径小于加工用原木和次加工原木的原木。检验方法参见 GB/T 11716—2009《小径原木》，标准规定了小径原木的树种、用途、尺寸、材质指标、检验方法及材积计算等；适用于全国木材生产、流通领域。也适用于农业、轻工业、手工业木制品及民需其他用料。

1. 树种

所有针叶材、阔叶材树种。

2. 尺寸

见表3-21。

表3-21　小径原木的尺寸规格表

树种	检尺径（cm）	检尺长（m）	尺寸进级		长级公差（cm）
			检尺径（cm）	检尺长（m）	
针、阔叶树	东北、内蒙古地区4~16，其他地区4~13。	2~6	4~13，按1进级；14~16，按2进级。	0.2	+6 -2

3. 材质评定指标

见表3-22，本表未列缺陷不计。

表3-22　小径原木的缺陷限度

缺陷名称	允许限度		
漏节	全材长范围内的个数不得超过		1个
边材腐朽	腐朽厚度不得超过检尺径的		10%
心材腐朽	腐朽直径不得超过检尺径的	小头	不许有
		大头	20%
虫眼	任意材长1m范围内的个数不得超过		10个
弯曲	最大拱高不得超过检尺长的	2~3.8m	3%
		4~6m	4%

4. 检验、材积计算、抽样及产品标志方法

① 检验方法　按GB/T 144—2003《原木检验》执行。

② 抽样、判定方法　按GB/T 17659.1—1999《原木批量检查抽样、判定方法》执行。

③ 材积计算　按GB/T 4814—1984《原木材积表》执行。

④ 产品标志　按LY/T 1511—2002《原木产品　标志　号印》执行。

（六）旋切单板用原木的检验

旋切单板用原木是指适用于制作胶合板的旋切单板的原木。检验方法参见 GB/T 15779—2006《旋切单板用原木》，标准规定了旋切单板用原木主要树种、尺寸、材质指标、检验方法及材积计算等。

1. 树种

针叶：马尾松、云杉、云南松、樟子松、落叶松等。

阔叶：椴木、水曲柳、山枣、桦木、枫香、杨木、槭木、荷木、拟赤杨等。

2. 尺寸

见表3-23。

表3-23 旋切单板用原木的尺寸规格表

树种	检尺径（cm）	检尺径进级（cm）	检尺长（m）	长级公差（cm）
针、阔叶树	自20以上	2	2、2.6、4、5.2、6	+6 -2

3. 材质评定指标

见表3-24，本表未列缺陷不计。

表3-24 旋切单板用原木的材质指标

缺陷名称	允许限度	
	针叶材	阔叶材
活节、死节	节子直径不得超过检尺径的30%	
	节子断面不允许有腐朽	
	任意材长1m范围内的节子个数不得超过	
	8个	4个
漏节	全材长范围内不允许	
心材腐朽、抽心	心材腐朽直径、抽心直径不得超过检尺径的20%	
边材腐朽	全材长范围内不允许	
虫眼	虫眼最多1m材长范围内的个数不得超过	
	10个	5个
纵裂、外夹皮	纵裂、外夹皮长度不得超过检尺长的30%	
弯曲	最大弯曲拱高不得超过内曲水平长的2%	
偏枯、外伤	深度不得超过检尺径的20%	
双丫材、炸裂	全材长范围内不允许	
环裂、弧裂	在同一断面上的25cm^{2}正方形中，环裂、弧裂不得超过3条	
	环裂半径、弧裂拱高不得超过检尺径的10%	

4. 检验、材积计算、抽样及产品标志方法

① 检验方法　按GB/T 144—2003《原木检验》执行。

② 抽样、判定方法　按GB/T 17659.1—1999《原木批量检查抽样、判定方法》执行。

③ 材积计算　按GB/T 4814—1984《原木材积表》执行。

④ 产品标志　按LY/T 1511—2002《原木产品 标志 号印》执行。

（七）刨切单板用原木的检验

刨切单板用原木是指用于装饰材料贴面的刨切单板原料，不适用于制作人造木质板的原料。检验方法参见GB/T 15106-2006《刨切单板用原木》，标准规定了刨切单板用原木的适用树种、尺寸、材质指标、检验方法及材积计算等。

1. 树种

阔叶材：水曲柳、蒙古栎、核桃木、桦木、椴木、榆木、黄波罗、锥木、水青冈、檫木、苦

楮、泡桐、荷木、樟木、楠木、润楠、榉木、柚木、山龙眼、枫香、桃花心木、黑核桃、古夷苏木等。

针叶材：软木松（红松）、落叶松、陆均松、云杉、冷杉、红豆杉、福建柏等。

2. 尺寸

见表3-25。

表3-25 刨切单板用原木的尺寸规格表

树种	检尺径（cm）	检尺径进级（cm）	检尺长（m）	长级公差（cm）
针、阔叶树	自20以上	2	2、2.6、4、5.2、6	+6 -2

3. 材质评定指标

见表3-26，本表未列缺陷不计。

表3-26 旋切单板用原木的材质指标

缺陷名称	允许限度	
	针叶材	阔叶材
活节	节子直径不超过检尺径的10%，数量不限	节子直径不超过检尺径的15%，任意材长1m范围内允许5个
死节、腐朽节	节子直径尺寸不超过检尺径的10%，任意材长1m范围内允许	
	2个	1个
漏节	全材长范围内不允许	
心材腐朽	大头腐朽直径不超过检尺径的(小头不允许)	
	2%	5%
边材腐朽	大头最大腐朽厚度不超过检尺径的(小头不允许)5%	
蛀孔（虫眼）	检尺长范围内不允许	
径裂、环裂、弧裂	不允许	
纵裂	长度不得超过检尺长的10%	
弯曲	弯曲最大拱高不得超过检尺径的15%	
大兜	圆兜允许，凹兜不允许	
树瘤、树包	不允许	
扭转纹	小头1m长范围内的纹理倾斜高不得超过检尺径的10%	
双心	不允许	
外夹皮	长度不得超过检尺长的10%	
偏枯、外伤	深度小于检尺径的5%	
异物侵入	不允许	
枯立木	不允许	
抽心	不超过检尺径的4%	

4. 检验、材积计算、抽样及产品标志方法

① 检验方法　按 GB/T 144—2003《原木检验》执行。
② 抽样、判定方法　按 GB/T 17659.1—1999《原木批量检查抽样、判定方法》执行。
③ 材积计算　按 GB/T 4814—1984《原木材积表》执行。
④ 产品标志　按 LY/T 1511—2002《原木产品　标志　号印》执行。

五、任务实施

本任务在对各用途原木进行检验时，任务实施步骤同上节所学任务 3.2《锯切用原木检验》，包括树种识别、材种区分、尺寸检量、材质评定、材积计算、号印加盖等工作过程。学生以小组为单位，利用原木检量工具，参照对应的原木检验相关国家标准规定，按步骤完成检验，并完成检验报告单（表 3-27）。

表 3-27　各用途原木检验报告单

试材编号与用途	缺陷类型	原木尺寸				原木材积（m³）	缺陷检量			计算与评等
		检量尺寸		标准尺寸			尺寸	个数	所占%	等级
		原木长度（m）	原木直径（cm）	检尺长（m）	检尺径（cm）					

六、总结评价

本任务对特级原木、直接用原木、加工用原木、次加工原木、小径原木、旋切单板用原木和刨切单板用原木 7 种不同用途原木的检验进行了学习，强化了原木检验的基本内容和步骤，巩固了原木各类国家标准的内容，了解了各用途原木在树种、尺寸、进级及材质评定指标等方面的联系与区别，丰富了学生从事木材检验的工作内容。

本任务考核评价表可参照表 3-28。

表 3-28　"其他用途原木检验"考核评价表

评价类型	任务	评价项目	组内自评	小组互评	教师点评
过程考核（70%）	其他用途原木检验	树种识别与尺寸检量（30%）			
		材质评定与材积计算（30%）			
		工作态度（5%）			
		团队合作（5%）			

（续）

评价类型	任务	评价项目	组内自评	小组互评	教师点评
终结考核（30%）		报告单的完成性（10%）			
		报告单的准确性（10%）			
		报告单的规范性（10%）			
评语	班级：	姓名：	第　　组	总评分：	
	教师评语：				

七、思考与练习

1. 特级原木在树种、尺寸及材质指标上是如何规定的？
2. 直接用原木在树种、尺寸及材质指标上是如何规定的？
3. 小径原木在树种、尺寸及材质指标上是如何规定的？
4. 简述加工用原木和次加工原木在树种、尺寸及材质指标上的区别与联系。
5. 简述旋切单板用原木和刨切单板用原木在树种、尺寸及材质指标上的区别与联系。

项目四
锯材标准与检验

知识目标

1. 理解锯材检验的基本内容和操作步骤，了解现行国家各项锯材检验标准。
2. 掌握锯材的分类、锯材缺陷类型及检验与计算方法。
3. 掌握普通锯材尺寸检量和等级评定方法。
4. 了解特种锯材相关标准和检量检验方法。

技能目标

1. 能根据《锯材缺陷》国家标准识别锯材缺陷类型并能进行基本检量和计算。
2. 能根据《锯材检验》国家标准对各类锯材进行尺寸和材质的检量与检验。
3. 能根据各类锯材国家标准明确树种、尺寸、材质标准和技术要求，进行锯材树种识别、材种区分、尺寸检量、材质评定、材积计算和标志工作的实际操作。

 任务 10　锯材缺陷认知与检验

一、任务目标

掌握木材缺陷的认知与检验方法，对指导木材及锯材质量检验，木材材质改良和合理利用具有重要意义，其包括原木缺陷和锯材缺陷。本任务通过对锯材缺陷学习，使学生掌握锯材缺陷种类及其识别方法，熟悉锯材缺陷的检量与计算方法，为学好后续锯材检验任务奠定良好的理论与实践基础。

二、任务描述

本任务通过给定相关图片资料、锯材缺陷实物及学生搜集相关材料，结合《锯材缺陷》国家标准，学习锯材缺陷的基本理论知识，并结合锯材板院不同树种、尺寸及等级的锯材实物识别锯材缺陷类型，进行缺陷的检量与计算，每人完成锯材缺陷认知与检验报告单。

三、工作情景

教师以锯材板院不同树种、尺寸及等级的锯材实物为例，学生以小组为单位担任木材检验员。根据相关资料及图片对锯材缺陷类型进行识别，并记录缺陷主要特征；依据《锯材缺陷》国家标准要求逐步进行缺陷检量与计算操作，完成实验报告后进行小组汇报，教师针对学生的工作过程及成果进行评价与总结，按教师要求学生进行修订并最终上交检验报告单。

四、知识准备

（一）锯材缺陷定义

锯材各类缺陷定义与检量计算方法均参照 GB/T 4823—1995《锯材缺陷》规定进行。

1. 节子

（1）定义

包含在木材内的枝条部分。

（2）节子的种类

① 按连生程度分为活节和死节。

a. 活节　节子与周围木材紧密连生，或大部分连生，质地坚硬，构造正常（图 4-1）。

b. 死节　节子与周围木材不连生，或大部分不连生，在锯材中有时松动或脱落成空洞（节孔或节眼，图 4-2）。

图 4-1　活　节

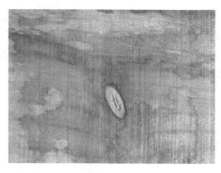
图 4-2　死　节

② 按材质可分为健全节、腐朽节和漏节。

a. 健全节　节子材质完好，无腐朽迹象。

b. 腐朽节　节子本身已腐朽，但未透入周围木材（即周围材质仍完好）。

c. 漏节　节子不仅本身已腐朽，而且引起周围材质腐朽，常见于大方材中。因此，漏节常成为大方内部腐朽的外部特征。

③ 按断面形状可分为圆形节（含椭圆形节）、条状节和掌状节等。

a. 圆形节（含椭圆形节）　节子断面呈圆形或接近于圆形，长短径之比小于 3，常见于锯材的弦切面上（图 4-3）。

b. 条状节　节子断面呈长条状（长短径之比不小于 3），常见于锯材的径切面上（图 4-4）。

c. 掌状节　节子成两相对称排列的长条状，常呈现于针叶树锯材的径切面上（图 4-5）。

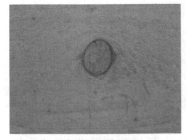  

图 4-3　圆形节　　　　　　　图 4-4　条状节　　　　　　　图 4-5　掌状节

④ 按分布密度可分为散生节和簇生节等。

a. 散生节　沿材长方向零星分布的单个节子。

b. 簇生节　两个以上的节子簇生在一起，在短距离内数目较多，形如一个单元的节子。

⑤ 按位置可分为材面节、材边节、材棱节和贯通节。

a. 材面节　露于宽材面上的节子。

b. 材边节　露于材边上的节子。

c. 材棱节　露于材棱上的节子。

d. 贯通节　同时露于同一面的两个边棱上的节子。

2. 裂纹

（1）定义

木材纤维沿纵向分离所形成的裂隙。

（2）裂纹的种类

① 按类型可分为径裂、环裂、干裂和贯通裂。

a. 径裂（心裂）　在心材或熟材内部，从髓心沿径向呈放射状的裂纹。

b. 环裂　沿年轮方向的裂纹；小于 1/2 圆周称弧裂，大于 1/2 圆周称轮裂。

c. 干裂　由于木材干燥不当使锯材表面产生的径向裂纹。

d. 贯通裂　相对或相邻材面相互贯通的裂纹。

② 按位置可分为材面裂纹、材边裂纹和端面裂纹。

a. 材面裂纹　裂纹呈现在宽材面上。

b. 材边裂纹　裂纹呈现在材边上。

c. 端面裂纹　裂纹呈现在端面上。

3. 木材构造缺陷

（1）定义

凡影响木材利用的正常的和非正常的木材构造所形成的各种缺陷。

（2）构造缺陷的种类

① 斜纹　木材纤维走向偏离锯材的纵轴线。一般由圆材的扭转纹、弯曲和尖削造成（此类也称天然斜纹），此外下锯不合理也能造成斜纹（此类也称人为斜纹，图 4-6）。

② 乱纹　木材纤维呈交错、波状或杂乱的排列。

③ 涡纹　年轮因节子或夹皮的影响形成局部弯曲，呈旋涡状。

④ 应力木　一种具有异常结构和性质特征的木材，分以下两种：

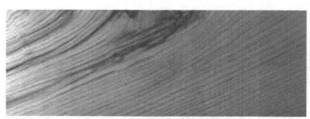

图4-6 斜纹

　　a. 应压木　在针叶材中的应力木。即在倾斜和弯曲树干或枝条的下方，在锯材上表现为部分年轮和晚材特别宽。

　　b. 应拉木　在阔叶材中的应力木。即在倾斜和弯曲树干或枝条的上方，锯材上表现为部分年轮和晚材较宽，锯面容易起毛。

　　⑤ 髓心　位于树干的中心（有时因外界影响而偏心），为木质部包围的一种松软薄壁细胞组织。褐色或浅褐或中空，外廓形状因树种不同而异，多数为圆形或椭圆形，少数为星形或多角形等。

　　⑥ 髓心材　指在髓心周围紧靠髓心的木材。其细胞尺寸和构造均有别于成熟材。晚材率较低，密度较小，材质较差。

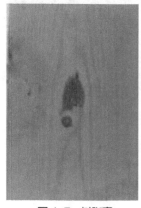

图4-7 树脂囊

　　⑦ 树脂囊　某些针叶材的年轮中间充满树脂的条状沟槽，在横断面上表现为充满树脂的弧形裂隙，径切面上为短小的缝隙，弦切面上为充满树脂的椭圆形浅沟槽（图4-7）。

　　⑧ 伪心材　某些边材树种的心材部分颜色变深，且材色不均匀，形状又不规则，呈现暗褐色或红褐色，有时呈紫色或深绿色。

　　⑨ 内含边材　某些心材树种的心材部分偶然出现色浅的环带，并与边材相似。

4. 变色

（1）定义

木材正常颜色发生改变者。

（2）变色的种类

　　① 化学变色　木材由于化学或生物化学作用所引起的木材变色。常呈现浅棕红色、褐色或橙黄色等不正常的材色。

　　② 真菌变色　木材因真菌侵蚀而引起的变色。分以下三种基本类型：

　　a. 霉菌变色　木材表层由霉菌菌丝体和孢子侵染所引起的变色，多发生在边材。其颜色视孢子和菌丝以及所分泌的色素而定，常有蓝、绿、黑、紫、红等颜色，通常呈斑点状或稠密的霉菌层。

　　b. 变色菌变色　锯材边材（主要指生材状态）在变色菌的侵蚀下所引起。常见的是青变或蓝变，其次为其他边材色斑，有橙黄色、粉红或浅紫色、棕褐色等。该缺陷主要由于木材干燥不及时或保管不当所造成。

　　c. 腐朽菌变色　木腐菌侵入木材的初期阶段所引起的变色。常见有：红斑、浅红褐色、棕褐色或紫红色等。

5. 腐朽

（1）定义

由于腐朽菌的侵入，逐渐改变木材颜色和细胞结构，使木材组织细胞受到不同程度的破坏，从而导致木材物理、力学性能明显的改变。最后使木材松软易碎，呈筛孔状、纤维状、裂块状和粉末状等。

（2）腐朽的种类

① 白腐 主要由白腐菌破坏木质素和纤维素所形成。腐朽材呈白色纤维状，后期腐朽呈蜂窝状（或筛孔状、海绵状），材质松软、易剥落。

② 褐腐 主要由褐腐菌侵蚀或降解木材纤维素和半纤维素所引起的腐朽现象。腐朽材褐色、质脆、呈龟裂状（具纵横交错的块状裂隙）。后期腐朽材易捻成粉末状。

③ 软腐 因软腐菌的侵害，使表层木材发生软化，材色变暗，但深层木材健全；软腐材干燥后呈龟裂状。常见于高湿环境下使用的木材构件。

6. 蛀孔

（1）定义

昆虫或海生钻孔动物蛀蚀木材的孔道。

（2）蛀孔的种类

① 虫眼 木材害虫蛀蚀木材的孔眼、坑道或隧道。

a. 表面虫眼和虫沟 指蛀蚀木材的径向深度不足10mm的虫眼和虫沟。

b. 针孔虫眼 孔径不足1.5mm，通常1mm的虫眼。

c. 小虫眼 最小孔径超过1mm，不足3mm的虫眼。

d. 大虫眼 最小孔径自3mm以上的虫眼。

② 蜂窝状孔洞 粉蠹类、食菌小蠹、白蚁或海生钻孔动物等密集蛀蚀木材成蜂窝状或筛孔状者。

7. 损伤

（1）定义

木材在锯解加工或运输保管过程中常遭受各种机械和工具的损伤，或在立木时期受伤后所形成的伤疤如夹皮、树脂漏和髓斑等。

（2）分类

① 机械损伤 木材遭受工具和机械等的损伤。

② 夹皮 部分或全部包埋在木质部内的树皮。分以下两种：

a. 单面夹皮 夹皮呈现在锯材的一个面（边）上。

b. 贯通夹皮 夹皮同时呈现在锯材的两个面（边）上。

③ 树脂漏 树脂大量聚集并浸透其周围木材者；颜色较深，薄片呈透明状，常见针叶材。

④ 髓斑 某些树种的木材横切面上呈褐色弯月状斑点，纵切面上为长度不一的深褐色条纹，皆为薄壁组织，系立木的形成层受昆虫危害后又愈合所致。

注：以上7种锯材缺陷的形成原因及对材质影响，在《原木标准及检验》项目内容中已讲，在这不再进行阐述。

8. 加工缺陷

（1）定义

在锯解加工过程中所造成的木材表面损伤缺陷。

（2）分类

主要有缺棱和锯口缺陷。

① 缺棱 在整边锯材上残留的原木表面部分。缺棱可分为钝棱和锐棱。

a. 钝棱 锯材宽、厚度方向的材棱未着锯的部分（图4-8）。

图4-8 钝　棱

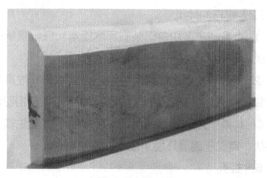

图4-9 锐　棱

b. 锐棱　锯材材边局部长度未着锯的部分（图4-9）。

② 锯口缺陷　因锯切不当造成的材面不平整或偏斜的现象，分以下四种：

a. 瓦棱状锯痕　锯齿或锯削刀具在锯材表面留下的深痕呈凹凸不平的现象。

b. 波状纹（水波纹、波浪纹）　锯口不成直线，材面（边）呈波浪状。

c. 毛刺糙面　木材在锯切时，纤维受到强烈撕裂或扯离形成毛刷状，使材面（边）显得十分粗糙的现象。

d. 锯口偏斜　相对材面不平行或相邻材面不垂直，从而发生偏斜的现象。如偏沿子、凹凸腹等。

（3）对材质的影响

① 缺棱　减少材面的实际尺寸，锯材难以按要求使用，改锯则增加废材量，减少木材的有效利用率。

② 锯口缺陷　使锯材的形状和尺寸不规整，即锯材厚薄、宽窄不匀，或材面不光洁，以致影响木材的使用，使木材利用率下降，加工困难。

9. 变形

（1）定义

锯材在干燥、保管过程中所产生的形状变化。

（2）分类

分为翘曲、扭曲和菱形变形。

① 翘曲　锯材在锯切、干燥和保管等过程中产生的弯曲现象。按弯曲方向可分为顺弯、横弯和翘弯。

a. 顺弯　材面沿材长方向成弓形的弯曲。顺弯可分为单向顺弯（只弯曲一次）和多向顺弯（弯曲多次，图4-10）。

b. 横弯　在与材面平行的平面上，材边沿材长方向成横向弯曲，即左右弯（图4-11）。多由两侧边纹理倾斜不一所致。

c. 翘弯　锯材沿材宽方向成为瓦形的弯曲（图4-12）。常发生于弦切板因径、弦向收缩差异所引起。

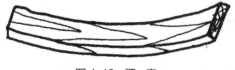

图4-10 顺　弯

图4-11 横　弯

② 扭曲　沿材长方向呈螺旋状的弯曲，材面的一角向对角方向翘起，即四角不在一个平面上（图 4-13）。

③ 菱形变形　新锯方材横断面为方形的，干燥后变为菱形（图 4-14）。常见于生长轮对角延伸的方材，多因弦向收缩大于径向收缩所致。

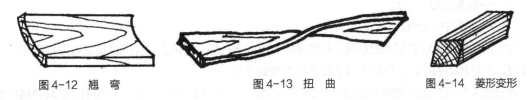

图 4-12　翘弯　　　　　　图 4-13　扭曲　　　　　　图 4-14　菱形变形

（3）对材质的影响

变形会使锯材形状（材面、材边）不平整，降低锯材质量，影响加工工艺和木制品的质量，使木材用途受到限制。

（二）锯材缺陷的基本检量和计算方法

1. 节子的检算

节子尺寸的检量：圆形节（包括椭圆形节）检量与锯材轴或材棱平行的两条节周切线之间的距离（图 4-15）；条状节和掌状节检量节子横向的最大宽度（即垂直于节子纵向的最大宽度，图 4-16，其中掌状节尺寸应分别检量）。节子尺寸可用绝对值（毫米）或相对值节径率表示，即所量得锯材纵长方向成垂直量得的最大节子尺寸或与节子本身纵长方向垂直量其最宽处的尺寸，与所在材面标准宽度相比，用百分率表示，计算公式见公式（4-1）。

$$K = \frac{d}{B} \times 100\% \qquad (4\text{-}1)$$

式中：K——节径比率，%；

d——节子直径（量至毫米），mm；

B——材面检尺宽度，mm。

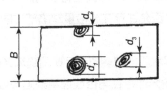 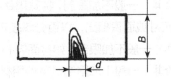

图 4-15　圆形节检量　　　　图 4-16　条状节、掌状节检量

节子尺寸可以规定计算起点（按树种和节子种类），不足起点者不计。节子个数可在规定范围内查定，或在节子最多的 1m 内统计，掌状节应分别计算个数。

健全节属活节按活节检量，属死节按死节处理，腐朽节按死节计算。

板材按节子在两个宽材面中较严重的一个材面为准，方材以四个材面中节子最严重的一个材面为准，枕木以枕面铺轨范围内量得最大一个节子尺寸为准。

2. 裂纹的检算

沿材长方向检量裂纹长度（包括未贯通部分在内的裂纹全长）与材长相比，以百分率表示。计算公式见公式（4-2）。

$$LS=\frac{l}{L}\times100\% \tag{4-2}$$

式中：LS——纵裂度，%；
　　　l——纵裂长度，cm；
　　　L——检尺长，cm。

注：贯通裂纹无计算起点的规定，不论宽度大小均予计算。非贯通裂纹的最宽处可以规定宽度的计算起点，不足起点的不计，自起点以上者应检量裂纹全长。

数根彼此接近的裂纹相隔不足3mm的按整根裂纹计算；自3mm以上分别检量，以其中最严重的一根裂纹为准。

斜向裂纹按斜纹与裂纹两种中降等最严重的一种计算。

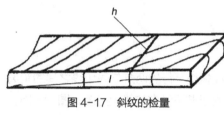

图4-17　斜纹的检量

特种用途的大方材还应检量端面的环裂。检量最大一处环裂（轮裂）的半径或直径或弧裂的拱高或弧长，以厘米计或与相应尺寸相比，以百分率计。

3. 木材构造缺陷的检算

① 斜纹的检算　在任意材长范围内，检量斜纹的倾斜高度与该水平长度相比，以百分率计（图4-17），计算公式见公式（4-3）。

$$SG=\frac{h}{l}\times100\% \tag{4-3}$$

式中：SG——斜纹的斜率，%；
　　　h——斜纹的倾斜高度，cm；
　　　l——斜纹的水平长度，cm。

② 乱纹的检算　一般不加限制。特殊用材可检量乱纹面积或宽度或长度，百分率表示。

③ 涡纹的检算　一般不加限制。特殊用材可计算材长1m内或全材长内涡纹个数。

④ 应力木的检算　一般不加限制。特殊用材按是否允许存在或检量缺陷部位的宽度、长度或面积，与所在材面的相应尺寸或面积相比，以百分率表示。

⑤ 髓心的检算　一般不加限制。如材面髓心周围木质部已剥离，呈现凹陷沟条时，可按裂纹计算。

⑥ 髓心材的检算　一般不加限制。特种用材应按允许存在与否或检量缺陷部位的长度、宽度或面积，以相应百分率表示。

⑦ 树脂囊（油眼）的检算　一般不加限制。特种用材可检量树脂囊的长度、宽度或面积，以占所在材面相应的百分比表示，或计算每米长或全材长的个数。

⑧ 伪心材的检算　一般不加限制。特种用材可检量缺陷部位的面积，以占所在面的面积百分比表示。

⑨ 内含边材的检算　一般不加限制。特种用材可检算其面积百分比。

4. 变色的检算

一般用材不加限制。装饰材和特殊用材，可检算变色面积（多处变色累加），按变色面积占所在面的百分比表示，边界线以肉眼明显识别为准，检算变色较严重的宽材面，并规定允许变色的程度，计算公式见公式（4-4）。

$$DC = \frac{a}{A} \times 100\% \tag{4-4}$$

式中：DC——变色率，%；
　　　a——变色部分的面积，cm^2；
　　　A——变色所在面的锯材面积，cm^2。

5. 腐朽的检算

可以测定腐朽的长度和宽度，以绝对值（毫米或厘米）或相对值（腐朽尺寸与相应尺寸的百分比）表示，或腐朽面积占所在材面面积百分比表示，计算公式见公式（4-5）。

$$R = \frac{a}{A} \times 100\% \tag{4-5}$$

式中：R——腐朽率，%；
　　　a——腐朽面积，cm^2；
　　　A——腐朽所在面的锯材面积，cm^2。

板材按腐朽较严重的宽材面为检算面；方材按四个面中腐朽最严重的面为检算面。截面尺寸大于 $225cm^2$ 的锯材，按六个面中腐朽最严重的面为检算面。同一检算面上多处腐朽应累加计算。

6. 蛀孔的检算

① 虫眼的检算　只检算最小直径，不限定深度，其最小直径足 3mm 的，均计算个数。在检尺长范围内，按虫眼最多 1m 中的个数或全材长中的个数计算。计算虫眼时，板材以宽材面为准，窄材面不计；方材以虫眼最多的材面为准；枕木以枕面铺轨范围为准。

② 蜂窝状孔洞的检算　对粉蠹类、白蚁或海生钻孔动物密集蛀蚀近似蜂窝状或筛孔状者，应按是否允许存在或按腐朽计算。或规定样方，按样方尺寸内允许蛀孔密集的程度计算。

7. 损伤的检算

① 机械损伤的检算　所有机械损伤，凡超过公差限度者，都应改锯或让尺。

② 夹皮的检算　夹皮仅在端面存在的不计，在材面上存在时，可按裂纹检算。

③ 树脂漏（明子）的检算　一般不加限制。特殊用材和装饰材，可规定允许的程度，检量树脂漏的面积，以占所在材面面积的百分比表示。

④ 髓斑的检算　一般不加限制，特殊用材（装饰材），按是否允许存在计算。

8. 加工缺陷的检算

① 缺棱的检算　只检量钝棱，锐棱不许有。

钝棱的检算是以宽材面上最严重的缺角尺寸与检尺宽相比，以百分率表示（图 4-18）。计算公式见公式（4-6）。

$$W = \frac{b}{B} \times 100\% \tag{4-6}$$

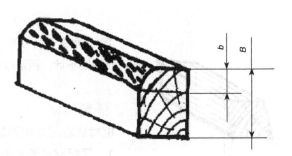

图 4-18　钝棱的检量

式中：W——钝棱缺角比率，%；
　　　b——钝棱的缺角尺寸，mm；
　　　B——检尺宽，mm。

缺角尺寸的检量亦可简化为：缺角尺寸＝检尺宽－着锯面宽。

在同一材面的横断面上有两个缺角时，其缺角尺寸应相加计算。

② 锯口缺陷的检算　在锯材尺寸公差范围内允许，否则改锯或让尺。

9. 变形的检算

① 翘曲的检算　顺弯、横弯、翘弯均检量其最大弯曲拱高，以厘米计（量至毫米），或与内曲面水平长度相比，以百分率表示（图4-19、图4-20、图4-21），计算公式见公式（4-7）。

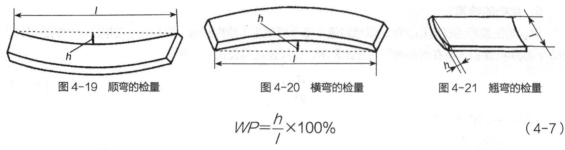

图4-19　顺弯的检量　　　图4-20　横弯的检量　　　图4-21　翘弯的检量

$$WP = \frac{h}{l} \times 100\% \quad (4-7)$$

式中：WP——翘曲度（或翘曲率），%；

　　　h——最大弯曲拱高（量至毫米），cm；

　　　l——内曲面水平长（宽）度，cm。

② 扭曲的检算　检量材面偏离平面的最大高度，以厘米计（量至毫米），或与检尺长（标准长）相比，以百分率表示（图4-22），计算公式见公式（4-8）。

$$TW = \frac{h}{L} \times 100\% \quad (4-8)$$

式中：TW——扭曲度或扭曲率，%；

　　　h——最大偏离高度（量至毫米），cm；

　　　L——检尺长，cm。

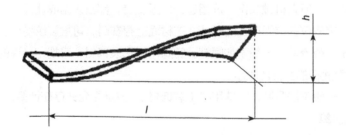

图4-22　扭曲的检量

③ 菱形变形的检算　检量边角的偏移量δ（精确至毫米），在尺寸公差限度内允许则不计，否则改锯或让尺（图4-23）。

五、任务实施

锯材缺陷识别与检验步骤同原木缺陷识别与检验步骤。

1. 了解锯材的分类

锯材是指由原木经过纵向锯割加工而制成具有一定的断面尺寸或剖面尺寸（4个材面）的板方材。可按以下几种方式进行分类：

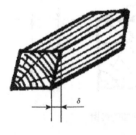

图4-23　菱形变形的检量

① 按锯材用途分　普通锯材和特种锯材，其中普通锯材可分为针叶树锯材、阔叶树锯材和毛边锯材，适用于工业、农业、建筑及其他用途。普通锯材分三个等级，即一、二、三等，特等锯材分一个等级。特种锯材指满足某些特殊需要的锯材，包括枕木、铁路货车锯材、载重汽车锯材、罐道木、机台木、船舶锯材和钢琴用材等。

② 按树种分　针叶树锯材和阔叶树锯材。其中我国针叶树锯材主要有红松、樟子松、落叶松、云杉、冷杉、铁杉、杉木、柏木、云南松、华山松和马尾松 11 个树种，阔叶树锯材主要有柞木、麻栎、榆木、杨木、色木、桦木、泡桐、青冈、荷木、枫香和楮木 11 个树种。

③ 按锯材在原木断面中的位置分（图 4-24）:

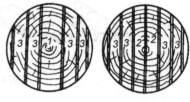

a. 髓心板　板材位于原木髓心区，髓心圈全部落在这块板材上的锯材。

b. 半心板　自原木中心下锯，所锯出的两块各带部分髓心的锯材。

c. 边板　指在原木髓心圈以外所锯出的锯材。其材质优于髓心板和半心板。

图 4-24　锯材在原木断面上的分布图
1. 髓心板；2. 半心板；3. 边板

④ 按加工特征和程度分（图 4-25）:

a. 整边板　两个材面及两个材边均着锯的锯材。

b. 毛边板　两个材面着锯而两个材边完全没有着锯的锯材。

c. 钝棱板　宽厚度方向的材棱未着锯的锯材。

d. 锐棱板　材边局部长度未着锯的锯材。

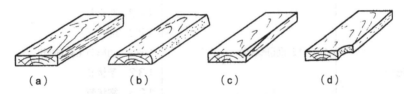

图 4-25　按加工特征和程度锯材的分类
（a）整边板；（b）毛边板；（c）钝棱板；（d）锐棱板

⑤ 按木材的纹理方向分（图 4-26）:

a. 径切板　板材端面厚度与宽度中心点的年轮纹切线与宽材面夹角自 45° 以上者（图 4-26a）。

b. 弦切板　板材端面厚度与宽度中心点的年轮纹切线与宽材面夹角不足 45° 者（图 4-26b）。

图 4-26　径切板与弦切板
（a）径切板　（b）弦切板

⑥ **按锯材及半锯材断面形状分** 分为11种（图4-27）：a. 对开材；b. 四开材；c. 等边毛方；d. 不等边毛方；e. 一边毛方；f. 枕木或方材；g. 毛边板；h. 整边板；i. 一面毛边板；j. 梯形板；k. 工业板皮。

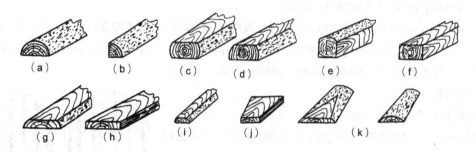

图4-27 按锯材及半锯材断面几何形状分类

2. 掌握锯材缺陷的类型

GB/T 4823—1995《锯材缺陷》，将锯材缺陷分为节子、变色、腐朽、蛀孔、裂纹、木材构造缺陷、加工缺陷、变形和损伤九大类，各大类又分成若干分类和细类，见表4-1。

表4-1 锯材缺陷分类

大类	分类	种类
1 节子	1.1 按连生程度分	1.1.1 活节
		1.1.2 死节
	1.2 按材质分	1.2.1 健全节
		1.2.2 腐朽节
		1.2.3 漏节
	1.3 按断面形状分	1.3.1 圆形节（含椭圆形节）
		1.3.2 条状节
		1.3.3 掌状节
	1.4 按分布密度分	1.4.1 散生节
		1.4.2 簇生节
	1.5 按位置分	1.5.1 材面节
		1.5.2 材边节
		1.5.3 材棱节
2 变色	2.1 化学变色	
	2.2 真菌变色	2.2.1 霉菌变色
		2.2.2 变色菌变色
		2.2.3 腐朽菌变色
3 腐朽	3.1 按类型和性质分	3.1.1 白腐
		3.1.2 褐腐
		3.1.3 软腐

（续）

大类	分类	种类
4 蛀孔	4.1 虫眼	4.1.1 表面虫眼和虫沟
		4.1.2 针孔虫眼
		4.1.3 小虫眼
		4.1.4 大虫眼
	4.2 蜂窝状孔洞	
5 裂纹	5.1 按类型分	5.1.1 径裂（心裂）
		5.1.2 环裂
		5.1.3 干裂
		5.1.4 贯通裂
	5.2 按位置分	5.2.1 材面裂纹
		5.2.2 材边裂纹
		5.2.3 材端裂纹
6 木材构造缺陷	6.1 斜纹	
	6.2 乱纹	
	6.3 涡纹	
	6.4 应力木	6.4.1 应压木
		6.4.2 应拉木
	6.5 髓心	6.5.1 髓心材
	6.6 树脂囊（油眼）	
	6.7 伪心材	
	6.8 内含边材	
7 加工缺陷	7.1 缺棱	7.1.1 钝棱
		7.1.2 锐棱
	7.2 锯口缺陷	7.2.1 瓦棱状锯痕
		7.2.2 波状纹
		7.2.3 毛刺糙面
		7.2.4 锯口偏斜
8 变形	8.1 翘曲	8.1.1 顺弯（弓弯）
		8.1.2 横弯（边弯）
		8.1.3 翘弯（瓦形弯）
	8.2 扭曲	
	8.3 菱形变形	
9 损伤	9.1 机械损伤	
	9.2 夹皮	9.2.1 单面夹皮
		9.2.2 贯通夹皮
	9.3 树脂漏	
	9.4 髓斑	

3. 明确各用途锯材材质评定需计算的缺陷类型

常见需要计算的锯材缺陷包括：活节、死节、腐朽、虫眼、裂纹、夹皮、钝棱、翘曲和斜纹等。根据锯材用途不同，对锯材缺陷等级要求也不同，材质评定时所需计算的缺陷也不同，见表4-2。

表4-2 不同用途锯材材质评定所需计算的缺陷

缺陷名称		针叶树锯材	阔叶树锯材	灌道木	机台木	铁路货车锯材	载重汽车锯材	枕木
节子	活节	*		*		*	*	*
	死节	*	*			*	*	*
腐朽		*	*	*	*	*	*	*
虫眼		*	*	*	*	*	*	*
裂纹		*	*	*		*	*	*
夹皮		*	*	*				*
翘曲		*	*	*	*	*	*	*
斜纹		*	*			*	*	

4. 锯材缺陷的识别与计算

根据不同用途锯材所需计算的缺陷类型，依据 GB/T 4823—1995《锯材缺陷》国家标准进行缺陷特征识别与检验，完成报告单表4-3。

表4-3 锯材缺陷认知与检验报告单

试材编号与用途	缺陷名称	识别特征	缺陷计算			图片展示
			尺寸	个数	所占%	

六、总结评价

本任务依据 GB/T 4823—1995《锯材缺陷》国家标准基本理论知识与相关图片、锯材板院实物相结合，通过现场感官实践训练，明确各用途锯材需检验的缺陷类型，熟悉锯材各类型缺陷的识别特征和检算方法，为学习锯材的检验奠定基础。

《锯材缺陷认知与检验》任务考核评价表可参照表4-4。

表 4-4 "锯材缺陷认知与检验"考核评价表

评价类型	任务	评价项目	组内自评	小组互评	教师点评
过程考核（70%）	锯材缺陷认知与检验	缺陷识别（25%）			
		缺陷计算（25%）			
		工作态度（10%）			
		团队合作（10%）			
终结考核（30%）		报告单的完成性（10%）			
		报告单的准确性（10%）			
		报告单的规范性（10%）			
评语	班级：	姓名：	第　组	总评分：	
	教师评语：				

七、思考与练习

1. 什么是锯材缺陷？
2. 根据 GB/T 4823—1995《锯材缺陷》国家标准规定，锯材缺陷共有几大类？每大类又包含哪些缺陷？
3. 锯材如何分类？
4. 锯材节子如何分类？如何进行检量？
5. 什么是锯材变色？变色包括哪些类型？
6. 锯材裂纹、斜纹和腐朽如何进行检算？
7. 什么是锯材的加工缺陷？如何进行检算？
8. 什么是锯材的变形？如何进行检算？

任务 11　普通锯材检验

一、任务目标

　　锯材指由原木经纵向锯割加工而制成具有一定的断面尺寸或剖面尺寸（四个材面）的板方材，锯材检验是森工及木材生产与销售部门实现木材商品化管理的前提。本任务在原木检验理论与技术基础上以锯材板院针、阔叶树普通锯材为例，结合《锯材缺陷》《锯材检验》《针叶树锯材》和《阔叶树锯材》国家标准基础知识，使学生了解锯材检验术语、所涉及锯材检验国家标准内涵及锯材检验操作步骤；掌握锯材尺寸检量方法能进行材积计算；能结合锯材缺陷检验结果进行材质评定并对已检验锯材进行标记；强化木材检验员的检验技术。

二、任务描述

　　本任务通过锯材板院给定的不同树种、等级的针、阔叶树普通锯材实物，结合锯材检验相关国家标准,对锯材进行检验。能依据木材识别知识进行锯材的识别与材种的区分,利用检验工具参照锯材尺寸检量和缺陷检验方法对锯材实际长度、宽度和厚度以及缺陷进行检量、计算并记录;结合针、阔叶树锯材的技术要求,对检验结果进行材质评定,得到锯材的标准尺寸和材质等级,并完成材积计算和检验号印工作,完成锯材的最终尺寸检量、材质评等、材积计算的检验报告。

三、工作情景

教师以锯材板院针、阔叶树普通锯材为例,学生以小组为单位担任木材检验员。根据相关资料对锯材进行树种识别和材种区分,通过国家标准进行锯材的尺寸检量、材质评定、材积计算和号印加盖等完整的锯材检验工作过程,完成检验报告后进行小组汇报,教师针对学生的工作过程及成果进行评价与总结,按教师要求学生进行修订并最终上交检验报告。

四、知识准备

(一)锯材检验相关定义

根据 GB/T 4822—1999《锯材检验》国家标准的规定,锯材检验涉及下列定义。

1. 锯材的名称及定义

① **整边锯材** 指相对宽材面相互平行,相邻材面互为垂直,材棱上钝棱不超过允许限度者。包括平行整边锯材和梯形整边锯材。

   a. **平行整边锯材** 两组相对材面均相互平行的整边锯材(图 4-28)。

   b. **梯形整边锯材** 相对窄材面相互不平行的整边锯材(图 4-29)。

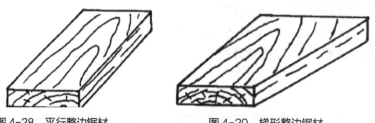

图 4-28 平行整边锯材   图 4-29 梯形整边锯材

② **毛边锯材** 指宽材面相互平行,窄材面未着锯,或虽着锯但钝棱超过允许限度者(图 4-30)。

图 4-30 毛边锯材

③ **板材** 宽度尺寸为厚度尺寸自二倍以上者。

④ **方材** 宽度尺寸小于厚度尺寸二倍的锯材。但下列尺寸的方材在等级评定时均按板材的规定进行评等:30mm×50mm、35mm×50mm、35mm×60mm、40mm×60mm、40mm×70mm、45mm×60mm、45mm×70mm、45mm×80mm、50mm×60mm、50mm×70mm、50mm×80mm、50mm×90mm、60mm×70mm、60mm×80mm、60mm×90mm、60mm×100mm、

60mm×110mm。

2. 锯材部位名称及定义

① 材面　凡经纵向锯割出的锯材任何一面统称材面。
② 宽材面　板方材的较宽材面。
③ 窄材面　板方材的较窄材面。
④ 端面　锯材在长度方向上两端部的横截面。
⑤ 着锯面　在材面上显露的锯割部分。
⑥ 未着锯面　在材面上显露的未锯割部分。
⑦ 内材面　距髓心较近的宽材面（图4-31）。
⑧ 外材面　距髓心较远的宽材面，两个宽材面离髓心相等时，指其中任何一个面（图4-32）。

图4-31　内材面

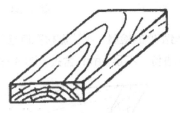
图4-32　外材面

⑨ 材棱　锯材相邻两材面的相交线。
⑩ 钝棱　锯材在宽度或厚度上有部分或全部材棱未着锯，残留的原木表面部分。

（二）锯材的尺寸检量

1. 尺寸名称及定义

① 锯材厚度　相对宽材面之间的垂直距离。
② 锯材宽度　相对窄材面之间的垂直距离。
③ 锯材长度　锯材两端面之间的最短距离。
④ 标准尺寸　锯材标准中规定的尺寸。对锯材各项标准中所列的宽度，厚度及长度均为标准尺寸。
⑤ 实际尺寸　在锯材上实际量得的尺寸。是锯切时对锯材检量的尺寸。

2. 检量

（1）基本规定　锯材尺寸检量指对平行整边锯材的检量；锯材各项标准中所列的宽度（材宽）、厚度（材厚）、长度（材长）均指标准尺寸；锯材的宽度、厚度、长度尺寸，以锯割当时检量的尺寸为准。长度以米为单位，量至厘米，不足1cm的尺寸舍去；宽度与厚度以毫米为单位，量至毫米，不足1mm的尺寸舍去。

（2）锯材长度的检量　锯材的长度是沿材长方向检量两端面之间的最短距离，量至厘米，不足1cm舍去（图4-33）。若锯材实际长度小于标准长度，但不超过负偏差，仍按标准长度计算；若超过负偏差，则按下一级长度计算，其多余部分不计。

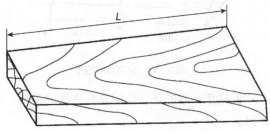
图4-33　锯材长度检量

（3）锯材宽度的检量　锯材的宽度是在材长范围内除去两端各15cm的任意无钝棱部位检量，量至毫米，不足1mm的舍去（图4-34）。若锯材实际宽度小于标准宽度，但不超过负偏差时，仍按标准宽度计算；如超过负偏差，则按下一级宽度计算。

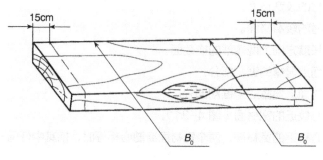

图4-34　锯材宽度检量

（4）毛边锯材宽度的检量　毛边锯材宽度检量是在锯材长度的1/2处，量取上下两材面宽度的平均数，足5mm的进位，不足5mm舍去（图4-35）。

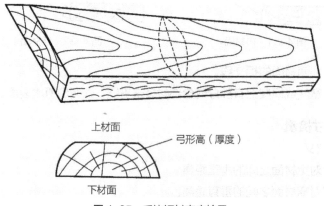

图4-35　毛边锯材宽度检量

（5）锯材厚度的检量　锯材厚度是在材长范围内除去两端各15cm的任意无钝棱部位检量，量至毫米，不足1mm的舍去（图4-36）。毛边锯材厚度在标准长度两端各除去15cm的任意部分检量（图4-37）。

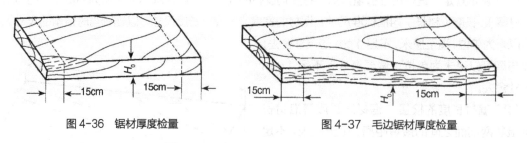

图4-36　锯材厚度检量　　　　　图4-37　毛边锯材厚度检量

锯材宽、厚的正、负偏差允许同时存在，如果厚度分级因偏差发生混淆时，按较小一级厚度计算。

例1：有一板材，按规定量得材长3.18m，材宽265mm，材厚在最薄处为28mm，若该材为普通材，其标准尺寸为多少？

解：标准长为L=3.2m，存在负偏差2cm，未超过允许公差$^{+6}_{-2}$cm。

标准宽，存在正偏差5mm，虽超过允许公差（±3mm），但因不能进为上一级标准宽度（270mm），只能按标准宽度260mm计算。

标准厚H=30mm，存在偏差-2mm，未超过允许公差（±2mm）。

答：该锯材L=3.2m，B=260mm，H=30mm。

（三）锯材的材质评定

锯材缺陷的检算方法参照任务4.1。

1. 基本要求

（1）各种锯材缺陷的允许限度，按相关锯材产品标准的规定执行。

（2）评定锯材等级，在同材面上有两种以上缺陷同时存在时，以降等最低的一种缺陷为准。

（3）检尺长范围外的缺陷，除横断面面积自225cm²以上的端面腐朽外，其他缺陷均不计；宽度、厚度上多余部分的缺陷，除钝棱外，均应计算。

（4）各项锯材标准中未列入的缺陷，均不予计算。

（5）凡检量纵裂长度、夹皮长度、弯曲高度、内曲面水平长度、斜纹倾斜高度、斜纹水平长度的尺寸时，均应量至厘米止，不足1cm的舍去；检量其他缺陷尺寸时，均量至毫米止，不足1mm的舍去。

2. 节子的评定

包括计算节子尺寸和查定节子的个数。

（1）**节子尺寸的检量** 是与锯材纵长方向成垂直量得的最大节子尺寸或与节子本身纵长方向垂直量其最宽处的尺寸，与所在材面标准宽度相比，用百分率表示。节子尺寸不足15mm和阔叶树的活节，均不计算尺寸和个数。

圆形节（包括椭圆形节）的尺寸：是与锯材纵长方向垂直检量（图4-38），不分贯通程度，以量得的实际尺寸计算。

条状节、掌状节的尺寸：是与节子本身纵长方向垂直量其最宽处，以量得的实际尺寸计算（图4-39）。

在与材长方向相垂直的同一直线上的圆形节、椭圆形节、条状节，其尺寸应按该垂直线上实际接触尺寸相加计算。但横断面面积超过225cm²以上时，只检量其中尺寸最大的一个，不相加计算。腐朽节按死节计算，掌状节应分别检量和计算个数。

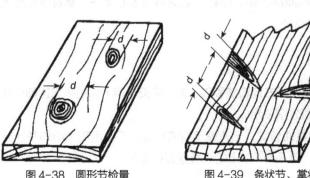

图4-38 圆形节检量　　图4-39 条状节、掌状节检量

板材只检量宽材面上的节子，窄材面不计，方材按四个材面中降等最低的面检量。

（2）节子个数　锯材中的节子个数，可在规定范围内查定，或在节子最多的 1m 内统计（图 4-40），掌状节分别计算个数，但跨于该 1m 长一端交界线上不足 1/2 的节子不计算个数（图 4-41）。

图 4-40　同一直线上多个节子的检量

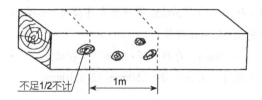

图 4-41　节子个数的查定

板材以节子最多的一个宽材面为准查定个数，方材以四个材面中节子最多的一个材面为准查定个数，毛边上的节子不予计算。

例2：有一樟子松锯材，长度 3.98m，宽度 243mm，厚度 42mm，材面上有一大节子尺寸为 4.5cm，试判断标准尺寸与等级。

解：按锯材国家标准这块板材的标准尺寸为：检尺长：4.0m；检尺宽：240mm；检尺厚度：40mm。节径比 $K=d/B\times100\%=45/240\times100\%=18.75\%$，按锯材国家标准特等锯材节径比限度为 15%，一等锯材节径比限度为 25%，应评为一等锯材。

答：该锯材标准尺寸长、宽、厚分别为 4.0m、240mm 和 40mm，材质评定为一等锯材。

例3：有一松木锯材，其材长为 2.1m，材宽 198mm，材厚 62mm。在材身检尺长范围内有六个节子，节子的尺寸与分布情况如图 4-42 所示，判断此材检尺尺寸、节径比、节子个数分别是多少？按普通锯材应评为几等？

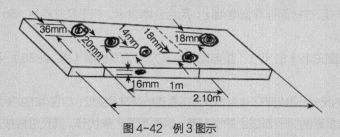

图 4-42　例3图示

按锯材国家标准这块板材的标准尺寸为：检尺长 2.0m；检尺宽：200mm；检尺厚度：60mm。节径比 $K=d/B\times100\%=48/200\times100\%=24\%$，按锯材国家标准一等锯材节径比限度为 25%，应评为一等锯材，应计节子个数 3 个。

3．裂纹、夹皮的评定

锯材中的裂纹、夹皮，沿材长方向检量裂纹长度、夹皮长度（包括未贯通部分在内的裂纹全长或夹皮全长）与检尺长相比，以百分率表示。

（1）相邻或相对材面的贯通裂纹，无计算起点的规定，不论宽度大小均予计算。非贯通裂纹的最宽处宽度不足 3mm 的不计，自 3mm 以上的应检量裂纹全长。

（2）数条彼此接近的裂纹，相隔的木质不足3mm的按整条裂纹计算。自3mm以上的分别检量，以其中降等最低的一条裂纹为准。

（3）斜向裂纹按斜纹与裂纹两种缺陷中降等最低的一种评定。如斜向裂纹自一个材面延伸到另一个材面的，检量裂纹长度，按两个材面的裂纹水平总长计算（图4-43）。

（4）夹皮在端面上的不计，在材面上的按裂纹计算。

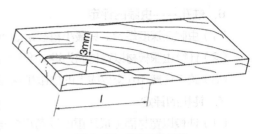

图4-43 斜向裂纹检量

例4：有一云杉锯材，标准长度4m，材面存在两条裂纹，二者间相距最窄处为2mm，如图4-44所示，判断锯材的裂纹程度并进行评等。

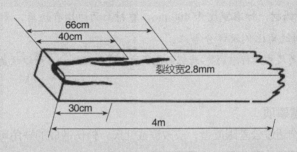

图4-44 例4图示

解：该锯材左端有一个贯通两材面的裂纹，无论宽窄均应计算，两条裂纹间相隔宽度不足3mm，合并计算裂纹长度，所以 $LS=66/400×100\%=17\%$，按标准规定此锯材评为二等。

4. 木材构造缺陷的评定

（1）斜纹在任意材长范围内，检量其倾斜高度与该水平长度相比，用百分率表示；斜纹按宽材面评定，窄材面不计。

（2）髓心不作为缺陷计算，但在材面上髓心周围木质部已剥离，使材面呈现出凹陷沟条时，其沟条部分按裂纹计算。

5. 腐朽的评定

（1）锯材中的腐朽，按其面积与所在材面面积相比，以百分率表示。

（2）锯材横断面面积自 225cm² 以下时，板材上的腐朽，按宽材面计算；方材按四个材面中降等最低的面计算。

（3）锯材横断面面积超过 225cm² 以上时，其腐朽按六个面（两个端面加四个材面）中降等最低的面来评定（端面腐朽面积与该端面面积相比）。

（4）在一个材面上有数块腐朽时，不论其相互间距大小，均应按各块的实际面积相加计算。

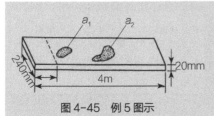

图4-45 例5图示

例5：有一水曲柳锯材，量的其上的两处腐朽分别为 $a_1=32000mm^2$，$a_2=58000mm^2$，则该材评为几等？如图4-45所示。

解：该锯材腐朽率 $R=(a_1+a_2)/(L×B)=9\%$，按规定该材评定为二等。

6. 蛀孔——虫眼的评定

（1）虫眼无深度规定。其最小直径足3mm的均计算个数，但在钝棱上深度不足10mm的不计。

（2）计算虫眼板材以宽材面为准，窄材面不计。方材按虫眼最多的材面评定。

（3）跨于任意1m交界线上的虫眼和端面上的虫眼，均不计个数。

7. 钝棱的评定

（1）钝棱以宽材面上最严重的缺角尺寸与检尺宽相比，以百分率表示。计算时，用检尺宽减去着锯宽度再与检尺宽相比，用百分率表示。

（2）在同一材面的横断面上有两个缺角时，缺角尺寸要相加计算。

（3）窄材面以着锯为限，钝棱上存在的缺陷，应并入宽材面计算。

> **例6**：有一阔叶树锯材，标准宽度为400mm，宽材面两边均有缺角，量得该材面着锯面最窄宽度248mm，判断该锯材缺角比例及评分等级。
>
> **解**：按规定应计缺角尺寸=标准材宽-着锯面最窄处宽度=152mm，所以缺角比例 $T=152/400=38\%$，根据规定评为二等。

8. 锯材评定的注意事项

（1）锯材的锯口损伤超过公差限度者，应改锯或让尺，外伤造成的缺角可按钝棱处理。

（2）正方材量其最严重的弯曲面，按顺弯评等。

（3）材质不合格的专用材，可不改锯，按GB/T 153—2009《针叶树锯材》、GB/T 4817—2009《阔叶树锯材》中的普通锯材的缺陷允许限度进行评定。

> **例7**：椴木板材，长度4.06m，宽度302mm，厚度38mm，材面上有一宽度4mm，长度95cm的非贯通裂纹，还有一面积为40cm²的腐朽，试判断标准尺寸与等级。
>
> **解**：按锯材国家标准这块板材的标准尺寸为：检尺长：4.0m；检尺宽：300mm；检尺厚度：40mm。
>
> 按裂纹允许限度计算：$Ls=l/L \times 100\%=95/400 \times 100\%=23.75\%$，按阔叶锯材国家标准一等锯材裂纹允许限度为15%，二等限度为40%，应评为二等锯材；
>
> 按腐朽允许限度计算：$R=a/A \times 100\%=40/(30 \times 400) \times 100\%=0.33\%$，按阔叶锯材国家标准特等锯材腐朽不许有，一等锯材腐朽面积不得超过所在材面面积的5%，所以应评为一等锯材。综合上述评定结果，以最严重缺陷为准，该锯材应为二等锯材。
>
> **答**：该锯材标准尺寸长、宽、厚分别为4.0m、300mm和40mm，材质评定为二等锯材。

（四）针、阔叶树锯材的检验

现行的GB/T 153—2009《针叶树锯材》和GB/T 4817—2009《阔叶树锯材》国家标准规定了针、阔叶树锯材的常用树种、尺寸、材质指标与要求及检验方法，适用于除毛边锯材、专用锯材以外的所有针、阔叶树锯材产品。

1. 树种要求

所有的针、阔叶树种。

2. 尺寸要求

① 长度　针叶树锯材1~8m，阔叶树锯材1~6m。

② 长度进级　自2m以上按0.2m进级，不足2m的按0.1m进级。
③ 板材、方材规格　见板材、方材规格尺寸表（表4-5）。

表4-5　板材、方材规格尺寸　　　　　　　　　　　　　　　　　　　　mm

分类	厚度	宽度	
		尺寸范围	进级
薄板	12、15、18、21	30~300	10
中板	25、30、35		
厚板	40、45、50、60		
特厚毛板	70、80、90、100		
方材	25×20、25×25、30×30、40×30、60×40、60×50、100×55、100×60		

注：表中以外规格尺寸由供需双方协议商定。

④ 尺寸偏差　见尺寸允许偏差表（表4-6）。

表4-6　尺寸允许偏差

种类	尺寸范围	偏差
长度	不足2.0m	$^{+3}_{-1}$cm
	自2.0m以上	$^{+6}_{-2}$cm
宽、厚度	不足30mm	±1mm
	自30mm以上	±2mm

3. 材质指标要求

① 针叶树锯材　分为特等、一等、二等和三等四个等级，各等级材质指标见表4-7。长度不足1m的锯材不分等级，其缺陷允许限度不低于三等材，检量计算方法参照本标准执行。

表4-7　针叶树锯材材质指标

缺陷名称	检量与计算方法	允许限度			
		特等锯材	普通锯材		
			一等	二等	三等
活节及死节	最大尺寸不得超过材宽的	15%	30%	40%	不限
	任意材长1m范围内个数不得超过	4	8	12	不限
腐朽	面积不得超过所在材面面积的	不许有	2%	10%	30%
裂纹、夹皮	长度不得超过材长的	5%	10%	30%	不限
虫害	任意材长1m范围内的个数不得超过	1	4	15	不限
钝棱	最严重缺角尺寸不得超过材宽的	5%	10%	30%	40%
弯曲	横弯最大拱高不得超过水平长的	0.3%	0.5%	2%	3%
	顺弯最大拱高不得超过水平长的	1%	2%	3%	不限
斜纹	斜纹倾斜程度不得超过	5%	10%	20%	不限

② 阔叶树锯材　分为特等、一等、二等和三等四个等级，各等级材质指标见表 4-8。

表 4-8　阔叶树锯材材质指标

缺陷名称	检量与计算方法	允许限度			
		特等锯材	普通锯材		
			一等	二等	三等
死节	最大尺寸不得超过材宽的	15%	30%	40%	不限
	任意材长 1m 范围内个数不得超过	3	6	8	不限
腐朽	面积不得超过所在材面面积的	不许有	2%	10%	30%
裂纹、夹皮	长度不得超过材长的	10%	15%	40%	不限
虫害	任意材长 1m 范围内的个数不得超过	1	2	8	不限
钝棱	最严重缺角尺寸不得超过材宽的	5%	10%	30%	40%
弯曲	横弯最大拱高不得超过水平长的	0.5%	1%	2%	4%
	顺弯最大拱高不得超过水平长的	1%	2%	3%	不限
斜纹	斜纹倾斜程度不得超过	5%	10%	20%	不限

注：长度不足 1m 的锯材不分等级，其缺陷允许限度不低于三等材。其检量计算方法参照本标准执行。

4. 检验方法

① 尺寸检量、材质评定　按 GB/T 4822—1999《锯材检验》规定执行。

② 锯材材积　按 GB/T 449—2009《锯材材积表》规定执行。

③ 检查抽样、判定方法　按 GB/T 17659.2—1999《锯材批量检查抽样、判定方法》规定执行。

五、任务实施

锯材检验就是针对锯材产品进行的树种识别、尺寸检量、材质评定、材种区分、材积计算和标志工作的总称。任务实施过程同原木检验步骤。

1. 树种识别

根据导管有无区分针、阔叶材，结合木材构造基本理论和常见树种主要特征进行树种识别（木材识别内容所学，这里不做重述）。

2. 材种区分

锯材作为由原木经纵锯加工后得到的具有一定断面尺寸的产品，根据其用途不同分为普通锯材和特种锯材两种，普通锯材包括针叶树普通锯材、阔叶树普通锯材和毛边锯材；特种锯材主要包括枕木、铁路货车锯材、载重汽车锯材、罐道木、机台木、刨光材、指接材、木线条等数个材种。由于各材种其尺寸检量和材质评定技术条件不同，故在进行锯材检验前要针对锯材用途进行材种区分。

由于本任务对象为针、阔叶树普通锯材，材种已经明确，故此步骤可以省略。

3. 尺寸检量

对于普通锯材的尺寸检量包括锯材长度、宽度、厚度检量和尺寸偏差的检量。

① 锯材长度　沿材长方向检量两端面之间最短的直线长度，量至厘米，不足 1cm 尺寸舍去，按普通锯材尺寸检量规定，经进舍后取检尺长。

② 锯材宽度 用钢卷尺在材长范围内除去两端各15cm的任意无钝棱部位检量两窄材面之间最短直线距离，量至毫米，不足1mm尺寸舍去。

③ 锯材厚度 用钢卷尺在材长范围内除去两端各15cm的任意无钝棱部位检量两宽材面之间最短直线距离，量至毫米，不足1mm尺寸舍去。

④ 尺寸偏差的检量 按普通锯材国家标准的规定：锯材长度<2m的公差为$^{+3}_{-1}$cm，长度≥2m的公差为$^{+6}_{-2}$cm；锯材宽、厚度<25mm的公差为±1mm，锯材宽、厚度25～100mm的公差为±2mm，锯材宽、厚度>100mm的公差为±3mm。具体检量时按下列规定执行：

锯材检量的实际材长小于标准材长，但不超过负偏差仍按标准长度计算；如超过负偏差，则按下一级长度计算，其多余部分不计。

板材宽、厚度的正、负偏差允许同时存在，并分别计算。

板材实际宽度小于标准宽度，但不超过负偏差时，仍按标准宽度计算，如超过负偏差限度，则按下一级宽度计算。

4. 材质评定

锯材评等时按针、阔叶树各自标准中规定的缺陷允许限度进行评等。评等时应注意：在同一材面上有两种以上缺陷同时存在时，以降等最低的一种缺陷为准；标准长度范围外的缺陷，除端面腐朽外，其他缺陷不计；宽、厚度上多余部分的缺陷，除钝棱外，其他缺陷均应计算。各种缺陷的检验见锯材国家标准有关内容。

5. 标志工作

锯材加盖方法按GB/T 4822—1999《锯材检验》规定执行，标志在锯材断面或靠近端头的材身上，可用色笔、毛刷或钢印标明，标志符号见表4-9。

表4-9 标志符号

特等	一等	二等	三等
○	△	⊖	⬨

6. 材积计算

锯材材积计算可根据锯材的长、宽、厚标准尺寸按公式计算材积或按GB/T 449—2009《锯材材积表》查定锯材材积。不同材种木材具有与其相对应的材积计算公式和材积表国家标准。

① 整边锯材和方材材积的计算 按公式（4-9）计算：

$$V=\frac{B \times H \times L}{1000000} \quad (4-9)$$

式中：V——锯材材积，m^3；
B——锯材宽度，mm；
H——锯材厚度，mm；
L——锯材长度，m。

对于在实际生产中，也可通过国家制定的锯材材积表查定锯材材积。

② 毛边板材积的计算 毛边板的材面宽度随着原木尖削度的变化而使板面形成梯形，在断面上由于外材面比内材面窄也成梯形。因此，计算材积时，毛边板的宽度是检量材长中央部位外材面和内材面

的宽度，相加后除以2，但此宽度为实际尺寸，还需按一定进位尺寸进舍后计算得其标准宽度尺寸，代入上式计算。

③ **板皮材积计算**　板皮材积一般按一垛板垛的长、宽、高三者乘积确定其层积立方米。如计算单块板皮材积按公式（4-10）计算：

$$V=\frac{2}{3}\times B\times H\times L\div 1000000 \quad (4-10)$$

式中：V——板皮材积，m^3；
　　　B——离大头端4/10材长处的宽度，mm；
　　　H——离大头端4/10材长处的厚度，mm；
　　　L——板皮长度，m。

锯材检验工具：锯材长、宽、厚度用钢卷尺、卡尺、木折尺、直尺检量，尺寸一律用米制的量具检量。

学生以小组为单位，利用锯材检验工具，参照对应的锯材检验相关国家标准规定，按以上步骤进行普通锯材的检验，并完成检验报告单（表4-10）。记录锯材缺陷特征并检量与计算各类型缺陷；量取锯材的实际长度、宽度和厚度获得检量尺寸，得出锯材的检尺长、检尺宽和检尺厚等标准尺寸；参照材质指标标准进行材质评定、分等；参照锯材材积表进行材积计算；参照锯材标志号印标准完成对检量锯材的产品标志与号印。

表4-10　普通针、阔叶树锯材检验报告单

试材编号	缺陷类型	锯材规格						锯材材积 m^3	树种	缺陷检量		计算及评等		
		检量尺寸			标准尺寸									
		长度 m	宽度 mm	厚度 mm	检尺长 m	检尺宽 mm	检尺厚 mm			尺寸	个数	计算 %	允许 %	等级

六、总结评价

本任务以锯材板院不同树种、尺寸及等级的普通针、阔叶树锯材为检验对象，利用锯材检验工具，结合《锯材缺陷》和《锯材检验》国家标准对锯材的实际尺寸和缺陷的尺寸进行量取与计算；并参照《针叶树锯材》和《阔叶树锯材》标准，根据锯材实际尺寸核定其检尺长、检尺宽和检尺厚；根据材质指标要求，进行材质的评定和分等；参照锯材材积表的标准进行材积计算并对已检量锯材进行产品标志与号印工作。通过对锯材检验任务学习，使学生掌握了锯材检验的基本内容和步骤，熟悉了锯材检量和材质评定的基本方法，同时也了解了各类型缺陷锯材的检量与评定方法，这些知识均为学生将来从事木材检验工作奠定基础。

本任务考核评价表可参照表4-11。

表 4-11 "普通锯材检验"考核评价表

评价类型	任务	评价项目	组内自评	小组互评	教师点评
过程考核（70%）	普通锯材检验	树种识别与尺寸检量（30%）			
		材质评定与材积计算（30%）			
		工作态度（5%）			
		团队合作（5%）			
终结考核（30%）		报告单的完成性（10%）			
		报告单的准确性（10%）			
		报告单的规范性（10%）			
评语	班级：		姓名：	第　　组	总评分：
	教师评语：				

七、拓展提高

1. 原木批量检查抽样、判定方法

原木与锯材的批量检查抽样和判定工作，加强对原木及其产品的监督，对提高原木与锯材在流通领域的数量和质量验收，提高质量具有重要作用。其中原木按照 GB/T 17659.1—1999《原木批量检查抽样、判定方法》进行，标准适用于原木生产、流通过程，规定了原木批量检查的抽样及判定方法。

（1）标准采用定义

① 原木单位产品　为实施抽样检查的需要而划分的原木产品的基本单位。

② 原木检查批　为实施抽样检查而汇集起来的原木单位产品，简称原木批。

③ 原木批量（N）　原木批中所包含的原木总件（根）数。

④ 原木样本大小（n）　从原木批中抽取的样本件（根）数。

⑤ 原木质量特性　反映原木质量的特殊属性，用树种、尺寸（检尺径、检尺长）、材质（缺陷限度）表示。

⑥ 原木数量特性　反映原木数量的特殊属性，用件（根）或材积表示。

⑦ 合格质量水平（AQL）　在抽样检查中，认为可以接受的连续提交检查批的过程平均上限值。

⑧ 合格判定数（Ac）　做出批合格判断样本中所允许的最大不合格数。

⑨ 不合格判定数（Re）　做出批不合格判断样本中所不允许的最小不合格品数。

⑩ 检查水平（IL）　提交检查批的批量与样本大小之间的等级对应关系。

（2）检查项目

原木批量检查的项目包括树种、尺寸（检尺径、检尺长）、材质（缺陷限度）和材积。其中树种、尺寸和材质三项为原木质量特性，而材积为原木数量特性。

（3）检查规则

① 原木批的形成、批量及提出、识别的方式

a. 原木批的形成　在确定原木总件（根）数的前提下，原木批由原木单位产品经简单汇集形成，

可与生产批、收购批、销售批、运输批相同。如原木总件（根）数不足，按实际原木件（根）数确定原木批。

b. 原木批的批量　原木批按件（根）计。一个原木批为 91~35000 件（根）。超过 35000 件（根）的形成两个以上原木批。原木批内的原木只有号印或标志清晰才能形成原木批。

c. 原木批的提出和识别　属于国家质量监督检验部门对生产单位实施监督检查的，由质量监督检验部门确定；属于流通过程中交接验收检查的，由供需双方协商确定。

② 原木样本的抽取

有一个材种时采用简单随机抽样的方法抽取；有两个以上材种时采用分层抽样的方法，每层样本的抽取比例应与分层数量比例相同。

随机抽样的方法采用 GB/T 10111 或由供需双方协商确定。

③ 原木质量检查的抽样与判定

原木质量检查采用一次抽样方案。原木批的合格质量水平（AQL）为 2.5，检查水平为一般检查水平Ⅱ，检查的严格度为正常检查。其抽样方案见表 4-12。

表 4-12　正常检查一次抽样方案（AQL＝2.5）

原木批量（件）	原木样本大小（件）	合格判定数 Ac（件）	不合格判定数 Re（件）
91~150	20	1	2
151~280	32	2	3
281~500	50	3	4
501~1200	80	5	6
1201~3200	125	7	8
3201~10000	200	10	11
10001~35000	315	14	15

对原木样本的质量特性进行逐项检查，如其中一项不符合现行国家木材标准或供货合同的规定，判该件原木为不合格品。

根据原木样本检查的结果，若在原木样本中发现的不合格品数小于或等于表 4-12 所对应的合格判定数，则判该批原木质量合格；若在原木样本中发现的不合格品数大于或等于表 4-12 所对应的不合格判定数，则判该批原木质量不合格。

④ 原木数量检查的抽样与判定

原木数量（材积）检查与原木质量检查同时进行，其抽样方法和原木样本相同。

原木样本材积误差率的计算方法　原木样本材积误差率是指原木样本的实验材积和原检材积之差与原检材积的比值，以百分率计，计算公式见式 4-11。

$$\sigma = \frac{V_1 - V_0}{V_0} \times 100\% \tag{4-11}$$

式中：σ ——原木样本材积误差率，%；

V_1 ——原木样本的实检材积，m³；

V_0 ——原木样本的原检材积，m³。

原木样本材积误差率生产领域不超过±0.2%，流通领域不超过±1%，则判该批原木数量（材积）合格，否则判该批原木数量（材积）不合格。

（4）检查后的处置

原木批的原木质量和数量都合格判该批合格，应整批接收。如原木批的质量和数量有一项不合格判该批不合格。判为不合格的批，属于产品质量监督检验部门检查的，按有关规定处理；属于流通领域中交接验收检查的，由供需双方协商处理。

2. 锯材批量检查抽样、判定方法

锯材按照 GB/T17659.2—1999《锯材批量检查抽样、判定方法》进行，标准适用于锯材生产、流通过程，规定了锯材批量检查的抽样及判定方法。

（1）标准采用定义

① 锯材单位产品　为实施抽样检查的需要而划分的锯材产品的基本单位。

② 锯材检查批　为实施抽样检查而汇集起来的锯材单位产品，简称锯材批。

③ 锯材批量（N）　锯材批中包含的锯材总件（块）数。

④ 锯材样本大小（n）　从锯材批中抽取的样本件（块）数。

⑤ 合格质量水平（AQL）　在抽样检查中，认为可以接受的连续提交检查批的过程平均上限值。

⑥ 合格判定数（Ac）　做出批合格判定样本中所允许的最大不合格品数。

⑦ 不合格判定数（Re）　做出批不合格判定样本中所不允许的最小不合格品数。

⑧ 检查水平（IL）　提交检查批的批量与样本大小之间的等级对应关系。

（2）检查项目

锯材批量检查的项目包括：树种、尺寸（检尺长、检尺宽、检尺厚）和材质（缺陷限度）三项。

（3）检查规则

① 锯材批的形成、批量及提出、识别的方式

a. 锯材批的形成　锯材单位产品经简单汇集形成锯材批。锯材批可与生产批、仓储批、销售批、运输批相同。

b. 锯材批的批量　锯材批按件（块）计。一个锯材批为91～150000件（块）。超过150000件（块）时，可形成两个以上的锯材批。锯材批内的锯材只有检验标志清晰才能形成锯材批。

c. 锯材批的提出和识别　属于国家质量监督检验部门对生产单位实施监督检查的，由质量监督检验部门确定；属于流通过程中交接验收检查的，由供需双方协商确定。

② 锯材样本的抽取

采用简单随机抽样或分段随机抽样的方法抽取。

a. 简单随机抽样　采用随机数表或 GB/T 10111 进行样本的抽取。

b. 分段随机抽样　把锯材单位产品划分成若干个垛（M），先从 M 垛中抽取 m（$m<M$）垛，然后从 m 垛中再抽取 n 个锯材单位产品组成样本。

③ 锯材批量检查的抽样方案

采用正常检查二次抽样方案。检查水平采用一般检查水平Ⅱ；合格质量水平，普通锯材为4.0，专用锯材及优质（特等）锯材为2.5；检查的严格度为正常检查。其抽样方案见表4-13。

表 4-13　正常检查二次抽样方案

锯材批量（件）	样本	样本大小（件）	累计样本大小（件）	合格质量水平（AQL）			
				2.5		4.0	
				合格判定数 Ac（件）	不合格判定数 Re（件）	合格判定数 Ac（件）	不合格判定数 Re（件）
91-150	第一	13	13	0	2	0	3
	第二	13	26	1	2	3	4
151-280	第一	20	20	0	3	1	3
	第二	20	40	3	4	4	5
281-500	第一	32	32	1	3	2	5
	第二	32	64	4	5	6	7
501-1200	第一	50	50	2	5	3	6
	第二	50	100	6	7	9	10
1201-3200	第一	80	80	3	6	5	9
	第二	80	160	9	10	12	13
3201-10000	第一	125	125	5	9	7	11
	第二	125	250	12	13	18	19
10001-35000	第一	200	200	7	11	11	16
	第二	200	400	18	19	26	27
35001-150000	第一	315	315	11	16	11	16
	第二	315	630	26	27	26	27

④ 锯材批量检查与判定

根据锯材产品标准的技术要求或订货合同中对锯材单位产品规定的检验项目，逐个对样本中锯材单位产品的质量特性（树种、尺寸、材质）进行检查，如其中一项或一项以上不合格，判该件锯材单位产品为不合格品，并累计样品中的不合格品数（d）。

a. 锯材第一样本的检查与判定　若在锯材第一样本中发现的不合格品数小于或等于表 4-13 所对应的第一合格判定数，则判该批锯材质量合格；若在锯材第一样本中发现的不合格品数大于或等于表 4-13 所对应的第一不合格判定数，则判该批锯材质量不合格；若在锯材第一样本中发现的不合格品数，大于第一合格判定数，同时又小于第一不合格判定数，则抽锯材第二样本检查。

b. 锯材第二样本的检查与判定　若在锯材第一样本和锯材第二样本中发现不合格品数总和小于或等于表 4-13 所对应的第二合格判定数，则判该批锯材质量合格；若在锯材第一样本和锯材第二样本中发现不合格品数总和大于或等于表 4-13 所对应的第二不合格判定数，则判该批锯材质量不合格。

（4）检查后的处置

抽样检查判合格的锯材批应整批接收。如抽样检查判不合格的锯材批，属于产品质量监督检验部门检查的，按有关规定处理；属于流通领域交接验收检查的，由供需双方协商处理。

八、思考与练习

1. 什么是锯材检验？锯材检验包括哪些内容？

2. 什么是锯材的标准尺寸和实际尺寸？如何检量锯材的尺寸？

3. 一块标准宽度为 300mm 的红松锯材，在材面上分别有直径为 40mm、45mm 和 57mm 的圆形活节，按国家标准该锯材应评为几等？

4. 一块标准长度为 4.0m 的椴木锯材，在其材身上有一条宽度 5mm，长度 95cm 的裂纹，按国家锯材标准规定，该锯材应评为几等？

5. 有一块针叶锯材，实际宽度量得为 48mm，按锯材国家标准规定，其标准宽度应是多少？

6. 有一块杨木锯材，实际量得的长、宽、厚度分别为 3.98m、301mm、42mm，按锯材国家标准规定其标准材积应是多少？

7. 对于普通锯材的长度、长度公差和进级；锯材的宽、厚度、尺寸公差和进级如何规定？

九、巩固训练

1. 有一板材，量得长度 3.15m，厚度在最薄处为 29mm，宽度 265mm，如该材为普通材，则其标准尺寸为多少？

2. 一块材长为 4.95m、宽 298mm、厚为 39mm 的樟子松板材，材面最严重 1m 长度内分别有 82mm、78mm、65mm 3 个活节，求该锯材的标准尺寸、缺陷百分率及等级。

3. 一块材长为 3.95m、宽 246mm、厚为 58mm 的椴木板材，材面上有两条横向间距为 2mm、宽度 4mm 及 5mm，长度 50cm 及 65cm 的裂纹，第一条起点与第二条终点距离是 96cm，按国家锯材标准求：（1）锯材的标准尺寸；（2）计算缺陷百分率并评定等级。

任务 12　特种锯材检验

一、任务目标

本任务以锯材板院特种锯材为例，参照《锯材缺陷》和《锯材检验》国家标准规定，巩固练习锯材检验的基本内容和步骤；并能参照不同用途锯材国家标准，掌握特种锯材的尺寸检量和材质评定的技术要求和检验方法；掌握阅读和使用各类锯材标准的能力。

二、任务描述

本任务通过锯材板院给定的特种锯材为检验对象，结合各类特种锯材、《锯材缺陷》和《锯材检验》国家标准，巩固与强化对锯材的检验。能利用检验工具进行尺寸检量、材质评定、材积计算和产品标志等工作，并完成检验报告。

三、工作情景

教师以不同用途、材质的特种锯材为例，学生以小组为单位担任木材检验员。根据相关资料对锯材进行树种识别、材种区分、尺寸检量、材质评定、材积计算和号印加盖等完整的锯材检验工作过程，完成检验报告后进行小组汇报，教师针对学生的工作过程及成果进行评价与总结，按教师要求学生进行修订并最终上交检验报告。

四、知识准备

（一）枕木的检验

按 GB154—1984《枕木》国家标准进行，适用于铁路标准轨（轨距 1435mm）的普通枕木、道岔枕木和桥梁枕木。

1. 树种

普通枕木，道岔枕木对材质要求一般，主要树种有：榆木、桦木、栎木、楮木、枫香、杨木、落叶松、马尾松、云南松、云杉、冷杉、铁杉及其他适用阔叶树种（杨木不作岔枕）。

桥梁枕木对材质要求较高，主要树种有：落叶松、华山松、思茅松、高山松、云南松、云杉、冷杉、铁杉、红松等树种。

2. 尺寸

普通枕木、道岔枕木的尺寸见表 4-14，桥梁枕木尺寸见表 4-15。

表 4-14　普通枕木、道岔枕木的尺寸

类别	类型	长度（m）	厚度（cm）	宽度（cm）
普通枕木	Ⅰ	2.50	16	22
	Ⅱ	2.50	14.5	20
道岔枕木	--	2.60～4.80	16	24

注：道岔枕木长度按 0.2m 进级，必须配套供应。

表 4-15　桥梁枕木的尺寸

长度（m） 宽、高度（cm） 类别	3.0		3.2		3.4`		4.2	4.8
	宽度	高度	宽度	高度	宽度	高度	宽度	高度
桥梁枕木	20	22	22	28	24	30	20	22
	20	24	24	30			20	24
	22	26					22	26
							22	28
							24	30

3. 枕木的断面形状及尺寸公差

枕木的断面形状及尺寸公差见表 4-16。

表 4-16　枕木的断面形状及尺寸公差

类别	公差		断面形状及尺寸（cm）
	种类	限度（cm）	
普通枕木	长度	±6	16、不限、16、22；15、不限、14.5、20
	枕面宽	−0.5	
	宽度	±1	
	厚度	±0.5	

(续)

类别	公差		断面形状及尺寸（cm）
	种类	限度（cm）	
道岔枕木	长度	±6	
	枕面宽	-0.5	
	宽度	±1	
	厚度	±0.5	
桥梁枕木	长度	±6	
	宽度	±1	
	高度	±0.5	

注：①道岔枕木的枕底着锯面，不得小于22cm。
②桥梁枕木的钝棱最大尺寸，不得大于表中断面形状规定的尺寸。

4. 铺轨范围

所谓铺轨范围是指承受行车压力的区域，这个范围的尺寸要求，较枕木其他部位严格。各种枕木的枕面铺轨范围见表4-17。

表4-17 各种枕木的枕面铺轨范围

枕木种类	枕木铺轨范围长度
普通枕木	每端自端头30~70cm部位的长度
道岔枕木	每端自端头除去35cm，其中间部位的长度
桥梁枕木	每端自端头除去55cm，其中间部位的长度

5. 枕木的材质检验

对于枕木的材质检验可根据国家制定的枕木的缺陷限度及检量方法进行，见表4-18。

表4-18 枕木的缺陷限度

缺陷名称			检量方法	允许限度	
				一等	二等
活节、死节			枕面铺轨范围内，最大尺寸不得超过	6cm	8cm
腐朽	端面	深度	只允许一端有，不得超过材长的	2%	
		面积	腐朽面积不得超过所在端面面积的	3%	
	材面		允许轻微腐朽，其面积不得超过所在材面面积的	1%	
裂纹、夹皮			纵裂、外夹皮长度不得超过	40cm	60cm
			轮裂、内夹皮弦长不得超过	15cm	20cm

（续）

缺陷名称	检量方法	允许限度	
		一等	二等
弯曲	顺弯不得超过	1%	2%（一、二等岔枕只允许1%）
	横弯不得超过	4%	6%
虫害	每一枕面铺轨范围内个数不得超过	5	不限

在对枕木检验时注意：枕木铺轨范围以外，允许有未着锯部分，但宽度和厚度不得超过尺寸允许公差限度的二倍。枕木中的节子、虫害缺陷仅在枕面铺轨范围内按规定限制，其他部位不限。对于裂纹、夹皮、弯曲和腐朽缺陷，在枕木的任何部位均应计算。Ⅰ类型普通枕木的宽度和厚度均超过负偏差限度时，应降为Ⅱ类类型，评等中应以最严重木材缺陷为计算基础。

6. 枕木材积的计算

枕木一般是以根数计算的。如需要计算材积时可按枕木标准宽、厚、长尺寸相乘得出，普通枕木按折合立方米计算，桥梁枕木和道岔枕木按立方米计算，单材积可从 GB 449—1984《锯材材积表》中查得，见表4-19。

表4-19 枕木的类型和材积

类别	每根枕木		每立方米折算根数
	计算方法	材积（m³）	
Ⅰ	0.22×0.16×2.5	0.088	11.4
Ⅱ	0.20×0.145×2.5	0.0745	13.8

（二）铁路货车锯材的检验

按 GB4818—84《铁路货车锯材》国家标准进行，适用于铁路敞车车厢维修用的锯材。

1. 树种

落叶松、云杉、冷杉、樟子松、马尾松、云南松、铁杉。

2. 尺寸及公差

铁路货车锯材的尺寸及公差见表4-20。

表4-20 铁路货车锯材的尺寸及公差

长度（m）	厚度（mm）	宽度（mm）		尺寸公差
		尺寸范围	进级	
3，5，6	52	120~300	10	长度：$^{+6}_{-2}$cm 厚度：±2mm 宽度：±3mm
2.5，5，6	57			

3. 铁路货车锯材的材质检验

铁路货车锯材的缺陷限度见表4-21。

表 4-21 铁路货车锯材的缺陷限度

缺陷名称	检量方法	允许限度
活节	最大尺寸不得超过材宽的	50%
死节	最大直径不得超过	7cm
腐朽	未透过相对材面的腐朽，其面积不得超过所在材面面积的	3%
裂纹、夹皮	长度不得超过材长的	10%
钝棱	一边窄材面有缺角尺寸的，不得超过材厚的	50%
	两边窄材面有缺角尺寸的，不得超过材厚的（宽材面以着锯为限）	一边50%，另一边40%
弯曲	横弯不得超过	0.5%
	顺弯不得超过	1%
斜纹	斜纹倾斜高度不得超过水平长的	20%

4．检验方法

① 尺寸检量及材质评定　按 GB/T 4822—1999《锯材检验》规定执行。

② 材积计算　按 GB/T 449—2009《锯材材积表》规定执行。

（三）载重汽车锯材的检验

按 GB 4819—1984《载重汽车锯材》国家标准进行，适用于载重汽车车厢所用的梁材、板材及挡板条。

1．树种

① 板材、梁材　落叶松、樟子松、云杉、冷杉、铁杉、江松、云南松、榆木及其他适用树种。

② 挡板条　水曲柳、柞木、青冈。

2．尺寸

按车型不同（分为解放 CA15、解放 CA10-CE、东风 EQ140、东风 EQ240 及其他），其尺寸也不同。长度尺寸主要有 4m、5m、2.5m 及 3m；梁材解放车为 160mm×70mm，东风车为 150mm×70mm；底板解放车为 160mm×40mm，东风车为 150mm×40mm；挡板条解放车为 170mm×45mm，东风车为 150mm×35mm 等规格。

3．尺寸公差

载重汽车锯材的尺寸公差见表 4-22。

表 4-22 载重汽车锯材的尺寸公差

种类	尺寸范围	公差
长度	不足 4m	$^{+3}_{-1}$ cm
	自 4m 以上	$^{+6}_{-2}$ cm
宽度、厚度	30～100mm	±2 cm
	101mm 以上	±3 cm

4．载重汽车锯材的材质检验

载重汽车锯材不分等级，但对其材质要求较高，梁材比板材要求更高些，对活节、死节、腐朽、裂纹与夹皮、虫害、钝棱、弯曲和斜纹等缺陷限制很严。如节子除对宽材面加以限制外，还对窄材面均有较严的限制；弯曲除对横弯、顺纹限制之外，并对波浪弯也有很严的限制。载重汽车锯材的缺陷允许限度见表4-23。

表4-23 载重汽车锯材的缺陷允许限度

缺陷名称	检量方法	允许限度	
		梁材	板材
活节、死节	最大尺寸不得超过材宽的	25%	40%
	最大尺寸不得超过材厚的（贯通相邻材面的节子，其节边未超过材宽中心线时，窄面不计）	30%	45%
	只在一个材面显露的节子不得超过	40%	60%
	任意材长1m范围内的个数不得超过	6	8
腐朽	面积不得超过所在材面面积的	不许有	5%
	宽度不得超过所在材面宽度的	不许有	20%
裂纹、夹皮	长度不得超过材长的	10%	20%
虫害	任意材长1m范围内的个数不得超过	5	7
钝棱	最严重缺角尺寸不得超过：材厚的	40%	70%
	最严重缺角尺寸不得超过：材宽的	40%	40%
弯曲	横弯不得超过	1%	1%
	顺弯不得超过	1%	2%
	波浪弯，在1m内直线检量最小处厚度不得超过	负偏差限度	
斜纹	斜纹倾斜高不得超过水平长的	10%	15%

注：出口、特种和特种改装车厢用材的材质，按梁材标准执行，有特殊要求时，可由供需双方商定。

5. 检验方法

① 尺寸检量及材质评定　按 GB/T 4822—1999《锯材检验》规定执行。

② 材积计算　按 GB/T 449—2009《锯材材积表》规定执行。

（四）罐道木的检验

按 GB 4820—1995《罐道木》国家标准进行，罐道木是指矿山竖井用来升降吊笼（电梯）的安全滑行木方。它常期在高速重力摩擦和潮湿环境下使用，因此要求罐道木应具有耐腐、耐摩擦、韧性好、硬度适中等良好特性。适用于矿山竖井专用罐道木，规定了其树种、尺寸、材质指标和检验方法。

1. 树种

红松、云南松、华山松、樟子松、云杉、广东松。

2. 尺寸及尺寸公差

① 尺寸　长度：6、8m，单位以米计。

　　　　宽度、厚度：210×210、240×240、270×270、300×300，单位以毫米计。

② 公差　长度允许：$^{+6}_{-2}$cm；宽度、厚度允许：$^{+4}_{-4}$mm。

3. 罐道木的材质检验

罐道木缺陷允许限度见表4-24。

表 4-24 罐道木的缺陷限度

缺陷名称	检量方法	允许限度
活节、死节	最大尺寸不得超过材宽的	25%
腐朽	全材长范围内	不许有
裂纹、夹皮	长度不超过材长的	10%
	横向贯通的	不许有
钝棱	最大缺角尺寸不得超过（贯通全材长的不许有）	20%
虫害	虫眼最多 1m 范围内的个数不得超过	8 个
弯曲	最大弯曲拱高不得超过内曲面水平长的	1%

4. 检验方法

① 尺寸检量及检验评定　按 GB/T 4822—1999《锯材检验》规定执行。
② 材积计算　按 GB/T 449—2009《锯材材积表》规定执行。

（五）机台木的检验

按 LY 1200—2012《机台木》国家标准进行，适用于油田、矿山、地质勘探部门钻机使用的垫木专用材，规定了其树种、尺寸、公差、缺陷限度和检验方法等。根据野外作业环境，机台木应具有耐腐、弹性大、韧性好、抗弯强度大等特点。

1. 树种

适用的树种有落叶松、云南松、高山松、思茅松及适于加工机台木的硬阔叶树种。

2. 尺寸及公差

机台木的尺寸及公差见表 4-25。

表 4-25 机台木的尺寸及公差

种类	尺寸范围	进级	公差
长度	4~8m	0.2m	$^{+6}_{-2}$ cm
宽度、厚度	160~400mm	10mm	±3mm

3. 机台木的材质检验

机台木的缺陷允许限度见表 4-26。

表 4-26 机台木的缺陷允许限度

缺陷名称	检量方法	允许限度
死节	最大尺寸不得超过材宽的	30%
腐朽	面积不得超过所在材面面积	3%
裂纹、夹皮	长度不超过检尺长的	20%
虫害	任意材长 1m 范围内的个数不得超过	10 个
钝棱	最大缺角尺寸不得超过检尺宽的	20%
弯曲	横弯最大拱高与内曲水平长之比不应超过	1%
	顺弯最大拱高与内曲水平长之比不应超过	2%

4. 检验方法

① 尺寸检量及检验评定　按 GB/T 4822—1999《锯材检验》规定执行。

② 材积计算　按 GB/T 449—2009《锯材材积表》规定执行。

（六）毛边锯材的检验

按 LY/T 1352—2012《毛边锯材》国家标准进行，适用于毛边锯材的生产流通，规定了毛边锯材的要求、抽样、检验方法及材积计算。

1. 树种

所有针、阔叶树种。

2. 规格尺寸与偏差

① 长度　针叶树 1m～8m，阔叶树 1m～6m。

② 长度进级　长度<2.0m，按 0.1m 进级；长度≥2.0m，按 0.2m 进级。

③ 宽度、厚度规格尺寸　见表 4-27。

表 4-27　毛边锯材规格尺寸　　　　　　　　　　单位：mm

分类	厚度	宽度	
		尺寸范围	进级
薄毛边锯材	12, 15, 18, 21	50 以上	10
中毛边锯材	25, 30, 35	50 以上	
厚毛边锯材	40, 45, 50, 55, 60	60 以上	
特厚毛边锯材	70, 80, 90, 100	100 以上	

注：如需其他规格尺寸，由供需双方商定。

④ 尺寸允许偏差　见表 4-28。

表 4-28　毛边锯材尺寸允许偏差

种类	尺寸范围	允许偏差
长度	<2.0m	+3cm -1cm
	≥2.0m	+6cm -2cm
宽度、厚度	<30mm	±1mm
	≥30mm	±2mm

3. 毛边锯材的材质检验

毛边锯材的缺陷允许限度见表 4-29。

表 4-29 缺陷允许限度

缺陷名称	检量方法	允许限度 一等	允许限度 二等
活节及死节	最大尺寸不得超过材宽的	20%	不限
活节及死节	任意材长 1m 范围内的个数	≤4 个	不限
腐朽	面积不得超过所在材面面积的	2%	20%
裂纹、夹皮	长度不得超过材长的	10%	30%
弯曲	横弯最大拱高不得超过该弯曲内曲水平长的	3%	6%
弯曲	顺弯最大拱高不得超过该弯曲内曲水平长的	3%	不限
斜纹	材长范围内纹理倾斜程度	20%	不限
虫眼	任意材长 1m 范围内的个数	≤3 个	不限

长度＜1m 的锯材不分等级，其缺陷允许限度不低于二等品的要求。

注 1：毛边上的节子与虫眼不予计算。
注 2：毛边上的腐朽面积与材面上的腐朽面积累积计算。
注 3：材面上的髓心部出现凹陷沟条时，按裂纹计算。

4. 检验方法

① 尺寸检量　长度和厚度按 GB/T 4822—1999《锯材检验》规定执行，宽度取在材长范围内，在最窄处的同一横断面上两材面宽度的平均数，≥5mm 进位，＜5mm 舍去。

② 缺陷检验　按 GB/T 4822《锯材检验》规定执行。

③ 材积计算　按 GB/T 449—009《锯材材积表》规定执行。

④ 抽样、判定方法　按 GB/T 17659.2—1999《锯材批量检查抽样、判定方法》规定执行。

五、任务实施

本任务在进行特种锯材检验时，任务实施步骤同上节所学任务 4.2《普通锯材检验》，包括树种识别、材种区分、尺寸检量、材质评定、材积计算、号印加盖等工作过程。

学生以小组为单位，利用锯材检量工具，参照对应的锯材检验相关国家标准规定，按步骤完成检验，并完成检验报告单（表 4-30）。

表 4-30 特种锯材检验报告单

试材编号与用途	缺陷类型	锯材规格 检量尺寸 长度 m	锯材规格 检量尺寸 宽度 mm	锯材规格 检量尺寸 厚度 mm	锯材规格 标准尺寸 检尺长 m	锯材规格 标准尺寸 检尺宽 mm	锯材规格 标准尺寸 检尺厚 mm	锯材材积 m³	树种	缺陷检量 尺寸	缺陷检量 个数	计算及评等 计算 %	计算及评等 允许 %	计算及评等 等级

六、总结评价

本任务通过对枕木、铁路货车锯材、载重汽车锯材、罐道木、机台木和毛边锯材等 6 种不同用途的特种锯材进行检验,使学生强化了锯材检验的基本内容和步骤,巩固了锯材各类国家标准的内容,了解了特种锯材在树种、尺寸检量、进级及材质评定指标等方面的联系与区别,并丰富了学生从事木材检验的工作内容。

本任务考核评价表可参照表 4-31。

表 4-31 "特种锯材检验"考核评价表

评价类型	任务	评价项目	组内自评	小组互评	教师点评
过程考核(70%)	特种锯材检验	树种识别与尺寸检量(30%)			
		材质评定与材积计算(30%)			
		工作态度(5%)			
		团队合作(5%)			
终结考核(30%)		报告单的完成性(10%)			
		报告单的准确性(10%)			
		报告单的规范性(10%)			
评语	班级:	姓名:	第 组		总评分:
	教师评语:				

七、思考与练习

1. 枕木在树种、尺寸及材质检验上是如何规定的?
2. 罐道木在树种、尺寸及材质检验上是如何规定的?
3. 机台木在树种、尺寸及材质检验上是如何规定的?
4. 简述铁路货车锯材和载重汽车锯材在树种、尺寸及材质检验上的区别与联系。
5. 毛边锯材在树种、尺寸及材质检验上是如何规定的?

参 考 文 献

[1] 徐峰，万业靖. 木材检验基础知识[M]. 北京：化学工业出版社，2010.

[2] 刘一星，赵广杰. 木材学[M]. 北京：中国林业出版社，2012.

[3] 徐有明. 木材学[M]. 北京：中国林业出版社，2006.

[4] 刘一星. 进出口木材检验技术[M]. 北京：化学工业出版社，2005.

[5] 杨家驹. 木材识别——主要乔木树种[M]. 北京：中国建材工业出版社，2009.

[6] 齐向东. 实用木材检验技术[M]. 北京：化学工业出版社，2008.

[7] 刘一星. 中国东北地区木材性质与用途手册[M]. 北京：化学工业出版社，2004.

[8] 潘彪. 木材识别与选购[M]. 北京：中国林业出版社，2005.

[9] 朱玉杰，侯立臣. 木材商品检验学[M]. 哈尔滨：东北林业大学出版社，2002.

[10] 中国标准出版社第一编辑室. 木材工业标准汇编—原木与锯材[M]. 北京：中国标准出版社，2002.

[11] 何志贵，石红. 木材及其制品标准手册[M]. 北京：中国标准出版社，2010.

[12] 朱玉杰，夏景涛. 木材检验实用技术[M]. 哈尔滨：东北林业大学出版社，2003.

[13] 黄晓山. 木材标准使用手册[M]. 长春：吉林科学技术出版社，2007.